Josef Naas/Wolfgang Tutschke
Große Sätze
und schöne Beweise
der Mathematik

DEUTSCH-TASCHENBÜCHER   Band 63

Große Sätze und schöne Beweise der Mathematik

Identität des Schönen,
Allgemeinen,
Anwendbaren

Von Prof. Dr. Josef Naas
und Prof. Dr. Wolfgang Tutschke

Mit 44 Abbildungen

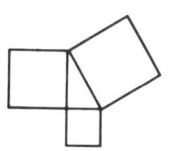

VERLAG HARRI DEUTSCH
THUN · FRANKFURT AM MAIN
1989

Verfasser:

Prof. Dr. Josef Naas
Karl-Weierstraß-Institut für Mathematik
der Akademie der Wissenschaften der DDR

Prof. Dr. Wolfgang Tutschke
Martin-Luther-Universität Halle—Wittenberg

CIP-Kurztitelaufnahme der Deutschen Bibliothek

Naas, Josef:
Grosse Sätze und schöne Beweise der Mathematik :
Identität des Schönen, Allgemeinen, Anwendbaren /
von Josef Naas u. Wolfgang Tutschke. — Thun ;
Frankfurt am Main : Deutsch, 1989.
  (Deutsch-Taschenbücher ; Bd. 63)
  ISBN 3-8171-1039-1

NE: Tutschke, Wolfgang: ; GT

ISBN 3-8171-1039-1   Verlag Harri Deutsch

Lizenzausgabe für den Verlag Harri Deutsch, Thun 1989
© Akademie-Verlag Berlin 1986
Printed in GDR

Vorwort

In allen Wissenschaften ist die Tendenz einer zunehmenden Spezialisierung zu beobachten; so auch in der Mathematik. Diese zunehmende Spezialisierung, die mit immer breiter gefächerten Anwendungen verbunden ist, führt zu der Gefahr, daß die Mathematik in der Praxis nicht mehr als einheitliche Wissenschaft in Erscheinung tritt. Solche Tendenzen hat es auch in früheren Entwicklungsphasen der Mathematik gegeben; sie wurden stets von Versuchen begleitet, einer Zersplitterung entgegenzuwirken und die Einheit der Mathematik zur Geltung zu bringen. Beispiele dafür sind die „Elemente" von EUKLID oder die Algebraisierung der Geometrie durch DESCARTES. Der Nutzen, den eine solche auf die Herstellung der Einheit der Mathematik gerichtete Tätigkeit hat, ist ganz offensichtlich, vor allem schon auf Grund unserer historischen Erfahrungen.

In der heutigen Mathematik zeigt sich die erfreuliche Tatsache, daß sie außerordentlich reichhaltig geworden ist, daß zu vielen alten Anwendungsgebieten immer noch neue hinzugetreten sind. Daher ist es heute sogar wichtiger denn je, die Einheit der Mathematik zu fördern. Dazu ist es erforderlich, das Wesen der Mathematik, das besonders in ihren Beweismethoden zutage tritt, sichtbar zu machen. Der Grund für eine solch große Bedeutung mathematischer Beweismethoden liegt darin, daß sie nicht nur auf speziellen Teilgebieten genutzt werden, sondern allgemeinere Verwendung finden. In diesem Sinne ist ein wichtiger Schritt zum Verständnis des Wesens der Mathematik das Kennenlernen der Beweise für ihre fundamentalen Sätze. In dem vorliegenden Buch sind 15 solcher Sätze aus tragenden Teilgebieten der heutigen Mathematik ausgewählt worden. Dazu gehören Sätze über die Lösbarkeit von Gleichungen, wie die Fredholmsche Alternative oder der Brouwersche und der Schaudersche Fixpunktsatz, die sich vielseitig auswirken und deren Beweise gleichzeitig prinzipielle Bedeutung haben.

Derartige übergreifende mathematische Gesichtspunkte kommen auch beim Beweis von Aussagen zum Tragen, die ganz spezielle Anwendungen betreffen; ein Beispiel hierfür ist das Einsteinsche Additionstheorem für Geschwindigkeiten, dessen tieferer Sinn erst durch den mathematischen Gruppenbegriff erkannt werden kann. Die mathematische Praxis führt zwangsläufig aber auch zu beweistheoretischen Fragen, wie sie in den Unterschieden zwischen Wahrheit und Beweisbarkeit in der Mathematik zum Ausdruck kommen. Desgleichen treten — auch bei konkreten analytischen Untersuchungen — mengentheoretische Problemstellungen auf, wie sie sich beispielsweise in der Äquivalenz von Auswahlaxiom und Zornschem Lemma äußern. Die moderne Entwicklung der Mathematik erforderte auch, den klassischen Differenzierbarkeitsbegriff und im Zusammenhang damit auch den Lösungsbegriff für Differentialgleichungen zu erweitern. Damit entsteht natürlich auch die Frage, wann eine verallgemeinerte Lösung doch klassische Lösung ist. Eine Antwort hierauf gibt beispielsweise das Weylsche Lemma, dem Kapitel 14 dieses Buches gewidmet ist.

In den 15 Kapiteln des Buches, die weitestgehend selbständigen Charakter tragen, werden zentrale mathematische Problemstellungen aus verschiedenen Zweigen der Mathematik und ihrer Anwendungen behandelt. Jeder Abschnitt ist einem fundamentalen mathematischen Sachverhalt gewidmet, wobei die Allgemeingültigkeit der gewonnenen Ergebnisse eingeschätzt wird. Außerdem enthält das Buch einen Dialog über Mathematik, der Bemerkungen über das Wesen der heutigen Mathematik und daraus resultierende Konsequenzen zum Gegenstand hat. Darin sind insbesondere auch Hinweise auf die Identität des Schönen, Allgemeinen und Anwendbaren in der Mathematik eingeschlossen.

Zu den im Buchtitel auftretenden Begriffen „groß" und „schön" sei eine kurze Bemerkung gemacht. Ihrem Ursprung und ihrer hauptsächlichen Verwendung in der Umgangssprache entsprechend haben beide zunächst einen stark subjektiven Charakter. Andererseits werden im wissenschaftlichen Sprachgebrauch beide Begriffe aber durch die Wissenschaftsentwicklung selbst objektiviert, wobei als wirklich große Sätze der Mathematik diejenigen hervortreten, die allgemein sind und sich demzufolge auch vielfach anwenden lassen. Wirklich zentrale Sätze werden durch die Wissenschaftsentwicklung auch stets so tiefgreifend durchgearbeitet, daß ihre Beweise klar und durchsichtig und damit auch im Sinne des menschlichen Strebens nach Wahrheitsfindung natürlich und schön werden. Die inner- und außermathematische Ausstrahlungskraft der hier zu behandelnden Sätze ist sehr verschiedenartig. In diesem Sinne sind die ausgewählten Sätze keinesfalls gleichermaßen groß. Hier aber noch quantitative Abstufungen innerhalb des qualitativen Begriffes „groß" vornehmen zu wollen, hieße aber doch — zumindest im Rahmen unserer Zielstellungen — zu weit zu gehen. Das gleiche trifft auf die „Schönheit" der Beweise zu.

Die vorrangige Zielstellung des Buches ist es, Wesen und Bedeutung der Mathematik für einen breiten Leserkreis erkennbar zu machen und so das weitere Eindringen der Mathematik in die Praxis zu fördern.

Dieses Buch wendet sich an alle, die an der heutigen Mathematik interessiert sind. Die heute unvermeidbare Spezialisierung führt dazu, vornehmlich mit Teilgebieten unserer Wissenschaft bekannt zu sein. Das bewirkt oft, daß ein Überblick über die Möglichkeiten, die in der Mathematik insgesamt enthalten sind, fehlt.

Hierfür nun sollte die Lektüre des Buches nützlich sein und das Verständnis für Wesen und Anwendbarkeit der Mathematik vertiefen.

An vielen Schulen existieren derzeit Schülerarbeitsgemeinschaften, die unter der Anleitung erfahrener Mathematiklehrer die Begeisterung junger Talente für unser Fachgebiet wecken; dafür werden Materialien benötigt, die sich an prinzipiellen Entwicklungstendenzen der Mathematik orientieren; das vorliegende Buch enthält geeignete Beiträge dieser Art.

In den verschiedensten Berufsgruppen sind Kenntnisse klassischer mathematischer Methoden vorhanden, die beispielsweise in Studienrichtungen an Hoch- und Fachschulen mit Mathematik als Nebenfach unterrichtet werden. Da diese Methoden in der neueren Mathematik vielfach verbessert worden sind, ist es zweckmäßig, für die Verbreitung solcher Neuentwicklungen tätig zu sein. Deshalb behandelt das Buch auch klassische Fragestellungen mit modernen mathematischen Methoden, verdeutlicht deren Vorzüge, gibt dem Leser mancherlei Anregung für die mathematische Weiterbildung, um so geeignete Wege für eine breitere Nutzung mathematischer Methoden in der Praxis zu erschließen.

Einer der Autoren hat in Gestalt des Mathematischen Wörterbuches vor mehr als zwei Jahrzehnten ein umfangreiches Werk veröffentlicht, das eine Antwort auf die Frage gab, was Mathematik sei. Das jetzt vorliegende Buch strebt eine Antwort darauf an, wie Mathematik wird, wie sie neue Gestalt annimmt. Die vielen Auflagen des Mathematischen Wörterbuches sind ein deutlicher Hinweis auf seinen Nutzen. Die Autoren des vorliegenden Buches sind überzeugt davon, daß auch von ihm eine entsprechende Wirkung erwartet werden kann, weil das Interesse für die ständige Neugestaltung der Mathematik aktuell ist und bleibt.

Schließlich noch eine Bemerkung zum Lesen des Buches. Die einzelnen Kapitel sind in einer Weise voneinander unabhängig, daß sie in beliebiger Reihenfolge gelesen werden können. In manchen Kapiteln finden sich zwar gelegentliche Hinweise auf andere Kapitel. Diese sollen den interessierten Leser aber im allgemeinen nur auf Querverbindungen aufmerksam machen; sie sind für das Verständnis des jeweiligen Kapitels nicht erforderlich. Manche Definitionen und Schlußweisen werden sogar in mehreren Kapiteln wiederholt, falls sie für das Verständnis des jeweiligen Kapitels wesentlich sind. Der Aufbau der einzelnen Kapitel erfolgt im allgemeinen so, daß sie ohne Benutzung weitergehender Literatur verständlich sind.

Für Hinweise auf die Gestaltung einzelner Kapitel sprechen wir folgenden Fachkollegen, deren Ratschläge besonders hilfreich waren, unseren Dank aus: Herrn Dr. sc. G. DAUTCOURT vom Zentralinstitut für Astrophysik der Akademie der Wissenschaften der DDR für Hinweise zu Kapitel 4, Herrn Prof. G. F. MANDŽAVIDZE vom I. N. Vekua-Institut für angewandte Mathematik der Universität Tbilissi zu Kapitel 9 und 10, Herrn Dr. sc. H. HERRE vom Karl-Weierstraß-Institut für Mathematik der Akademie der Wissenschaften der DDR zu Kapitel 15.[1]) Vorschläge hinsichtlich der Gestaltung des Gesamtmanuskriptes verdanken die Autoren Herrn Prof. P. H. MÜLLER von der Sektion Mathematik der Technischen Universität Dresden sowie Herrn Prof. S. PRÖSSDORF vom bereits oben erwähnten Karl-Weierstraß-Institut für Mathematik. Den Mitarbeitern des Akademie-Verlages wird für eine vielseitige, konstruktive Zusammenarbeit gedankt, insbesondere Fräulein Dipl.-Math. G. REIHER und Herrn Dr. R. HÖPPNER.

Berlin und Halle, im Juni 1985

JOSEF NAAS und WOLFGANG TUTSCHKE

---

[1]) Im vorliegenden Nachdruck wurde nur eine Beweislücke in Kapitel 7 beseitigt, auf die uns dankenswerterweise Herr Dr. A. POMP vom Karl-Weierstraß-Institut für Mathematik der Akademie der Wissenschaften der DDR aufmerksam gemacht hat.

Inhalt

1. Die Methode der kleinsten Quadrate 9
2. Das Bellmannsche Prinzip der dynamischen Optimierung . . . 20
3. Der Satz von Kolmogorow über stochastische Prozesse . . . 24
4. Das Einsteinsche Additionstheorem für Geschwindigkeiten . . 34
5. Der Satz von Arzelà-Ascoli 47
6. Der Approximationssatz von Weierstrass und Stone 50
7. Auswahlaxiom und Zornsches Lemma 63
8. Der Fortsetzungssatz von Hahn und Banach 71
9. Lösbarkeit linearer Gleichungen in endlich- und in unendlich-dimensionalen Räumen. Die Fredholmsche Alternative 76
10. Lösbarkeit nichtlinearer Gleichungen in endlich-dimensionalen Räumen. Der Fixpunktsatz von Brouwer 105
11. Lösbarkeit nichtlinearer Gleichungen in unendlich-dimensionalen Räumen. Der Fixpunktsatz von Schauder 118
12. Der Satz von Browder-Minty über monotone Operatoren . . 138
13. Lösungen von Anfangswertproblemen. Der Satz von Cauchy-Kowalewskaja 150
14. Regularitätssätze für Lösungen partieller Differentialgleichungen. Das Weylsche Lemma 166
15. Wahrheit und Beweisbarkeit in der Mathematik 181
16. Ein Dialog über Mathematik 194

Namen- und Sachverzeichnis 202

1. Die Methode der kleinsten Quadrate

Bei der Bestimmung von Längen, Winkeln, Stromstärken oder anderer Größen aus Messungen sind Meßfehler unvermeidlich: Einmal wird das Meßgerät im allgemeinen nicht den genauen Wert der gemessenen Größe anzeigen, sondern es wird sich — beispielsweise durch nicht völlig auszuschließende und nicht berechenbare Störeinflüsse — ein davon verschiedener Wert einstellen; zum anderen sind auch Ablesefehler unumgänglich. Mit einem Wort, die gemessenen Werte werden mit einem zufälligen Fehler behaftet sein. Bei einigen Messungen wird sich ein zu kleiner, bei anderen ein zu großer Wert ergeben. Um die gesuchte Größe möglichst genau ermitteln zu können, wird man daher möglichst viele Messungen ausführen und aus ihren Werten dann einen Mittelwert bilden. Die einfachste Möglichkeit, dies zu tun, ist die folgende:

Angenommen, $\lambda_1, \ldots, \lambda_n$ seien n unabhängig voneinander gewonnene Meßwerte einer einzigen zu bestimmenden Größe λ. Setzt man voraus, daß zu kleine Meßwerte ebenso wahrscheinlich wie zu große sind, dann wird der günstigste aus den vorliegenden Meßdaten zu gewinnende Wert $\bar{\lambda}$ derjenige sein, für den die Summe der Abweichungen $\bar{\lambda} - \lambda_i$ von den Meßwerten λ_i gleich Null ist:

$$\sum_{i=1}^{n} (\bar{\lambda} - \lambda_i) = 0.$$

Hieraus ergibt sich aber sofort

$$n\bar{\lambda} - \sum_{i=1}^{n} \lambda_i = 0,$$

so daß $\bar{\lambda}$ das arithmetische Mittel der λ_i ist,

$$\bar{\lambda} = \frac{1}{n} \sum_{i=1}^{n} \lambda_i.$$

Dieser Mittelwert $\bar{\lambda}$ läßt sich aber auch anders charakterisieren, nämlich dadurch, daß die Quadratsumme der Abweichungen von allen λ_i minimal ausfällt. Fordert man nämlich, daß

$$\sum_{i=1}^{n} (\lambda_i - \hat{\lambda})^2 \tag{*}$$

minimal ausfällt, so muß die Ableitung dieser von $\hat{\lambda}$ abhängenden Funktion gleich Null sein, so daß

$$2 \sum_{i=1}^{n} (\lambda_i - \hat{\lambda}) \cdot (-1) = 0$$

folgt. Das bedeutet aber, daß auch

$$\hat{\lambda} = \frac{1}{n} \sum_{i=1}^{n} \lambda_i$$

sein muß. Folglich ist, wie behauptet, $\bar{\lambda} = \hat{\lambda}$. Damit ist — zunächst unter der oben gemachten Voraussetzung über das Verschwinden der Fehlersumme — das folgende Prinzip zur Bestimmung des günstigsten Mittelwertes begründet:

Der günstigste Mittelwert $\bar{\lambda}$ ist derjenige, für den die Summe der Quadrate der Abweichungen von den (endlich vielen) Meßwerten λ_i minimal ausfällt.

Dieses Prinzip wird als *Methode der kleinsten Quadrate* bezeichnet.

Es ist klar, daß dieses Prinzip nicht immer anwendbar sein kann. Beispielsweise könnte es eine Eigenheit der Meßapparatur sein, daß sich zu große Meßwerte häufiger ergeben als zu kleine. In einem solchen Fall muß die Annahme, daß die Summe der Abweichungen des gesuchten Wertes von den Meßwerten gleich Null sein soll, verworfen werden. Auf Grund solcher Tatsachen könnte man sich zu der Meinung verleiten lassen, daß eine allgemeingültige Theorie zur Ermittlung von Mittelwerten gar nicht möglich ist. Ein solcher Schluß wäre aber zu vorschnell, da die Erfahrung zeigt, daß die Verteilung von Meßwerten im allgemeinen bestimmten Gesetzmäßigkeiten unterworfen ist. Eine solche Er-

1. Kleinste Quadrate

fahrung kann zum Beispiel sein, daß unter den vorliegenden Meßwerten sehr viele nur wenig von dem wahren Wert der gesuchten Größe abweichen werden, während es vergleichsweise nur sehr wenige Meßwerte geben wird, die größere Abweichungen besitzen. Um solche Erfahrungen nicht nur qualitativ, sondern auch quantitativ zu erfassen, wollen wir abzählen, wie viele Meßwerte unterhalb einer beliebig gewählten reellen Zahl λ liegen. Bei einer konkreten Messung, bei der n Messungen zur Bestimmung einer einzigen reellen Größe ausgeführt werden, könnte sich beispielsweise folgendes Bild ergeben:

Die erhaltenen Meßwerte seien $\lambda_1, \ldots, \lambda_n$, wobei wir zunächst voraussetzen wollen, daß diese Meßwerte voneinander verschieden sind. Bei geeigneter Numerierung können wir daher voraussetzen, daß die n Meßwerte der Ungleichung

$$\lambda_1 < \lambda_2 < \cdots < \lambda_n$$

genügen. Da es keine Meßwerte unterhalb λ_1 gibt, kann auch gesagt werden, daß für alle $\lambda \leq \lambda_1$ die Wahrscheinlichkeit dafür, daß der Meßwert kleiner als λ ist, gleich Null ist.[1]) Für alle λ mit $\lambda_1 < \lambda \leq \lambda_2$ gibt es genau einen Meßwert, der kleiner als λ ist. Da es insgesamt n (gleichberechtigte) Meßwerte gibt, hat jeder die gleiche (klassische) Wahrscheinlichkeit $\dfrac{1}{n}$. Also ist bei $\lambda_1 < \lambda \leq \lambda_2$ die Wahrscheinlichkeit dafür, daß der Meßwert kleiner als λ_2 ist, gleich $\dfrac{1}{n}$. Ist $\lambda_2 < \lambda \leq \lambda_3$, so liegen die zwei Meßwerte λ_1, λ_2 echt

---

[1]) Dieser Aussage liegt die klassische (von LAPLACE stammende) Definition der Wahrscheinlichkeit zugrunde, nach der die Wahrscheinlichkeit der Quotient aus der Anzahl der einem Ereignis günstigen Fälle und der Anzahl aller möglichen Fälle ist. Nach dieser ist die Wahrscheinlichkeit, beispielsweise eine Eins zu würfeln, gleich $\dfrac{1}{6}$. Ähnlich ist $\dfrac{2}{6} = \dfrac{1}{3}$ die Wahrscheinlichkeit, eine Eins oder eine Zwei zu würfeln, weil es in diesem Fall bei insgesamt 6 möglichen Fällen sogar 2 für das beschriebene Ereignis „günstige" Fälle gibt. Sind bei dem im obigen Text beschriebenen Fall die wirklich vorkommenden (gleichberechtigten) Meßwerte $\lambda_1, \ldots, \lambda_n$, so gibt es insgesamt n mögliche Fälle. Das Ereignis, daß der Meßwert kleiner als λ ist, tritt im Falle $\lambda < \lambda_1$ überhaupt nicht ein, es gibt dafür also nur null „günstige" Fälle. Daher kann die entsprechende Wahrscheinlichkeit gleich Null gesetzt werden.

unterhalb λ_3. Ein beliebiger Meßwert liegt daher mit der Wahrscheinlichkeit $\frac{2}{n}$ unterhalb λ. Liegt λ in dem durch $\lambda_i < \lambda \leq \lambda_{i+1}$ charakterisierten Intervall, so liegen also genau i Meßwerte unterhalb λ, so daß dann die Wahrscheinlichkeit dafür, daß einer der n erhaltenen Meßwerte kleiner als λ_{i+1} ist, durch $\frac{i}{n}$ gegeben wird. Ist schließlich λ größer als der größte gemessene Wert, also $\lambda > \lambda_n$, so liegen alle n gemessenen Werte unterhalb λ, so daß jetzt folgendes gilt: Für $\lambda > \lambda_n$ liegt jeder Meßwert mit der Wahrscheinlichkeit 1 unterhalb λ.

Auf die angegebene Art ist jeder reellen Zahl λ eine reelle Zahl $F_n(\lambda)$ zugeordnet worden, die — allgemein gesprochen — folgendermaßen interpretiert werden kann:

$F_n(\lambda)$ ist die Wahrscheinlichkeit dafür, daß bei einer aus n Messungen bestehenden Meßreihe einer der möglichen Meßwerte kleiner ist als λ.

Die derartig definierte Funktion F_n ist stückweise konstant. Ihre Sprungstellen sind die gemessenen Werte $\lambda_1, ..., \lambda_n$. An diesen Stellen springt die Funktion F_n um $\frac{1}{n}$. Ihrer Definition gemäß hat die Funktion F_n den in Abb. 1 dargestellten Verlauf.

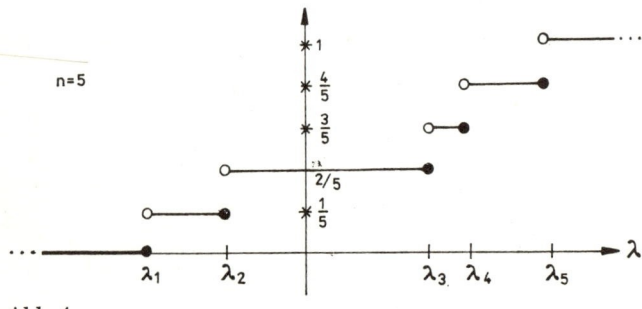

Abb. 1

Wir können uns jetzt auch noch von der Voraussetzung befreien, daß die Meßwerte alle nur einmal auftreten. Tritt der Meßwert λ_i beispielsweise k-fach auf, so besitzt F_n an der Stelle λ_i den Sprung $\frac{k}{n}$. Bei mehrfachem Auftreten von Meßwerten fallen so-

1. Kleinste Quadrate

zusagen einige Sprungstellen zusammen, wobei sich gleichzeitig aber die Sprunghöhe entsprechend der Anzahl der zusammenfallenden Meßwerte vergrößert.

In allen Fällen — ob die Meßwerte nur einfach oder auch mehrfach auftreten — charakterisiert die entsprechende Funktion F_n, wie die n Meßwerte auf der λ-Achse verteilt sind. Aus diesem Grunde nennt man F_n eine zu einer aus n Messungen bestehenden Meßreihe zugehörige (empirische) *Verteilungsfunktion*. Faßt man zusammen, so sieht man, daß F_n eine stückweise konstante Funktion ist, die die folgenden Eigenschaften besitzt:

a) Es ist $0 \leq F_n(t) \leq 1$ für alle t.
b) F_n ist monoton wachsend.
c) F_n ist überall linksseitig stetig.
d) Für hinreichend kleine λ-Werte (und zwar für solche, die kleiner oder gleich dem kleinsten Meßwert sind) ist F_n identisch Null.
e) Für hinreichend große λ-Werte (nämlich für alle λ-Werte, die größer als der größte Meßwert sind) ist F_n identisch gleich 1.

Wir wiederholen: Die Sprungstellen der Funktion F_n sind die Meßwerte λ_i, $i = 1, \ldots, n$, wobei der Sprung von F_n an der Stelle λ_i gleich $\dfrac{k}{n}$ ist, wenn der Wert λ_i genau k-mal gemessen wird. Jedes F_n hat also maximal n Sprungstellen; genau n Sprungstellen liegen dann vor, wenn alle Meßwerte nur einmal auftreten.

Läßt man n wachsen, führt man also Meßreihen mit immer mehr Messungen durch, so werden die zugehörigen Verteilungsfunktionen F_n im allgemeinen also immer mehr Sprungstellen und dabei gleichzeitig immer kleinere Sprünge aufweisen. Betrachtet man beispielsweise neben einer Meßreihe mit n Messungen und den Meßwerten $\lambda_1, \ldots, \lambda_n$ eine zweite Meßreihe mit $2n$ (ebenfalls der Größe nach geordneten) Meßwerten $\lambda_1', \ldots, \lambda_{2n}'$, so werden an die Stelle eines Meßwertes λ_i der ersten Meßreihe zwei Meßwerte λ_{2i}' und λ_{2i+1}' der zweiten Meßreihe treten. Statt des einen Sprunges $\dfrac{1}{n}$ an der Stelle λ_i im Falle der ersten Verteilungsfunktion F_n wird die zu der zweiten Meßreihe gehörende Verteilungsfunktion F_{2n} zwei Sprungstellen[1]) λ_{2i}' und λ_{2i+1}' mit den jeweiligen Sprüngen

---

[1]) die natürlich auch zusammenfallen können.

$\dfrac{1}{2n}$ besitzen. Durch Abb. 2 wird das Verhalten von F_n bzw. F_{2n} in der Nähe von λ_i bzw. λ'_{2i} wiedergegeben.

Der Verlauf der Funktion F_n hängt natürlich nicht nur von n ab, sondern auch davon, welche zufälligen Meßwerte man bei einer aus n Messungen bestehenden Meßreihe erhalten kann. Demzufolge hat es auch keinen Sinn, von einer eindeutig bestimmten Folge von Verteilungsfunktionen F_n für $n = 1, 2, \ldots$ zu sprechen.

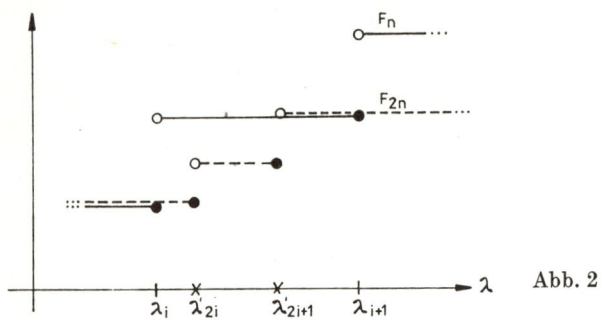

Abb. 2

Andererseits ist aber für viele konkrete Meßanordnungen aus der Erfahrung bekannt, daß für immer umfangreicher werdende Meßreihen (d. h. für größer werdende n) die Verteilung F_n der Meßwerte gegen eine Grenz-Verteilung F konvergiert. Präzise formuliert wollen wir die Existenz einer Grenz-Verteilungsfunktion $F = F(\lambda)$ annehmen, so daß die Verteilungsfunktionen F_n bei $n \to \infty$ punktweise gegen F konvergieren, d. h., daß für jedes λ bei $n \to \infty$ die Aussage

$$F_n(\lambda) \to F(\lambda)$$

gilt. Ausgehend von den fünf oben angegebenen Eigenschaften der Verteilungsfunktionen F_n wollen wir hierbei voraussetzen, daß die als Grenz-Verteilungsfunktionen in Betracht kommenden Funktionen F die folgenden Eigenschaften besitzen:

a) Für alle λ gilt $0 \leq F(\lambda) \leq 1$.
b) F ist monoton wachsend.
c) F ist überall linksseitig stetig.
d) Bei $\lambda \to +\infty$ strebt $F(\lambda)$ gegen 1.
e) $F(\lambda)$ geht gegen Null bei $\lambda \to -\infty$.

1. Kleinste Quadrate

Um nicht mißverstanden zu werden: Es ist nicht möglich zu beweisen, daß bei einer konkret vorliegenden Meßanordnung die F_n gegen eine bestimmte Grenz-Verteilungsfunktion F konvergieren. Vielmehr nimmt man — oftmals gestützt auf Erfahrungen — einfach an, daß die Meßanordnung durch eine bestimmte Grenz-Verteilungsfunktion beschrieben werden kann. Ob eine ganz bestimmte Verteilungsfunktion F die Meßanordnung wirklich (zumindest näherungsweise) beschreibt, wird durch einen sogenannten Signifikanz-Test entschieden.

Nun wollen wir uns nochmals daran erinnern, daß $F_n(\lambda)$ definiert war als Wahrscheinlichkeit dafür, daß bei einer aus n Messungen bestehenden Meßreihe ein gemessener Wert kleiner als λ ist. Analog kann man $F(\lambda)$ als Wahrscheinlichkeit dafür deuten, daß ein beliebiger Meßwert kleiner als λ ist. Hierin kommt das Wesen des Übergangs von den Verteilungsfunktionen F_n zu der Grenz-Verteilungsfunktion F zum Ausdruck: Während bei den ersteren etwas ausgesagt wird über die Wahrscheinlichkeit eines einzelnen Meßwertes im Rahmen einer aus genau n Messungen bestehenden Meßreihe, gibt letztere die Wahrscheinlichkeit dafür an, daß irgendeine einzelne Messung einen Wert kleiner als λ liefert.

Sind λ_1 und λ_2 zwei beliebige λ-Werte, wobei $\lambda_1 < \lambda_2$ sei, so sind $F(\lambda_1)$ und $F(\lambda_2)$ also die Wahrscheinlichkeiten dafür, daß ein beliebiger Meßwert kleiner als λ_1 bzw. kleiner als λ_2 ist. Damit wird durch

$$F(\lambda_2) - F(\lambda_1)$$

die Wahrscheinlichkeit dafür gegeben, daß ein willkürlich herausgegriffener Meßwert λ der Ungleichung

$$\lambda_1 \leq \lambda < \lambda_2$$

genügt.

Was eigentlich eine Wahrscheinlichkeit ist, wollen wir hier nicht definieren. Bei der Definition von $F_n(\lambda)$ kam man mit der klassischen Wahrscheinlichkeitsdefinition aus, bei der die Wahrscheinlichkeit eines Ereignisses als der Quotient aus der Anzahl der hinsichtlich des ins Auge gefaßten Ereignisses günstigen Fälle zu der Anzahl aller möglichen Fälle definiert wird.[1] Wir wollen hier nur darauf hinweisen, daß man den Wert $F(\lambda)$ der Grenz-Ver-

---

[1] Sind bei einer aus n Messungen bestehenden Meßreihe genau k_n Meßwerte kleiner als λ, so ist demnach $F_n(\lambda) = \dfrac{k_n}{n}$.

teilungsfunktion F an der Stelle λ wie folgt definieren kann: Sind bei n Messungen k_n Meßwerte kleiner als λ, so ist

$$F(\lambda) = \lim_{n \to \infty} \frac{k_n}{n}.$$

Damit ist die Wahrscheinlichkeit $F(\lambda)$ als Grenzwert sogenannter relativer Häufigkeiten definiert.[1])

Wir wollen hier nur Verteilungsfunktionen F betrachten, die stetig differenzierbar sind. Bezeichnet man die Ableitung mit $p = p(\lambda)$, so kann $F(\lambda)$ bei Beachtung von Eigenschaft e) folglich in der Form

$$F(\lambda) = \int_{-\infty}^{\lambda} p(\lambda') \, d\lambda' \tag{1}$$

geschrieben werden. Damit wird die Wahrscheinlichkeit dafür, daß der Meßwert λ der Ungleichung $\lambda_1 \leq \lambda < \lambda_2$ genügt, durch

$$\int_{\lambda}^{\lambda_2} p(\lambda') \, d\lambda'$$

gegeben. Die Funktionen $p = p(\lambda)$ werden auch *Wahrscheinlichkeitsdichten* genannt.[2]) Wegen der Monotonie von F ist übrigens überall

$$p(\lambda) \geq 0.$$

---

[1]) Ein allgemeingültiger Wahrscheinlichkeitsbegriff ist der axiomatisch von A. N. KOLMOGOROW eingeführte (vgl. Kapitel 3, S. 25). Die durch eine Verteilungsfunktion F gegebene Wahrscheinlichkeit ordnet sich in dieses Konzept wie folgt ein: Ist A das Ereignis, daß der Meßwert in dem Intervall $\lambda_1 \leq \lambda < \lambda_2$ liegt, so ist

$$\mathsf{P}A = F(\lambda_2) - F(\lambda_1).$$

Die Menge Ω ist in diesem Fall die ganze λ-Achse, so daß beispielsweise $\mathsf{P}\Omega = 1$ aus der Eigenschaft $\lim_{\lambda \to \infty} F(\lambda) = 1$ folgt.

[2]) Der Begriff Dichte stammt letztlich aus der Physik. Dort versteht man unter der Dichte einer räumlich möglicherweise ungleichmäßig verteilten Substanz die in der Volumeneinheit enthaltene Gesamtmenge. Ist die Dichtefunktion $c = c(x)$, so wird die im Gebiet G vorhandene Gesamtmenge durch $\iiint_G c(x) \, dx$ gegeben.

1. Kleinste Quadrate

Bei Beachtung von Eigenschaft d) von F folgt aus (1) die Relation

$$\int_{-\infty}^{+\infty} p(\lambda')\,\mathrm{d}\lambda' = 1. \tag{2}$$

Nun wollen wir die λ-Achse so in n (endliche bzw. unendliche) Teilstücke $M_1, M_2, \ldots, M_n$ zerlegen, daß

$$\int_{M_k} p(\lambda')\,\mathrm{d}\lambda' = \frac{1}{n} \tag{3}$$

für jedes k ist (in Abb. 3 ist $n = 6$).

Es ist daher gleichwahrscheinlich, daß der betrachtete Meßwert λ in einem der Intervalle M_k liegt. Diese Wahrscheinlichkeit ist für jedes dieser Intervalle gleich $\dfrac{1}{n}$.

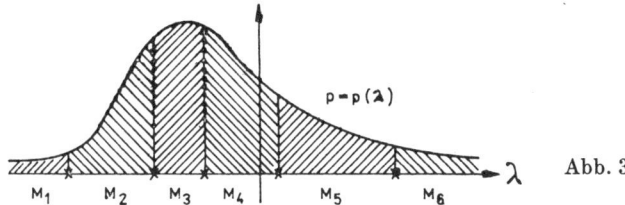

Abb. 3

Über die Funktion $F = F(\lambda)$ wollen wir jetzt zusätzlich voraussetzen, daß für die Ableitung $p = p(\lambda)$ auch das Integral

$$\int_{-\infty}^{+\infty} \lambda' p(\lambda')\,\mathrm{d}\lambda' \tag{4}$$

existiert.[1]) Sind $M_1, M_2, \ldots, M_n$ eine Zerlegung der λ-Achse, so

---

[1]) Diese Voraussetzung braucht nicht erfüllt zu sein, auch wenn F alle anderen oben genannten Eigenschaften besitzt. Ist beispielsweise F die sogenannte Cauchy-Verteilung

$$F(\lambda) = \frac{1}{\pi}\int_{-\infty}^{\lambda} \frac{1}{1 + \lambda'^2}\,\mathrm{d}\lambda',$$

so existiert (4) nicht.

daß (3) gilt, so wird das Integral (4) zunächst in der Form

$$\sum_{k=1}^{n} \int_{M_k} \lambda' p(\lambda') \, d\lambda'$$

geschrieben. Auf jedes der n in dieser Summe auftretenden Integrale wird nun der zweite Mittelwert der Integralrechnung angewandt. Nach diesem existiert in jedem M_k (wenigstens) ein Zwischenpunkt $\bar{\lambda}_k$, so daß

$$\int_{M_k} \lambda' p(\lambda') \, d\lambda' = \bar{\lambda}_k \int_{M_k} p(\lambda') \, d\lambda'$$

ist. Beachtet man (3), so ergibt sich damit für das Integral (4) die Darstellung

$$\frac{1}{n} (\bar{\lambda}_1 + \cdots + \bar{\lambda}_n). \tag{5}$$

Wegen (3) ist es gleichwahrscheinlich, daß ein Meßwert von λ in einem der n Teilstücken M_k der λ-Achse liegt. Daher zeigt (5), daß das Integral (4) der Mittelwert von n gleichwahrscheinlichen Meßwerten ist. Dies berechtigt uns, das Integral (4) als den zu der Verteilung $F = F(\lambda)$ gehörenden *Erwartungswert* zu interpretieren, also den Wert, den eine durch $F(\lambda)$ verteilte Größe eigentlich besitzt.

Bezeichnet man den Erwartungswert (4) mit $\bar{\lambda}$, so kann man wegen (2) den Erwartungswert auch durch

$$\int_{-\infty}^{+\infty} (\lambda' - \bar{\lambda}) \, p(\lambda') \, d\lambda' = 0 \tag{6}$$

charakterisieren. Beachtet man nochmals die Darstellung (5) des Integrals (4), so läßt sich (6) auch zu

$$\frac{1}{n} \left((\bar{\lambda}_1 - \bar{\lambda}) + \cdots + (\bar{\lambda}_n - \bar{\lambda}) \right) = 0$$

umformulieren. Daher läßt sich die Gleichung (6) auch so deuten: Der Erwartungswert ist dadurch charakterisiert, daß im Mittel alle denkbaren Meßwerte die Abweichung Null von ihm besitzen.

Wir wollen nun zu der anfangs aufgeworfenen Frage zurückkehren, ob der Erwartungswert einer zufällig verteilten Größe

1. Kleinste Quadrate

zusätzlich auch durch die Methode der kleinsten Quadrate charakterisiert werden kann. Dazu nehmen wir über das gegebene $F = F(\lambda)$ an, daß nicht nur das Integral (4) existiert, sondern weiterhin auch noch

$$\int_{-\infty}^{+\infty} \lambda'^2 p(\lambda') \, d\lambda'. \tag{7}$$

Nun wollen wir $\hat{\lambda}$ so bestimmen, daß das von $\hat{\lambda}$ abhängende Integral

$$\int_{-\infty}^{+\infty} (\lambda' - \hat{\lambda})^2 \, p(\lambda') \, d\lambda' \tag{**}$$

einen minimalen Wert annimmt. Der Ausdruck (**) ersetzt hier die Summe (*). Rechnet man das Quadrat $(\lambda' - \hat{\lambda})^2$ aus, so ergibt sich für (**) die Darstellung

$$\int_{-\infty}^{+\infty} \lambda'^2 p(\lambda') \, d\lambda' - 2\hat{\lambda} \int_{-\infty}^{+\infty} \lambda' p(\lambda') \, d\lambda' + \hat{\lambda}^2, \tag{8}$$

wenn noch (2) beachtet wird. Die Form (8) von (**) zeigt außerdem noch, daß wegen der Existenz der Integrale (4) und (7) auch das Integral (**) bei jeder Wahl von $\hat{\lambda}$ existiert.

Nun stellt (8) ein Polynom in $\hat{\lambda}$ dar. Durch Differenzieren nach $\hat{\lambda}$ sieht man sofort, daß dieses Polynom dann minimal wird, wenn

$$\hat{\lambda} = \int_{-\infty}^{+\infty} \lambda' p(\lambda') \, d\lambda'$$

gewählt wird. Damit ist unter den oben zusammengestellten Voraussetzungen über die Verteilungsfunktion $F = F(\lambda)$ gezeigt:

Die Anwendung der Methode der kleinsten Quadrate liefert den Erwartungswert auch im Falle von Meßwerten, die eine (stetig differenzierbare) Verteilungsfunktion besitzen.

Anders formuliert: Unter den angegebenen Voraussetzungen, also bei verhältnismäßig allgemeinen Verteilungsfunktionen, ist die Methode der kleinsten Quadrate immer angepaßt.

Ein Beispiel einer Verteilungsfunktion, für die alle erforderlichen Voraussetzungen zutreffen, ist

$$F(\lambda) = \frac{1}{\sqrt{2\pi}} \int_{-\infty}^{\lambda} e^{-\frac{\lambda'^2}{2}} \, d\lambda'$$

(Normalverteilung mit 0 als Erwartungswert)[1].

Abschließend noch eine Bemerkung über die rechnerische Anwendung der Methode der kleinsten Quadrate im Falle einer normalverteilten Variablen (oder bei einer Größe mit einer anderen zulässigen Verteilungsfunktion). In jedem konkreten Einzelfall liegen natürlich immer nur n Meßwerte $\lambda_1, \ldots, \lambda_n$ vor. Ist aber n sehr groß, so kann man davon ausgehen, daß in jedem der n gleichwahrscheinlichen Teilstücke M_k der λ-Achse je einer der Meßwerte liegen wird, und man kann dann (**) näherungsweise durch $\frac{1}{n} \sum_{k=1}^{n} (\lambda_k - \hat{\lambda})^2$, also — bis auf den Faktor $\frac{1}{n}$ — wieder durch (*) ersetzen.

Die Methode der kleinsten Quadrate wurde hier beschrieben im Fall einer einzigen zu bestimmenden reellen Größe. Sie ist auch in komplizierteren Situationen anwendbar, z. B. bei der Parameterschätzung in linearen Modellen (vgl. z. B. V. NOLLAU, Statistische Analysen: mathematische Methoden der Planung und Auswertung von Versuchen. 2. Aufl., Leipzig 1979).

2. Das Bellmannsche Prinzip der dynamischen Optimierung[2]

Die von t abhängige Größe $y = y(t)$ soll den Zustand eines mathematisch zu beschreibenden Systems darstellen, wobei t etwa das durch $0 \leq t \leq T$ gegebene Intervall durchlaufen soll. Hierbei kann $y = y(t)$ im einfachsten Fall eine reellwertige Funktion sein, $y(t)$ könnte aber auch ein Vektor im $\mathbb{R}^n$ oder ein Element eines Funktionenraumes (z. B. eines Banachraumes) sein. Die Größe

---

[1] Die hier angegebene Normalverteilung hat außerdem die Varianz 1 (vgl. z. B. K. KRICKEBERG, Wahrscheinlichkeitstheorie, Stuttgart 1963).
[2] Auch Bellmannsches Prinzip der dynamischen Programmierung genannt.

$y(t)$ beschreibt sozusagen den Zustand des betrachteten Systems zum Zeitpunkt t, so daß $y(0)$ der Anfangs- und $y(T)$ der Endzustand ist. Damit wird durch $y(t)$ ein Prozeß beschrieben, der ein gegebenes System aus einem Anfangszustand $y(0)$ in einen Endzustand $y(T)$ überführt. Über die betrachteten Prozesse wollen wir im folgenden voraussetzen, daß ihr gesamter Verlauf durch Wahl des Anfangszustandes $y(0) = y_0$ bereits eindeutig festgelegt ist.[1]) Die von uns betrachteten Systeme sollen darüber hinaus *steuerbar* sein, d. h., der Verlauf des Prozesses soll von einer (in gewissen Grenzen willkürlich wählbaren) Steuerfunktion $u = u(t)$ abhängen, wobei $u = u(t)$ als stückweise stetig vorausgesetzt wird. Dabei soll nach erfolgter Wahl der Steuerfunktion $u = u(t)$ der Prozeß $y = y(t)$ dann eindeutig durch den Anfangszustand y_0 festgelegt sein. Der Verlauf des Prozesses hängt damit sowohl von y_0 als auch von $u = u(t)$ ab. Um diese Abhängigkeit auszudrücken, bezeichnen wir den Zustand des Systems zum Zeitpunkt t statt mit $y(t)$ deutlicher mit $y_{(u,y_0)}(t)$.

Wir wollen jedoch nur solche Prozesse betrachten, die folgende zusätzliche Eigenschaft besitzen:

Sind t_1, t_2 zwei beliebige Zahlen mit $0 < t_1 < t_2 < T$, so soll der Verlauf des Prozesses in dem durch $t_1 \leq t \leq t_2$ definierten Teilintervall bereits eindeutig durch den Verlauf der Steuerfunktion in diesem Teilintervall und durch den Zustand $y(t_1)$ des Prozesses im Anfangspunkt t_1 dieses Teilintervalls festgelegt sein. Mit anderen Worten: *Der lokale Verlauf des gesteuerten Prozesses hängt nur vom lokalen Verhalten der Steuerfunktion ab.*

Bezeichnet man die Einschränkung von $u = u(t)$ auf das durch $t_1 \leq t \leq t_2$ definierte Teilintervall mit $\bar{u} = \bar{u}(t)$ und bezeichnet man ferner $y_{(u,y_0)}(t_1)$ mit y_1, so läßt sich die soeben angegebene einschränkende Voraussetzung auch so formulieren:

Für alle t mit $t_1 \leq t \leq t_2$ soll

$$y_{(u,y_0)}(t) = y_{(\bar{u},y_1)}(t) \qquad (*)$$

gelten.

Weiter nehmen wir an, daß dem gesteuerten Prozeß $y_{(u,y_0)}$ bezüglich des ganzen Zeitintervalls ein nichtnegatives (reellwertiges) Funktional $\|y_{(u,y_0)}\|$ zugeordnet wird. Ist t^* ein beliebig, aber fest

---

[1]) Prozesse $y = y(t)$, bei denen zu jedem Zeitpunkt t die zeitliche Änderung $\dfrac{dy}{dt}$ durch den Zustand von y im Zeitpunkt t festgelegt wird, heißen auch *Evolutionsprozesse*.

gewählter Punkt zwischen 0 und T, so seien $\|\cdot\|_1$ und $\|\cdot\|_2$ die Funktionale in bezug auf das erste bzw. zweite durch t^* bestimmte Teilintervall. Bezeichnet man die Einschränkungen von u auf das erste bzw. zweite Teilintervall mit u_1 bzw. u_2, so ist nach (*), wenn man noch $y_{(u,y_0)}(t^*)$ mit y^* bezeichnet,

$$y_{(u,y_0)}(t) = y_{(u_1,y_0)}(t) \quad \text{für} \quad 0 \leq t \leq t^*,$$
$$y_{(u,y_0)}(t) = y_{(u_2,y^*)}(t) \quad \text{für} \quad t^* \leq t \leq T.$$

Über die Funktionale $\|\cdot\|$, $\|\cdot\|_1$ und $\|\cdot\|_2$ wird nun zusätzlich vorausgesetzt, daß

$$\|y_{(u,y_0)}\| = \|y_{(u_1,y_0)}\|_1 + \|y_{(u_2,y^*)}\|_2 \tag{**}$$

ist.

Zur Illustrierung der eingeführten Begriffsbildungen wollen wir Prozesse betrachten, die Lösung einer gewöhnlichen Differentialgleichung sind, in deren rechte Seite eine (stückweise stetige) Steuerfunktion $u = u(t)$ eingeht:

$$\frac{dy}{dt} = f(t, y, u).$$

Weiter sei $y_{(u,y_0)}$ die durch

$$y_{(u,y_0)}(0) = y_0$$

charakterisierte Lösung. Diese ist übrigens eindeutig bestimmt, wenn die rechte Seite f bezüglich y eine Lipschitzbedingung erfüllt.[1]) Ist dann $f_0 = f_0(t, y, u)$ eine weitere, überall nichtnegative Funktion, so wird ein die Bedingung (**) erfüllendes Funktional durch

$$\|y_{(u,y_0)}\| = \int\limits_0^T f_0\bigl(t, y_{(u,y_0)}(t), u(t)\bigr) \, dt$$

gegeben. Auch Bedingung (*) ist erfüllt, wie sofort aus der Tatsache folgt, daß eine Differentialgleichung natürlich auch in einem Teilintervall erfüllt ist, wenn sie im ganzen Intervall erfüllt ist.

Bei festgehaltenem y_0 heißt ein gesteuerter Prozeß mit der

---

[1]) Vgl. z. B. E. KAMKE, Differentialgleichungen reeller Funktionen. Leipzig 1956. Daß diese Eindeutigkeitsaussage auch bei stückweise stetigen rechten Seiten gilt, sieht man übrigens durch Zerlegung des t-Intervalls in Teilintervalle, in denen die rechten Seiten stetig sind.

2. Dynamische Optimierung

Steuerfunktion u^* *optimal*, wenn

$$\|y_{(u^*,y_0)}\| \geqq \|y_{(u,y_0)}\|$$

bei jeder zulässigen Wahl der Steuerfunktion u gilt.

Die Frage, ob es stets eine Steuerfunktion gibt, für die ein betrachteter Prozeß optimal wird, soll uns — weder allgemein noch im oben betrachteten Spezialfall gewöhnlicher Differentialgleichungen — hier nicht interessieren. Wir wollen lediglich eine qualitative Eigenschaft von optimalen Steuerfunktionen u^* angeben. Dazu sei t^* wieder ein fest zwischen 0 und t gewählter Zeitpunkt, der das ganze Zeitintervall in zwei Teilintervalle zerlegt. Wird auch jetzt wieder der Wert von $y_{(u,y_0)}$ im Punkt t^* mit y^* bezeichnet, so gilt das folgende *Bellmannsche Prinzip der dynamischen Optimierung*:

Ist die Steuerfunktion u^* optimal in bezug auf das ganze Zeitintervall, so ist ihre Einschränkung auf das zweite Intervall eine bezüglich dieses Intervalls ebenfalls optimale Steuerung, wenn als Anfangszustand für dieses zweite Intervall der Endzustand y^* im ersten Teilintervall genommen wird.

Der Beweis wird im folgenden indirekt geführt, also durch ein Beweisverfahren, das oft auch für Existenzbeweise angewandt wird. Zunächst werden die Einschränkungen von u^* auf erstes bzw. zweites Teilintervall mit u_1 bzw. u_2 bezeichnet. Wäre u_2 nicht optimal, so gäbe es (für das zweite Teilintervall) eine Steuerfunktion v, so daß

$$\|y_{(u_2,y^*)}\|_2 < \|y_{(v,y^*)}\|_2$$

wäre. setzt man

$$u^{**} = \begin{cases} u_1 & \text{für } 0 \leqq t \leqq t^*, \\ v & \text{für } t^* \leqq t \leqq T, \end{cases}$$

so gilt für den zu dieser Steuerfunktion gehörenden Prozeß $y_{(u^{**},y_0)}$ (dessen Existenz vorausgesetzt wird) wegen (*) und (**) die folgende Abschätzung:

$$\|y_{(u^{**},y_0)}\| = \|y_{(u_1,y_0)}\|_1 + \|y_{(v,y^*)}\|_2$$
$$> \|y_{(u_1,y_0)}\|_1 + \|y_{(u_2,y^*)}\|_2 = \|y_{(u^*,y_0)}\|.$$

Die letzte Ungleichung zeigt aber, daß u^* nicht optimal sein kann, weil das betrachtete Funktional mit u^{**} anstelle von u^* einen noch größeren Wert besitzt. Der erhaltene Widerspruch zeigt, daß u_2 doch für das zweite Teilintervall optimal sein muß, womit das Bellmannsche Prinzip der dynamischen Optimierung bewiesen ist.

3. Der Satz von Kolmogorow über stochastische Prozesse

Mathematische Methoden ermöglichen in vielen Fällen, für die Anwendungen wichtige Größen rechnerisch zu ermitteln. Daher könnte man zu der Meinung kommen, daß mathematische Methoden prinzipiell nur zur Beschreibung determinierter Prozesse geeignet sind. Diese Meinung ist falsch, denn auch der Zufall läßt sich sowohl in qualitative als auch in quantitative mathematische Analysen einbeziehen. Die Grundlage hierfür ist der Begriff der mathematischen Wahrscheinlichkeit. Eine besonders hohe Allgemeinheit und damit eine breite Anwendbarkeit erreicht man, wenn man — dem Vorgehen von A. N. Kolmogorow folgend — den Wahrscheinlichkeitsbegriff axiomatisch einführt. Dazu faßt man zunächst die möglichen Ausgänge einer Beobachtung oder eines Experiments zu einer Menge Ω zusammen.

Beim Würfeln beispielsweise sind die möglichen Beobachtungsausgänge 1, 2, 3, 4, 5 oder 6, so daß Ω in diesem Falle die aus den Zahlen 1, 2, 3, 4, 5 und 6 bestehende Menge $\{1, 2, 3, 4, 5, 6\}$ ist. *Ereignisse* sind dann gewisse Teilmengen A von Ω. Das Ereignis A bedeutet, daß die durch A repräsentierte Beobachtung zu einem Resultat führt, das einem zu A gehörenden Element von Ω entspricht.

Im obigen Würfelbeispiel bedeutet die Teilmenge $\{1, 2\}$, daß entweder eine 1 oder eine 2 gewürfelt wird, usw. Jede Teilmenge von $\{1, 2, 3, 4, 5, 6\}$ kann als ein Ereignis gedeutet werden (die Menge selbst bedeutet das Ereignis, daß überhaupt gewürfelt wird und dabei über den Ausgang des Würfelns nichts ausgesagt wird; die leere Menge $\emptyset$ ist das Ereignis, daß überhaupt nicht gewürfelt wird).

Im allgemeinen ist es nicht nötig (und im Fall unendlicher Mengen Ω meistens auch nicht möglich), daß jede beliebige Teilmenge von Ω als ein Ereignis interpretiert werden kann. Sinnvollerweise wird jedoch gefordert: Sind A und B Ereignisse, so auch deren Vereinigung $A \cup B$ und deren Durchschnitt $A \cap B$. Die Vereinigung $A \cup B$ bedeutet nämlich, daß die ihr entsprechende Beobachtung einen zu A oder zu B gehörenden Ausgang hat.

3. Stochastische Prozesse

Analog bedeutet $A \cap B$, daß ein sowohl zu A als auch zu B gehörender Ausgang beobachtet wird. Aus beweistechnischen Gründen ist es darüber hinaus zweckmäßig, zu fordern, daß die Vereinigung und der Durchschnitt abzählbar vieler Mengen $A_1, A_2, \ldots$ ein Ereignis repräsentiert, wenn dies alle $A_1, A_2, \ldots$ tun. Mit anderen Worten: Zulässige Ereignisse in dem zu konstruierenden wahrscheinlichkeitstheoretischen Modell sind alle Mengen eines Systems $\mathscr{F}$ von Teilmengen von Ω, wobei mit $A_1, A_2, \ldots$ aus $\mathscr{F}$ auch endliche und abzählbar unendliche Vereinigungen und Durchschnitte zu $\mathscr{F}$ gehören sollen. Schließlich fordert man, daß auch die leere Menge $\emptyset$ und die ganze Ausgangsmenge Ω zu $\mathscr{F}$ gehören sollen.[1]

Um quantitative Aussagen machen zu können, braucht man noch ein Maß dafür, wie wahrscheinlich die zulässigen (d. h. zu $\mathscr{F}$ gehörenden) Ereignisse sind: Jeder zu $\mathscr{F}$ gehörenden Menge A wird daher eine (zwischen 0 und 1 liegende) Zahl $\mathsf{P}(A)$ zugeordnet. Wie A. N. Kolmogorow gezeigt hat, läßt sich — unabhängig von der konkreten Definition von $\mathsf{P}(A)$ — eine einheitliche Wahrscheinlichkeitstheorie aufbauen, wenn die auf $\mathscr{F}$ definierte reellwertige Funktion P die folgenden Eigenschaften besitzt:

1. Sind A, B zu $\mathscr{F}$ gehörende punktfremde Mengen, so ist $\mathsf{P}(A \cup B) = \mathsf{P}(A) + \mathsf{P}(B)$.

2. Es ist $\mathsf{P}(A) \geq 0$ für alle zu $\mathscr{F}$ gehörenden A.

3. Es ist $\mathsf{P}(\Omega) = 1$.

Eine auf Ω definierte reellwertige Funktion P, die diese drei Eigenschaften besitzt, heißt eine auf Ω definierte *Wahrscheinlichkeit* oder ein *Wahrscheinlichkeitsmaß*. Aus den drei Forderungen 1, 2 und 3 kann beispielsweise geschlußfolgert werden, daß $\mathsf{P}(A)$ für jedes zu $\mathscr{F}$ gehörende A notwendig der Ungleichung $0 \leq \mathsf{P}(A) \leq 1$ genügt. Falls Ω unendlich viele Elemente besitzt, wird die 1. Forderung im allgemeinen durch die folgende stärkere Forderung ersetzt:

1'. Sind $A_1, A_2, \ldots$ abzählbar viele, paarweise punktfremde

---

[1] Die leere Menge $\emptyset$ kann als das unmögliche, Ω selbst als das sichere Ereignis gedeutet werden. — Da man Vereinigung und Durchschnitt von Mengen als Summe und Produkt deuten kann, nennt man ein System $\mathscr{F}$ von Teilmengen von Ω einen *Mengenring*, falls $\mathscr{F}$ mit je zwei Mengen auch deren Vereinigung und deren Durchschnitt enthält. Falls $\mathscr{F}$ auch Vereinigung und Durchschnitt abzählbar vieler zu $\mathscr{F}$ gehörender Mengen enthält, nennt man $\mathscr{F}$ einen *Sigma-Mengenring*.

Mengen, die zu $\mathcal{F}$ gehören sollen, so ist

$$P\left(\bigcup_{i=1}^{\infty} A_i\right) = \sum_{i=1}^{\infty} P(A_i).\text{[1]}$$

Man kann übrigens zeigen, daß eine Wahrscheinlichkeit P bestimmt dann die Eigenschaft 1' besitzt, wenn sie (neben 1, 2 und 3) die folgende Stetigkeitseigenschaft besitzt:
Es ist

$$\lim_{i \to \infty} P(A_i) = 0,$$

wenn die A_i eine monoton fallende Mengenfolge bilden (also $A_{i+1} \subset A_i$), deren Durchschnitt leer ist.

Die Eigenschaften 1 und 2 (bzw. 1' und 2) zeigen, daß jede Wahrscheinlichkeit auch ein auf $\mathcal{F}$ definiertes Maß ist. Daher kann sich die Wahrscheinlichkeitstheorie mit Erfolg auch maßtheoretischer Methoden bedienen. Das betrifft erstens die Zusammenhänge zwischen Maßtheorie und Integrationstheorie. Zweitens kann man zur Konstruktion von Wahrscheinlichkeiten auch das folgende Prinzip zur Konstruktion von Maßen anwenden: Man definiert die Maße zunächst nur für einfache Mengen (z. B. Intervalle); für allgemeinere Mengen berechnet man die Maße dann dadurch, daß man solche Mengen als Vereinigungen und Durchschnitte der als Ausgangspunkt genommenen einfachen Mengen darstellt.

In diesem Zusammenhang spielt sowohl in der Maß- als auch in der Wahrscheinlichkeitstheorie der Begriff der *Borelschen Menge* eine fundamentale Rolle: Darunter versteht man eine Menge im $\mathbb{R}^n$, die sich als abzählbare Vereinigung bzw. abzählbarer Durchschnitt letztlich aus offenen Intervallen gewinnen läßt. Borelsche Mengen sind daher meßbar (im Lebesgueschen Sinne), und es kann über sie integriert werden.

Ist Ω eine Teilmenge des $\mathbb{R}^n$, $\mathcal{F}$ die Menge aller Borelschen Teilmengen von Ω, und ist $p = p(x)$ eine auf Ω definierte nichtnegative (etwa stetige) reellwertige Funktion mit

$$\int_\Omega p(x)\,\mathrm{d}x = 1,$$

---

[1]) Eine Wahrscheinlichkeit P, die diese Eigenschaft besitzt, heißt *voll-* oder *sigma-additiv*.

so kann auf $\mathcal{F}$ eine Wahrscheinlichkeit durch

$$\mathsf{P}(A) = \int\limits_A p(x)\,\mathrm{d}x$$

definiert werden.

Ist dagegen Ω eine abzählbare Menge, die aus den Elementen $x_1, x_2, \ldots$ besteht, so kann auf der Menge $\mathcal{F}$ aller Teilmengen von Ω eine Wahrscheinlichkeit wie folgt definiert werden:

Man wähle zunächst nichtnegative reelle Zahlen $p_1, p_2, \ldots$ mit $\sum\limits_{i=1}^{\infty} p_i = 1$. Ist dann A eine Teilmenge von Ω, die die Elemente $x_{i_1}, x_{i_2}, \ldots$ enthält, so werde

$$\mathsf{P}(A) = \sum_j p_{i_j}$$

gesetzt.

Zunächst benötigen wir noch den Begriff einer zufälligen Variablen. Ist Ω eine gegebene Grundmenge und $\mathcal{F}$ ein zugehöriges System von Teilmengen von Ω, so heißt eine auf Ω definierte reellwertige Funktion f eine *zufällige Variable*, wenn sie noch meßbar in dem folgenden Sinne ist: Das Urbild jeder Borelschen Menge im $\mathbb{R}^1$ bei der durch f vermittelten Abbildung muß eine zu $\mathcal{F}$ gehörende Teilmenge von Ω sein.[1]) Ihrem Wesen nach ist eine zufällige Variable eine Funktion, deren Werte von den möglichen Beobachtungsergebnissen abhängen (die Menge Ω besteht ja definitionsgemäß gerade aus der Menge der möglichen Beobachtungsergebnisse).

In diesem Kapitel sollen sogenannte stochastische Prozesse betrachtet werden. Ein *stochastischer Prozeß* liegt vor, wenn jedem Zeitpunkt t eines gegebenen Zeitintervalls $0 \leq t \leq T$ eine zufällige Variable f zugeordnet ist. Bei einem stochastischen Prozeß hängt die betrachtete reelle Zahl f also sowohl von dem in Ω liegenden Element ω als auch von der Zeit t ab: $f = f(\omega, t)$. Hält man ω fest, so erweist sich f als eine von t abhängige Funktion,[2]) die zur Vereinfachung der Schreibweise im folgenden mit g bezeichnet werden soll: $g = g(t)$. Die Menge aller auf dem Intervall

$$[0, T] = \{t\colon 0 \leq t \leq T\}$$

---

[1]) Dieser Begriff der Meßbarkeit von f hängt zwar von der Wahl von $\mathcal{F}$, nicht aber von der Wahl der Wahrscheinlichkeit P auf $\mathcal{F}$ ab.

[2]) Aus diesem Grunde nennt man einen stochastischen Prozeß gelegentlich auch eine *zufällige* (s. h. von ω abhängige) *Funktion*.

definierten reellwertigen Funktionen soll mit $\mathcal{R}^{[0,T]}$ bezeichnet werden. Für ein fest gewähltes ω gehört bei einem gegebenen stochastischen Prozeß f die durch $g(t) = f(\omega, t)$ definierte Funktion also zu $\mathcal{R}^{[0,T]}$. Eine für die Theorie stochastischer Prozesse grundlegende Frage ist nun die folgende: Wie wahrscheinlich ist es, daß ein stochastischer Prozeß einen bestimmten zeitlichen Verlauf $g = g(t)$ besitzt? Die Beantwortung dieser Frage läuft darauf hinaus, im Raum $\mathcal{R}^{[0,T]}$ geeignete Wahrscheinlichkeitsmaße zu konstruieren. Eine Möglichkeit, die im folgenden gezeigt werden soll, beruht darauf, Wahrscheinlichkeitsmaße im $\mathcal{R}^{[0,T]}$ auf Wahrscheinlichkeitsmaße im $\mathbb{R}^n$ zurückzuführen; letztere können nach obigem Beispiel (vgl. S. 26) leicht für Borelsche Mengen definiert werden.

Um den $\mathcal{R}^{[0,T]}$ auf den $\mathbb{R}^n$ zurückzuführen, greifen wir uns beliebige n Punkte $t_1, \ldots, t_n$ aus $[0, T]$ heraus. Zur Vereinfachung soll die aus diesen n Punkten bestehende Menge mit S bezeichnet werden,

$$S = (t_1, \ldots, t_n).$$

Eine Teilmenge Z von $\mathcal{R}^{[0,T]}$ heißt dann ein *Zylinder* über S, wenn es im $\mathbb{R}^n$ eine Borelsche Menge B gibt, so daß für alle zu Z gehörenden g die Punkte

$$\bigl(g(t_1), \ldots, g(t_n)\bigr)$$

zu B gehören.

Wir wollen den Begriff eines Zylinders an folgendem Beispiel erläutern:

Ist $n = 2$ und B das Rechteck

$$B = \{(y_1, y_2) : a < y_1 < b, c < y_2 < d\},$$

so enthält der zugehörige Zylinder Z alle Funktionen g, deren Werte $g(t)$ an der Stelle t_1 zwischen a und b und an der Stelle t_2 zwischen c und d liegen (vgl. Abb. 4).

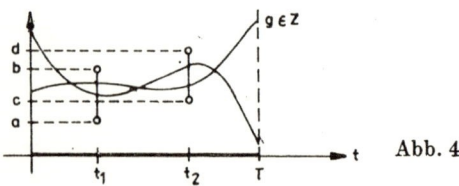

Abb. 4

Die Zuordnung des Punktes $\bigl(g(t_1), \ldots, g(t_n)\bigr)$ zu einer zu $\mathcal{R}^{[0,T]}$ gehörenden Funktion g kann als Projektion Π_S von $\mathcal{R}^{[0,T]}$ auf $\mathbb{R}^n$ gedeutet werden, so daß sich Zylinder Z als Urbilder

$$Z = \Pi_S^{-1} B$$

von Borelschen Mengen im $\mathbb{R}^n$ ergeben. Da Zylinder nicht nur über einem fest gewählten endlichen Teilsystem S, sondern über allen möglichen derartigen Teilsystemen betrachtet werden müssen, soll zunächst geklärt werden, welcher Zusammenhang zwischen den zugehörigen Zylindern besteht, wenn $\tilde{S} = (t_1, \ldots, t_m)$ ein Teilsystem von S sei, $\tilde{S} \subset S$, d. h., wenn $m \leq n$ und (bei geeigneter Numerierung der t_i) die Teilsysteme $\tilde{S}$ und S durch

$$\tilde{S} = (t_1, \ldots, t_m) \quad \text{bzw.} \quad S = (t_1, \ldots, t_m, t_{m+1}, \ldots, t_n)$$

gegeben werden.

Es sei nun Z ein Zylinder über $\tilde{S}$,

$$Z = \Pi_{\tilde{S}}^{-1} \tilde{B},$$

wobei $\tilde{B}$ eine Borelsche Menge im $\mathbb{R}^m$ sei. Neben $\tilde{B}$ wird im $\mathbb{R}^n$ die Menge B aller Punkte betrachtet, deren m erste Komponenten in $\tilde{B}$ liegen; also ist B ein streifenförmiges Gebiet im $\mathbb{R}^n$ mit $\tilde{B}$ als Basis (vgl. Abb. 5). Die so definierte Menge B ist natürlich eine Borelsche Menge im $\mathbb{R}^n$. Nach Definition von B ist

$$\bigl(g(t_1), \ldots, g(t_n)\bigr) \in B$$

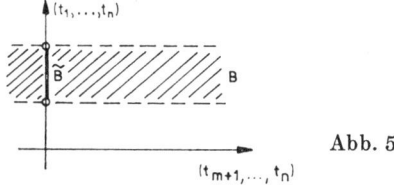

Abb. 5

genau dann, wenn

$$\bigl(g(t_1), \ldots, g(t_m)\bigr) \in \tilde{B}$$

ist. Damit kann Z aber in der Form

$$Z = \Pi_S^{-1} B$$

geschrieben werden, und wir haben also das folgende *Erweiterungsprinzip* begründet:

Ist $\tilde{S}$ ein Teilsystem von S, so kann jeder Zylinder über $\tilde{S}$ auch als Zylinder über S aufgefaßt werden.

Dieses Erweiterungsprinzip erlaubt es nun auch, zu erkennen, daß endliche Vereinigungen und endliche Durchschnitte von Zylindern in $\mathcal{R}^{[0,T]}$ selbst wieder Zylinder sind. Ist nämlich Z_1 ein Zylinder über S_1 und analog Z_2 ein Zylinder über S_2, so können beide Zylinder nach dem Erweiterungsprinzip auch als Zylinder über demselben System $S = S_1 \cup S_2$ aufgefaßt werden. Man erhält dann $Z_1 \cup Z_2$ bzw. $Z_1 \cap Z_2$ als Zylinder über S, indem man die entsprechenden erzeugenden (Borelschen) Mengen vereinigt bzw. ihren Durchschnitt bildet.

Nun sei $\mathcal{F}^{[0,T]}$ die Menge aller Teilmengen von $\mathcal{R}^{[0,T]}$, die man aus Zylindern durch Bildung auch abzählbarer Vereinigungen und Durchschnitte erhält.[1] Unser Ziel besteht nun darin, auf diesem Mengensystem $\mathcal{F}^{[0,T]}$ ein Wahrscheinlichkeitsmaß zu konstruieren. Nehmen wir zunächst an, ein solches Wahrscheinlichkeitsmaß Q, das die Eigenschaften 1', 2 und 3 besitzt, sei bereits bekannt. Ist dann wieder $S = (t_1, \ldots, t_n)$ und B irgendeine Borelsche Menge im $\mathbb{R}^n$, so gehört $Z = \Pi_S^{-1} B$ natürlich auch zu $\mathcal{F}^{[0,T]}$, so daß insbesondere $\mathsf{Q}(Z)$ definiert ist. Definiert man

$$\mathsf{Q}_S(B) = \mathsf{Q}(Z), \tag{1}$$

so ist damit ein Maß auf den Borelschen Mengen im $\mathbb{R}^n$ definiert. Die so definierten Wahrscheinlichkeitsmaße Q_S auf den Borelschen Mengen im $\mathbb{R}^n$ heißen die endlich-dimensionalen *Randverteilungen* des Wahrscheinlichkeitsmaßes Q.

Ist $m \leq n$, so sei wieder $\tilde{S} = (t_1, \ldots, t_m)$ ein Teilsystem von $S = (t_1, \ldots, t_m, t_{m+1}, \ldots, t_n)$. Zu einer beliebigen Borelschen Menge $\tilde{B}$ im $\mathbb{R}^m$ sei wieder B das oben betrachtete streifenförmige Gebiet über $\tilde{B}$, zu dem alle Punkte gehören, deren m erste Komponenten in $\tilde{B}$ liegen. Damit ergibt sich wieder, daß der von B erzeugte Zylinder über S gleich dem von $\tilde{B}$ erzeugten Zylinder über $\tilde{S}$ ist. Wendet man (1) auf $\tilde{B}$ und auf B an, so ergibt sich

$$\mathsf{Q}_{\tilde{S}}(\tilde{B}) = \mathsf{Q}(Z) \quad \text{und} \quad \mathsf{Q}_S(B) = \mathsf{Q}(Z),$$

---

[1] Im Sinne der Fußnote von S. 25 ist $\mathcal{F}^{[0,T]}$ somit der kleinste Sigma-Mengenring, der alle Zylinder enthält.

woraus durch Vergleich folgt: Das vermöge (1) auf den Borelschen Mengen im $\mathbb{R}^n$ durch $\mathbf{Q}$ induzierte Maß erfüllt die sogenannten *Verträglichkeitsbedingungen*

$$\mathbf{Q}_{\tilde{S}}(\tilde{B}) = \mathbf{Q}_S(B), \qquad (*)$$

wenn $\tilde{S}$ ein Teilsystem von S ist.

Daß diese Verträglichkeitsbedingungen nicht nur notwendig, sondern auch hinreichend für die Existenz eines Wahrscheinlichkeitsmaßes auf $\mathcal{F}^{[0,T]}$ sind, zeigt der folgende, von A. N. KOLMOGOROW stammende Satz (vgl. K. KRICKEBERG, Wahrscheinlichkeitstheorie, Stuttgart 1963):

Zu jedem System S endlich vieler Punkte $t_1, \ldots, t_n$ des Intervalls $[0, T]$ sei ein Wahrscheinlichkeitsmaß $\mathbf{Q}_S$ auf den Borelschen Mengen des $\mathbb{R}^n$ gegeben. Dabei seien die Verträglichkeitsbedingungen (*) erfüllt, wenn $\tilde{S}$ ein Teilsystem von S ist. Dann existiert ein auf $\mathcal{F}^{[0,T]}$ definiertes Wahrscheinlichkeitsmaß $\mathbf{Q}$, für das die vorgegebenen $\mathbf{Q}_S$ die zugehörigen endlich-dimensionalen Randverteilungen sind.

Zum Beweis dieses Satzes geben wir zunächst an, wie $\mathbf{Q}$ für Zylinder definiert wird. Ist $S = (t_1, \ldots, t_n)$, B eine Borelsche Menge im $\mathbb{R}^n$ und Z der Zylinder $\Pi_S^{-1}B$, so werde

$$\mathbf{Q}(Z) = \mathbf{Q}_S(B) \qquad (2)$$

definiert, wobei die rechts stehende Größe voraussetzungsgemäß bekannt ist. Da ein Zylinder in $\mathcal{F}^{[0,T]}$ durch verschiedene S und B erzeugt werden kann, ist allerdings noch zu zeigen, daß die Definition (2) von der speziellen Wahl von S und B unabhängig ist. Dazu werde angenommen, daß sowohl $Z = \Pi_{S_1}^{-1}B_1$ als auch $Z = \Pi_{S_2}^{-1}B_2$ sei. Man setze $S = S_1 \cup S_2$ und $B = B_1 \times B_2$. Bezüglich jeder Variablen t_i, die in S_1, nicht aber in S_2 (oder umgekehrt) vorkommt, darf $g(t_i)$ aber keiner Einschränkung unterliegen, weil es sich ja andernfalls nicht um denselben Zylinder handeln könnte. Folglich ist B sowohl ein streifenförmiges Gebiet über B_1 als auch über B_2. Nach der vorausgesetzten Verträglichkeitsbedingung (*) ist dann aber $\mathbf{Q}_{S_1}(B_1) = \mathbf{Q}_S(B)$ und analog auch $\mathbf{Q}_{S_2}(B_2) = \mathbf{Q}_S(B)$, so daß die geforderte Gleichheit $\mathbf{Q}_{S_1}(B_1) = \mathbf{Q}_{S_2}(B_2)$ gezeigt ist.

Wir wollen jetzt zeigen, daß die damit zunächst für Zylinder eindeutig definierte Mengenfunktion $\mathbf{Q}$ alle für ein Wahrscheinlichkeitsmaß erforderlichen Eigenschaften 1, 2, 3 und 1' besitzt.

Um Eigenschaft 1 zu zeigen, seien Z_1 und Z_2 zwei punktfremde Zylinder. Gegebenenfalls durch nochmalige Anwendung des Erweiterungsprinzips kann angenommen werden, daß Z_1 und Z_2 die

Form $Z_1 = \Pi_S^{-1} B_1$ und $Z_2 = \Pi_S^{-1} B_2$ mit gemeinsamem S haben. Da Z_1 und Z_2 punktfremd sein sollen, müssen es auch B_1 und B_2 sein. Daher ist $\mathsf{Q}_S(B_1 \cup B_2) = \mathsf{Q}_S(B_1) + \mathsf{Q}_S(B_2)$. Andererseits ist definitionsgemäß $\mathsf{Q}(Z_j) = \mathsf{Q}_S(B_j)$ für $j = 1, 2$ und weiter $\mathsf{Q}(Z_1 \cup Z_2) = \mathsf{Q}_S(B_1 \cup B_2)$.

Damit ist insgesamt aber die behauptete Additivität

$$\mathsf{Q}(Z_1 \cup Z_2) = \mathsf{Q}(Z_1) + \mathsf{Q}(Z_2)$$

gezeigt.

Daß Q für keinen Zylinder negativ ist (Eigenschaft 2), ergibt sich aus der entsprechenden Eigenschaft von Q_S. Auch Eigenschaft 3 ist trivialerweise erfüllt, denn der ganze Raum $\mathscr{R}^{[0,T]}$ kann (bei jeder Wahl von n und S) als Zylinder über $B = \mathbb{R}^n$ aufgefaßt werden, und es ist $\mathsf{Q}_S(\mathbb{R}^n) = 1$.

Um schließlich noch die Eigenschaft 1' nachzuweisen, beachten wir zunächst die Bemerkung auf S. 26: Es genügt zu zeigen, daß für ineinandergeschachtelte Zylinder Z_n mit leerem Durchschnitt die Limesgleichung

$$\lim_{n \to \infty} \mathsf{Q}(Z_n) = 0$$

gilt. Um für das Bestehen dieser Limesgleichung einen schönen Beweis zu geben, nehmen wir an, daß es — im Unterschied zu der Behauptung — doch eine Folge ineinander geschachtelter Zylinder Z_n mit $\lim_{n \to \infty} \mathsf{Q}(Z_n) = \varrho > 0$ gäbe. Jedes Z_n kann definitionsgemäß in der Form

$$Z_n = \Pi_{S_n}^{-1} B_n$$

geschrieben werden. Bei Berücksichtigung des Erweiterungsprinzips ist es dabei keine Beschränkung der Allgemeinheit anzunehmen, daß $S_n = (t_1, \ldots, t_{k_n})$ mit $k_{n+1} > k_n$ ist. Die B_n sind Borelsche Mengen im k_n-dimensionalen euklidischen Raum. Nach einem allgemeinen Satz der Maßtheorie gibt es zu der Borelschen Menge B_n eine darin enthaltene kompakte Menge C_n, so daß

$$\mathsf{Q}_{S_n}(B_n \setminus C_n) < \frac{\varrho}{2^n} \tag{3}$$

gilt, $n = 1, 2, \ldots$ Außer den Zylindern Z_n betrachten wir noch die darin enthaltenen Zylinder

$$Y_n = \Pi_{S_n}^{-1} C_n,$$

3. Stochastische Prozesse

so daß nach Definition von $\mathbf{Q}$ und nach (3) auch

$$\mathbf{Q}(Z_n \setminus Y_n) = \mathbf{Q}_{S_n}(B_n \setminus C_n) < \frac{\varrho}{2^n} \tag{4}$$

wird. Schließlich wird $X_n = Y_1 \cap \cdots \cap Y_n$ gesetzt. Wegen

$$Z_n \setminus X_n = Z_n \setminus (Y_1 \cap \cdots \cap Y_n)$$
$$= (Z_n \setminus Y_1) \cup \cdots \cup (Z_n \setminus Y_n)$$

hat man

$$\mathbf{Q}(Z_n \setminus X_n) \leq \sum_{i=1}^{n} \mathbf{Q}(Z_n \setminus Y_i) \leq \sum_{i=1}^{n} \mathbf{Q}(Z_i \setminus Y_i),$$

und bei Beachtung von (4) folgt

$$\mathbf{Q}(Z_n \setminus X_n) < \varrho \left(\frac{1}{2} + \cdots + \frac{1}{2^n} \right).$$

Da andererseits $\mathbf{Q}(Z_n) \geq \varrho$ gilt, kann somit kein X_n leer sein. In jedem X_n gibt es also wenigstens eine Funktion $g^{(n)}$. Ist $m \leq n$, so ist $X_n \subset Y_m$, so daß $g^{(n)}$ auch zu Y_m gehört. Letzteres bedeutet aber, daß

$$\left(g^{(n)}(t_1), \ldots, g^{(n)}(t_{k_m}) \right) \in C_m \tag{5}$$

für $m = 1, 2, \ldots, n$ ist.

Nun sind alle C_m kompakt, d. h. abgeschlossen und beschränkt. Wegen der Beschränktheit von C_1 gibt es eine Teilfolge $\{g^{(n_{1i})}\}_{i=1,2,\ldots}$ von $\{g^{(n)}\}_{n=1,2,\ldots}$, so daß diese Teilfolge in allen Punkten $t_1, \ldots, t_{k_1}$ konvergiert. Wegen der Beschränktheit von C_2 kann man von der soeben betrachteten Teilfolge $\{g^{(n_{1i})}\}_{i=1,2,\ldots}$ wieder zu einer Teilfolge $\{g^{(n_{2i})}\}_{i=1,2,\ldots}$ übergehen, sie überdies auch in den Punkten $t_{k_1+1}, \ldots, t_{k_2}$ konvergiert.

Dieses Auswahlprinzip wird fortgesetzt: Nachdem im l-ten Schritt eine in allen $t_1, \ldots, t_{k_l}$ konvergierende Teilfolge $\{g^{(n_{li})}\}_{i=1,2,\ldots}$ konstruiert wurde, kann im jetzt folgenden $(l + 1)$-ten Schritt (wegen der Beschränktheit von C_{l+1}) nochmals zu einer Teilfolge übergegangen werden, die auch in $t_{k_l+1}, \ldots, t_{k_{l+1}}$ konvergiert.

Jetzt schreibt man die konstruierten Folgen der Reihe nach untereinander als Zeilen einer unendlichen Matrix auf. Konstruktionsgemäß ist die in der $(l + 1)$-ten Zeile stehende Folge eine Teilfolge der in der l-ten Zeile stehenden Folge. Damit ist die Diagonalfolge

$$\{g^{(n_{ll})}\}_{l=1,2,\ldots}$$

für $l \geq l_0$ auch Teilfolge der in der l_0-ten Zeile stehenden Folge. Da hierbei l_0 beliebig gewählt werden kann, ist somit gezeigt: Die Diagonalfolge konvergiert in allen Punkten $t_1, t_2, \ldots$. Den Limes der Diagonalfolge im Punkt t_i wollen wir nun mit l_i bezeichnen. Beachtet man, daß C_m abgeschlossen ist und daß (5) für jedes $n \geq m$ gilt, so folgt: Der Punkt $(l_1, \ldots, l_{k_m})$ gehört zu C_m und folglich auch zu B_m; hierbei kann auch m beliebig gewählt werden.

Schließlich definiere man eine Funktion g in $[0, T]$ wie folgt:

$$g(t) = \begin{cases} l_i, & \text{falls } t = t_i, \\ 0 & \text{sonst.} \end{cases}$$

Diese Funktion hat somit die Eigenschaft, daß

$$\bigl(g(t_1), \ldots g(t_{k_m})\bigr)$$

zu B_m gehört, woraus folgt, daß g jedem Zylinder Z_m angehört. Also gehört g aber auch dem Durchschnitt aller Zylinder an. Damit hat man einen Widerspruch erhalten, denn der Durchschnitt aller Zylinder Z_m sollte leer sein. Folglich ist auch gezeigt, daß das konstruierte Wahrscheinlichkeitsmaß **Q** auch die Eigenschaft 1' besitzt.

Bisher wurde das Wahrscheinlichkeitsmaß **Q** nur für Zylinder konstruiert, und die erforderlichen Eigenschaften 1, 2, 3 bzw. 1' wurden ebenfalls nur für Zylinder nachgewiesen. Tatsächlich wird das Wahrscheinlichkeitsmaß **Q** aber für die gesamte Menge $\mathscr{F}^{[0,T]}$ gebraucht. Da diese aber aus Zylindern durch abzählbare Vereinigungs- und Durchschnittsbildungen aufgebaut wird, kann man **Q** im Sinne dieses maßtheoretischen Konstruktionsprinzips (vgl. S. 30) sofort auch auf ganz $\mathscr{F}^{[0,T]}$ ausdehnen. Dabei bleiben auch die Eigenschaften 1, 2, 3 bzw. 1' erhalten, weil diese ja für die approximierenden Zylinder gelten. Der Satz von KOLMOGOROW ist damit vollständig bewiesen.

4. Das Einsteinsche Additionstheorem für Geschwindigkeiten

Der physikalische Raum sei auf das rechtwinklige (x,y,z)-Koordinatensystem mit dem Ursprung O bezogen. Der Ursprung O' eines zweiten Koordinatensystems soll sich mit konstanter Geschwindigkeit v auf der x-Achse in Richtung wachsender x-Werte bewegen. Sollen die Achsen des neuen Koordinatensystems parallel zu den

4. Einsteins Additionstheorem

alten Achsen sein, so hängen die neuen Koordinaten x', y', z' mit den alten x, y, z wie folgt zusammen:

$$x' = x - vt,$$
$$y' = y, \tag{1}$$
$$z' = z,$$

wobei t die Zeit bedeutet (vgl. Abb. 6). Der alte Ursprung O bewegt sich dann mit der Geschwindigkeit $-v$ gegenüber der

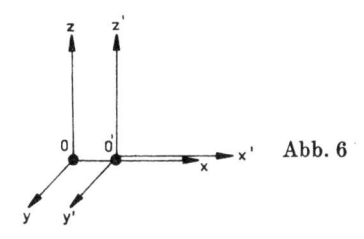

Abb. 6

x'-Achse. Aus den Umrechnungsformeln (1) folgt ferner zwangsläufig die aus der klassischen (Newtonschen) Mechanik bekannte Tatsache:

Bewegt sich auf der x'-Achse ein Körper mit der konstanten Geschwindigkeit $\tilde{v}$ in bezug auf das neue, ebenfalls bewegte Koordinatensystem, so bewegt er sich in bezug auf das ursprüngliche Koordinatensystem mit der Geschwindigkeit $v + \tilde{v}$; das ist das Additionstheorem der Geschwindigkeiten in der Newtonschen Mechanik.

Legt man nun das (x,y,z)-Koordinatensystem in den als ruhend angenommenen Weltraum und soll sich das (x',y',z')-System fest mit der Erde mitbewegen (wobei die x'-Achse in die Richtung der Tangente der Erdbahn zeigen soll), so ergibt sich aus dem oben formulierten Prinzip zur Addition von Geschwindigkeiten die folgende Konsequenz. Hat das Licht gegenüber dem als unbewegt angesehenen Weltraum die Geschwindigkeit c, so müßte es in Richtung der Erdbahn die Geschwindigkeit $c + v$ und entgegengesetzt dazu die Geschwindigkeit $c - v$ haben, wenn mit v die Geschwindigkeit der Erde gegenüber dem Weltraum bezeichnet und die Lichtquelle als fest auf der Erde angenommen wird.

Entsprechende Versuche (*Michelson-Versuch*) haben nun aber gezeigt, daß eine derartige Richtungsabhängigkeit der Lichtgeschwindigkeit niemals beobachtet werden konnte. Es zeigte sich vielmehr, daß das Licht eine richtungsunabhängige Geschwindigkeit c besitzt.

Physikalisch mußte wegen dieser Beobachtungen die Existenz unbewegter Koordinatensysteme fallengelassen werden. Und für die Mathematik ergab sich die Schlußfolgerung, daß die Transformationsformeln zur (1) Umrechnung von Koordinatensystemen, die sich mit konstanter Geschwindigkeit gegeneinander bewegten, unzureichend sind. Wir werden jedoch sogleich sehen, daß man das Phänomen der konstanten Lichtgeschwindigkeit sehr leicht mathematisch fassen kann, wenn man die Transformationsformeln wie folgt modifiziert:

Man läßt die Annahme fallen, daß sowohl das (x,y,z)-System als auch ein zweites (x',y',z')-System auf ein und dieselbe Zeit t bezogen werden können. Für jedes Koordinatensystem wird vielmehr eine eigene Zeitrechnung vereinbart. Im (x,y,z)-System soll die Zeit t sein, für das (x',y',z')-System wird sie analog mit t' bezeichnet. Die grundlegende Annahme über die Umrechnung von zwei mit konstanter Geschwindigkeit sich gegeneinander bewegende Bezugssysteme ist nun die folgende: Die Umrechnungsformeln (1) sind dadurch zu erweitern, daß sich nicht nur die räumlichen Koordinaten x', y' und z' linear durch x, y und z ausdrücken lassen, sondern daß vielmehr x', y', z' und t' lineare Funktionen von x, y, z und t sind. Die Umrechnungsformeln (1) werden also durch solche der Form

$$\begin{aligned} x' &= k_{11}x + k_{10}t, \\ y' &= y, \\ z' &= z, \\ t' &= k_{01}x + k_{00}t \end{aligned} \qquad (2)$$

ersetzt. Zur Vereinfachung des Rechenaufwandes wollen wir nach wie vor annehmen, daß der neue Ursprung O' sich mit konstanter Geschwindigkeit auf der x-Achse bewegt, so daß $y' = y$ und $z' = z$ angenommen werden kann. Andernfalls müßte man anstelle von (2) noch allgemeinere Transformationsformeln der Form $x' = k_{11}x + k_{12}y + k_{13}z + k_{10}t$ usw. ansetzen.

Zunächst wollen wir zeigen, daß wir die Koeffizienten k_{11}, k_{10}, k_{01} und k_{00} so bestimmen können, daß sich beide Systeme mit der Geschwindigkeit v bzw. $-v$ gegeneinander bewegen, und daß das Licht in beiden Systemen dieselbe Geschwindigkeit c besitzt.

4. Einsteins Additionstheorem

Die Forderung, daß der neue Ursprung O' (für diesen ist $x' = 0$) im alten System die Geschwindigkeit v besitzt, führt zu der Bedingung

$$\frac{x}{t} = -\frac{k_{10}}{k_{11}} = v,$$

also

$$k_{11}v + k_{10} = 0. \tag{3}$$

Für den alten Ursprung O gilt

$$x = 0,$$

also auch

$$x' = k_{10}t, \qquad t' = k_{00}t,$$

wie sofort aus dem Ansatz (2) durch Einsetzen von $x = 0$ folgt. Soll er gegenüber dem neuen System die Geschwindigkeit $-v$ haben, so muß daher

$$\frac{x'}{t'} = \frac{k_{10}}{k_{00}} = -v,$$

also

$$k_{10} + k_{00}v = 0 \tag{4}$$

gelten.

In (3) und (4) hat man für die vier offen gelassenen Koeffizienten k_{00} k_{01} k_{10} und k_{11} bereits zwei Relationen gefunden. Aus ihnen ergibt sich, daß die Gleichungen für x' und t' die Form

$$\begin{aligned} x' &= k_{11}(x - vt) \\ t' &= k_{01}x + k_{11}t \end{aligned} \tag{5}$$

haben müssen, wobei k_{01} und k_{11} noch beliebig gewählt werden können. Um auch diese Koeffizienten zu bestimmen, beachten wir, daß das Licht in beiden Systemen dieselbe Geschwindigkeit c haben soll. Ein in Richtung der x-Achse laufender Lichtstrahl, der im Zeitpunkt $t = 0$ im Ursprung O ausgestrahlt wird, kann durch

$$x = ct$$

beschrieben werden. Wegen (5) erhält man im neuen Koordinatensystem hieraus die Gleichung

$$\begin{aligned} x' &= k_{11}(c - v)\,t, \\ t' &= (k_{01}c + k_{11})\,t. \end{aligned}$$

Die Forderung, daß dieser Strahl im neuen System ebenfalls die Geschwindigkeit c besitzt, führt daher zu der Bedingung

$$\frac{x'}{t'} = \frac{k_{11}(c-v)}{k_{01}c + k_{11}} = c,$$

woraus sich die Relation

$$k_{01}c^2 + k_{11}v = 0 \qquad (6)$$

ergibt. Da durch (3) und (4) bereits eine gewisse Symmetrie zwischen beiden Systemen erfaßt wurde, erhält man nicht etwa weitere, von (6) verschiedene Relationen, wenn man einen Lichtstrahl im neuen System auf das alte Koordinatensystem zurückrechnet. Hiervon kann man sich natürlich auch durch die entsprechenden Rechnungen direkt überzeugen.

Wegen (6) gehen die Transformationsformeln (5) über in

$$x' = k(x - vt),$$
$$t' = k\left(t - \frac{v}{c^2}x\right), \qquad (7)$$

wenn k_{11} einfach mit k bezeichnet wird. Das bisherige Ergebnis kann wie folgt zusammengefaßt werden:

Zwei mit der Geschwindigkeit v sich gegeneinander bewegende, gleichberechtigte Systeme hängen durch (7) zusammen (die Gleichungen $y' = y$ und $z' = z$ werden hier und im folgenden nicht mehr mit hingeschrieben), wenn in beiden Systemen die Lichtgeschwindigkeit c ist. Dabei ist k eine beliebige reelle Konstante.

Bevor im folgenden Möglichkeiten zur Bestimmung der Konstanten k diskutiert werden sollen, wollen wir zunächst zeigen, daß Transformationen der Form (7) die *Gruppeneigenschaft* besitzen. Letzteres bedeutet: Die Hintereinanderausführung von zwei Transformationen der Form (7) ergibt wieder eine Transformation der Form (7).

Um dies zu zeigen, gehen wir vom (x',t')-System nochmals zu einem neuen (x'',t'')-System über. Soll dieses System gegenüber dem (x',t')-System die (konstante) Geschwindigkeit $\tilde{v}$ haben, so haben analog zu (7) die neuen Koordinaten die Form

$$x'' = \tilde{k}(x' - \tilde{v}t'),$$
$$t'' = \tilde{k}\left(t' - \frac{\tilde{v}}{c^2}x'\right), \qquad (8)$$

4. Einsteins Additionstheorem

wenn $\bar{k}$ wieder eine beliebige Konstante bedeutet. Setzt man (7) in (8) ein, so erhält man

$$x'' = k\bar{k}\left(1 + \frac{v\bar{v}}{c^2}\right)\left(x - \frac{v + \bar{v}}{1 + \frac{v\bar{v}}{c^2}}t\right),$$

$$t'' = k\bar{k}\left(1 + \frac{v\bar{v}}{c^2}\right)\left(t - \frac{1}{c^2}\frac{v + \bar{v}}{1 + \frac{v\bar{v}}{c^2}}x\right).$$

Damit ist gezeigt:

Setzt man die Abbildungen (7) und (8) zusammen, so ergibt sich wieder eine Abbildung derselben Form, wobei die die Abbildung charakterisierenden Größen v, k bzw. $\bar{v}$, $\bar{k}$ für die Zusammensetzung die Form

$$\hat{v} = \frac{v + \bar{v}}{1 + \frac{v\bar{v}}{c^2}}, \tag{9}$$

$$\hat{k} = k\bar{k}\left(1 + \frac{v\bar{v}}{c^2}\right) \tag{10}$$

haben.

Physikalische Gründe hatten bei der Wahl der Transformationen (7) erfordert, bei der Umrechnung sich gegeneinander bewegender Bezugssysteme auch die Zeit t zu transformieren. Die entsprechende Analyse, die zu den Gleichungen (7) führte, hat dabei ergeben, daß die neuen räumlichen Koordinaten auch von der Zeit im alten System abhängen. Andererseits braucht man in der Physik einen von der Wahl des Bezugssystems unabhängigen Längenbegriff. Wegen der Zeitabhängigkeit der Transformationen (7) muß dieser Längenbegriff auch die Zeitkoordinaten berücksichtigen.

Um hier weiterzukommen, wollen wir uns an das *Erlanger Programm* von FELIX KLEIN für die Geometrie erinnern. Nach diesem sind geometrische Eigenschaften solche, die gegenüber bestimmten zugelassenen Transformationen invariant sind, d. h., die sich nicht ändern, wenn irgendeine der betrachteten Transformationen durchgeführt wird. Sind beispielsweise (x_1, y_1, z_1) und (x_2, y_2, z_2) zwei Punkte im dreidimensionalen euklidischen Raum und setzt man $\Delta x = x_2 - x_1$, $\Delta y = y_2 - y_1$, $\Delta z = z_2 - z_1$, so wird das Quadrat des Abstandes der beiden Punkte durch

$$(\Delta x)^2 + (\Delta y)^2 + (\Delta z)^2 \qquad (11)$$

gegeben. Als Koordinatentransformationen lassen wir nun beliebige Translationen und Drehungen des (rechtwinkligen) (x,y,z)-Koordinatensystems zu. Dabei werden sich die Koordinaten der beiden betrachteten Punkte ändern, auch die Differenzen Δx, Δy, Δz werden sich im allgemeinen ändern, jedoch das Abstandsquadrat (11) bleibt ungeändert, so daß der Abstand zweier Punkte eine geometrische Größe ist.

Will man nun einen Längenbegriff haben, der bei Transformationen der Form (7) ungeändert bleibt, so kann man nicht von dem quadratischen Ausdruck (11) ausgehen. Wenn es überhaupt einen quadratischen Ausdruck in Δx, Δy und Δz gibt, der bei Transformationen der Form (7) seinen Wert nicht ändert, so wird dieser Ausdruck auch Δt enthalten müssen, da die Transformationen (7) ja auch von t abhängen. Wir werden zeigen, daß es tatsächlich quadratische Ausdrücke in Δx, Δy, Δz und Δt (mit konstanten Koeffizienten) gibt, die bei Transformationen der Form (7) in sich übergehen. Allerdings wird sich dabei zeigen, daß die Konstante k in (7) nicht willkürlich gewählt werden kann, sondern daß k einen von v abhängigen Wert besitzen muß.

Wir werden jetzt also (11) durch einen quadratischen Ausdruck in Δx, Δy, Δz und Δt ersetzen. Da wir bei der Transformation (7) die y- und auch die z-Achse ungeändert gelassen haben, ist es keine Beschränkung der Allgemeinheit, wenn wir auch in unserem zu betrachtenden quadratischen Ausdruck die Abhängigkeit von Δy und Δz weglassen. Genauer formuliert heißt das: Wir wählen unsere Koordinatenachsen von Anfang an so, daß zwei beliebig vorgegebene Punkte gleiche y- und gleiche z-Koordinaten besitzen. Daher ist $\Delta y = 0$ und $\Delta z = 0$. Wegen der Form (7) der Koordinatentransformation ist nach Ausführung der Transformation dann aber auch $\Delta y' = 0$ und $\Delta z' = 0$.

Also werden wir anstelle von (11) vom Ausdruck

$$A(\Delta x)^2 + 2B\,\Delta x\,\Delta t + C(\Delta t)^2 \qquad (12)$$

ausgehen, wo A, B und C zu bestimmende Konstanten sind. Diese Konstanten sind so zu bestimmen, daß der Ausdruck (12) seinen Wert nicht ändert, wenn anstelle von x, t die neuen Koordinaten x', t' eingesetzt werden. Wegen der Linearität der Transformation (7) gehen die Differenzen Δx und Δt natürlich über in

$$\Delta x' = k(\Delta x - v\,\Delta t),$$
$$\Delta t' = k\left(\Delta t - \frac{v}{c^2}\,\Delta x\right).$$

Setzt man diese Ausdrücke in

$$A(\Delta x')^2 + 2B\,\Delta x'\,\Delta t' + C(\Delta t')^2$$

ein, so erhält man wieder einen quadratischen Ausdruck in Δx und Δt, nämlich

$$k^2\left(A - 2B\,\frac{v}{c^2} + C\,\frac{v^2}{c^4}\right)(\Delta x)^2$$
$$+ 2k^2\left(-vA + B + B\,\frac{v^2}{c^2} - C\,\frac{v}{c^2}\right)\Delta x\,\Delta t$$
$$+ k^2(v^2 A - 2Bv + C)(\Delta t)^2. \tag{13}$$

Ebenso wie (12) ist auch dieser Ausdruck ein quadratisches Polynom in Δx und Δt. Da diese beiden Polynome für alle Werte von Δx und Δt gleiche Werte besitzen sollen, müssen in (12) und (13) die drei Größen $(\Delta x)^2$, $\Delta x\,\Delta t$ und $(\Delta t)^2$ gleiche Koeffizienten besitzen. Das ergibt zur Bestimmung von A, B und C das folgende lineare Gleichungssystem

$$(1 - k^2)A + 2\,\frac{v}{c^2}\,k^2 B - \frac{v^2}{c^4}\,k^2 C = 0,$$
$$vk^2 A + \left(1 - \left(1 + \frac{v^2}{c^2}\right)k^2\right)B + \frac{v}{c^2}\,k^2 C = 0, \tag{14}$$
$$-v^2 k^2 A + 2vk^2 B + (1 - k^2)C = 0.$$

Es ergibt sich zur Bestimmung von A, B und C also ein homogenes Gleichungssystem. Eine nichttriviale Lösung, bei der nicht alle drei Größen A, B und C gleichzeitig Null sind, existiert nur dann, wenn die Koeffizientendeterminante

$$\begin{vmatrix} 1 - k^2 & 2\,\dfrac{v}{c^2}\,k^2 & -\dfrac{v^2}{c^4}\,k^2 \\ vk^2 & 1 - \left(1 + \dfrac{v^2}{c^2}\right)k^2 & \dfrac{v}{c^2}\,k^2 \\ -v^2 k^2 & 2vk^2 & 1 - k^2 \end{vmatrix} \tag{15}$$

den Wert Null besitzt. Bei vorgegebenem v wird sich hieraus eine
Bedingung für k ergeben. Um diese zu finden, wollen wir zunächst
die Determinante (15) umformen, ohne dabei ihren Wert zu
ändern. Subtrahiert man von der ersten Zeile die durch c^2 divi-
dierte letzte Zeile, so nimmt die Determinante die Form

$$\begin{vmatrix} 1 - \left(1 - \frac{v^2}{c^2}\right)k^2 & 0 & -\frac{1}{c^2}\left(1 - \left(1 - \frac{v^2}{c^2}\right)k^2\right) \\ vk^2 & 1 - \left(1 + \frac{v^2}{c^2}\right)k^2 & \frac{v}{c^2}k^2 \\ -v^2k^2 & 2vk^2 & 1 - k^2 \end{vmatrix}$$

an. Addiert man jetzt noch zur ersten Spalte die mit c^2 multiplizierte letzte Spalte, so geht die Determinante über in

$$\begin{vmatrix} 0 & 0 & -\frac{1}{c^2}\left(1 - \left(1 - \frac{v^2}{c^2}\right)k^2\right) \\ 2vk^2 & 1 - \left(1 + \frac{v^2}{c^2}\right)k^2 & \frac{v}{c^2}k^2 \\ c^2 - (v^2 + c^2)k^2 & 2vk^2 & 1 - k^2 \end{vmatrix},$$

so daß sich für die Determinante (15) der Wert

$$-\frac{1}{c^2}\left(1 - \left(1 - \frac{v^2}{c^2}\right)k^2\right) \begin{vmatrix} 2vk^2 & 1 - \left(1 + \frac{v^2}{c^2}\right)k^2 \\ c^2\left(1 - \left(1 + \frac{v^2}{c^2}\right)k^2\right) & 2vk^2 \end{vmatrix}$$

(16)

ergibt. Andererseits muß die Determinante (15) aber den Wert
Null besitzen. Durch Nullsetzen von (16) ergibt sich dann die bereits oben angekündigte Bedingung für k. Für das Verschwinden
von (16) gibt es nun aber zwei Möglichkeiten. Erstens kann die
vor der zweireihigen Determinante stehende Klammer Null sein;
das ergibt für k den Wert

$$k = \pm \frac{1}{\sqrt{1 - \frac{v^2}{c^2}}}. \tag{17}$$

4. Einsteins Additionstheorem

Es kann in (16) aber auch die zweireihige Determinante den Wert Null haben. Rechnet man diese Determinante aus und setzt sie gleich Null, so erhält man für k die Gleichung

$$k^4 - 2\frac{1 + \dfrac{v^2}{c^2}}{\left(1 - \dfrac{v^2}{c^2}\right)^2} k^2 + \frac{1}{\left(1 - \dfrac{v^2}{c^2}\right)^2} = 0,$$

die eine quadratische Gleichung in k^2 ist. Löst man sie, so ergibt sich

$$k^2 = \frac{\left(1 \pm \dfrac{v}{c}\right)^2}{\left(1 - \dfrac{v^2}{c^2}\right)^2} = \frac{\left(1 \pm \dfrac{v}{c}\right)^2}{\left(1 - \dfrac{v}{c}\right)^2\left(1 + \dfrac{v}{c}\right)^2} = \frac{1}{\left(1 - \varepsilon\dfrac{v}{c}\right)^2}.$$

wobei $\varepsilon = +1$ oder $\varepsilon = -1$ ist. Neben (17) erhält man für k also auch noch die Möglichkeiten

$$k = \pm \frac{1}{\left(1 - \varepsilon\dfrac{v}{c}\right)}. \tag{18}$$

Indem wir uns zunächst auf die Möglichkeit (17) beschränken, wollen wir unter dieser Voraussetzung das Gleichungssystem (14) zur Bestimmung von A, B und C nun aber tatsächlich lösen. Setzt man (17) in (14) ein, so geht dieses Gleichungssystem über in

$$-\frac{v^2}{c^2} A + 2\frac{v}{c^2} B - \frac{v^2}{c^4} C = 0,$$

$$vA - 2\frac{v^2}{c^2} B + \frac{v}{c^2} C = 0,$$

$$-v^2 A + 2vB - \frac{v^2}{c^2} C = 0.$$

Die erste Gleichung kann weggelassen werden, da sie nach Multiplikation mit c^2 mit der dritten Gleichung identisch ist. Löst man nun aber das aus zweiter und dritter Gleichung bestehende System, so ergibt sich

$$B = 0, \quad C = -c^2 A.$$

Einer der Koeffizienten A und C kann folglich willkürlich gewählt werden. Setzt man etwa $A = 1$, so haben wir damit gezeigt:

Der quadratische Ausdruck

$$(\Delta x)^2 - c^2(\Delta t)^2 \tag{19}$$

geht durch eine Transformation der Form (7) *in sich über, wenn k der Bedingung* (17) *genügt.*

Eine vom Koordinatensystem unabhängige Längenmessung kann also (anstelle auf (11)) auf dem quadratischen Ausdruck (19) basieren, wenn Koordinatentransformationen durch (7) gegeben werden. Allerdings wurden zur Herleitung dieser Aussage die zulässigen Koordinatentransformationen durch (17) eingeschränkt. Dies bedeutet, daß k in Abhängigkeit von der gewählten Geschwindigkeit v einen (bis auf das Vorzeichen) eindeutig bestimmten Wert haben soll.

Als nächstes wollen wir zeigen, daß die durch (17) eingeschränkten Koordinatentransformationen (7) ebenfalls die Gruppeneigenschaft besitzen. Dazu betrachte man neben (7) noch die zweite Transformation (8), wobei k durch die zu (17) analoge Bedingung

$$\bar{k}^2 = \frac{1}{1 - \dfrac{\bar{v}^2}{c^2}} \tag{20}$$

gegeben werden soll. Definiert man $\hat{v}$ durch (9) und setzt man (17) und (20) in (10) ein, so sieht man, daß $\hat{k}$ auch in der Form

$$\hat{k}^2 = \frac{1}{1 - \dfrac{\hat{v}^2}{c^2}}$$

geschrieben werden kann. Das bedeutet aber, daß die durch (17) eingeschränkten Transformationen (7) tatsächlich die Gruppeneigenschaft besitzen.

Zusammengefaßt ist damit der folgende Satz bewiesen:

Transformationen der Form

$$x' = \pm \frac{1}{\sqrt{1 - \dfrac{v^2}{c^2}}}(x - vt), \qquad t' = \pm \frac{1}{\sqrt{1 - \dfrac{v^2}{c^2}}}\left(t - \frac{v}{c^2} x\right)$$

$$\tag{21}$$

4. Einsteins Additionstheorem

gestatten, zwei mit der Geschwindigkeit v ($\neq$ c) sich gegeneinander bewegende Koordinatensysteme so ineinander umzurechnen, daß die folgenden drei Bedingungen erfüllt sind:

a) *Ist die Ausbreitungsgeschwindigkeit (eines Lichtstrahls) in dem einen System gleich c, so auch in dem anderen.*

b) *Die genannten Transformationen besitzen die Gruppeneigenschaft.*

c) *Die Transformationen lassen die Werte des quadratischen Ausdrucks*

$$(\Delta x)^2 - c^2(\Delta t)^2$$

ungeändert.

Die im Satz genannten Transformationen (21) heißen *Lorentztransformationen*. Sie sind die Grundlage der relativistischen Physik, die davon ausgeht, daß insbesondere sich gleichförmig gegeneinander bewegende Koordinatensysteme physikalisch nicht zu unterscheiden sind. Dieser Standpunkt erfordert in diesem Teil der Physik jedoch, die üblichen euklidischen Längenmessungen zu verwerfen und alle Maßbegriffe (wie auch den Begriff des Volumens) auf (19) aufzubauen.

Wie für alle Transformationen der Form (7) gilt die Zusammensetzungsregel (9) speziell auch für Lorentztransformationen: Hat das (x',t')-System gegenüber dem (x,t)-System die Geschwindigkeit $v(<c)$, das (x'',t'')-System jedoch die Geschwindigkeit $\bar{v}(<c)$ gegenüber dem (x',t')-System, so hat nach (9) das (x'',t'')-System, das wegen Aussage b) des Satzes mit dem (x,t)-System ebenfalls durch eine Lorentztransformation verbunden ist, die Geschwindigkeit

$$\hat{v} = \frac{v + \bar{v}}{1 + \dfrac{v\bar{v}}{c^2}}$$

in dem (x,t)-System.

Diese Aussage ist das *Einsteinsche Additionstheorem für Geschwindigkeiten*. Die Schönheit seines hier gegebenen Beweises sehen wir nicht in den teilweise ziemlich umfangreichen Rechnungen, sondern vielmehr in dem erforderlichen Begriff der Gruppeneigenschaft, der diesen Rechnungen erst einen Erkenntnisgewinn verleiht.

Bei der Untersuchung der Invarianz des quadratischen Ausdrucks (12) hatten wir uns bisher auf den Wert (17) für k beschränkt.

Zunächst läßt sich zeigen, daß auch die durch (18) eingeschränkten Transformationen (7) die Gruppeneigenschaft besitzen. Dazu wird $\mathfrak{v}$ wieder durch (9) definiert. Durch Einsetzen läßt sich dann nämlich leicht bestätigen, daß die durch (10) gegebene Größe k auch in der Form

$$k = \frac{1}{1 - \varepsilon \dfrac{\mathfrak{v}}{c}}$$

geschrieben werden kann. Da das Einsteinsche Additionstheorem faktisch durch (9) gegeben wird, gilt es insbesondere auch für die Transformation (7) im Falle der Wahl (18) für k.

Verwendet man für k den Wert (18), so erhält man andererseits für A, B, C aus (14) das System

$$\left(-2\varepsilon \frac{v}{c} + \frac{v^2}{c^2}\right) A + 2 \frac{v}{c^2} B - \frac{v^2}{c^4} C = 0,$$

$$vA - 2\varepsilon \frac{v}{c} B + \frac{v}{c^2} C = 0,$$

$$-v^2 A + 2vB + \left(-2\varepsilon \frac{v}{c} + \frac{v^2}{c^2}\right) C = 0.$$

Es zeigt sich, daß auch hier A beliebig gewählt werden kann. Setzt man $A = 1$, so ergeben sich für B und C die eindeutig bestimmten Werte $B = \varepsilon c$ und $C = c^2$, so daß der quadratische Ausdruck (12) in

$$(\Delta x)^2 + 2\varepsilon c \, \Delta x \, \Delta t + c^2 (\Delta t)^2 \tag{22}$$

übergeht. Zwischen den Ausdrücken (19) und (22) besteht ein prinzipieller Unterschied: Der Ausdruck (19) ist indefinit, d. h., er kann je nach der Größe von Δx und Δt sowohl positive als auch negative Werte annehmen. Dagegen hat (22) diese Eigenschaft nicht, weil (22) auch in der Form

$$(\Delta x + \varepsilon c \, \Delta t)^2$$

geschrieben werden kann. Damit entfallen für (22) auch die für (19) üblichen physikalischen Interpretationen im Zusammenhang mit dem sogenannten „Lichtkegel".

Immerhin hat der hier neben (19) hergeleitete quadratische Ausdruck (22) die Eigenschaft, daß er durch Transformationen der Form

$$x' = \pm \frac{1}{1 - \varepsilon \dfrac{v}{c}} (x - vt),$$

$$t' = \pm \frac{1}{1 - \varepsilon \dfrac{v}{c}} \left(t - \frac{v}{c^2} x \right), \tag{23}$$

in sich übergeführt wird, ebenso wie (19) durch die Lorentztransformationen (21) ungeändert bleibt. Daher sind die Transformationen (23) das Analogon zu den Lorentztransformationen bei einer Längenmessung durch (22).

In physikalischen Abhandlungen (vgl. z. B. A. EINSTEIN, Über die spezielle und die allgemeine Relativitätstheorie, Braunschweig, 10. Aufl. 1920) geht man im allgemeinen schon von dem Ausdruck (19), nicht von dem allgemeineren (12) aus, so daß der hier zusätzlich hergeleitete, nämlich (22), verlorengeht. Die hier durchgeführten Betrachtungen zeigen gleichzeitig, daß dem quadratischen Ausdruck (19) durch die Forderung der Indefinitheit eine gewisse Einzigkeit zukommt.

5. Der Satz von Arzelà-Ascoli

Im folgenden werden Funktionenfolgen betrachtet, die auf Mengen $\mathcal{M}$ definiert sind, die zwei Voraussetzungen erfüllen:

a) Es gibt eine abzählbare Punktmenge $Q_1, Q_2, \ldots$, die dicht in $\mathcal{M}$ liegt, d. h., zu jedem Punkt P von $\mathcal{M}$ gibt es Punkte dieser abzählbaren Menge mit beliebig kleinen Abständen von P.

b) Wird $\mathcal{M}$ durch ein System offener Mengen vollständig überdeckt, so genügen bereits endlich viele dieser überdeckenden Mengen, um $\mathcal{M}$ vollständig zu überdecken.

Ist $\mathcal{M}$ beispielsweise ein abgeschlossenes Intervall des n-dimensionalen euklidischen Raumes, so sind beide Voraussetzungen erfüllt: Eine in $\mathcal{M}$ dicht liegende Punktmenge bilden z. B. alle Punkte von $\mathcal{M}$ mit rationalen Koordinaten; aus dem Satz von

HEINE-BOREL folgt unmittelbar, daß auch die Voraussetzung b) erfüllt ist.[1])

Nun seien $f_1, f_2, \ldots$ auf $\mathcal{M}$ definierte (reell- oder komplexwertige) Funktionen. Dann besagt der Satz von ARZELÀ-ASCOLI:

Sind die f_k gleichmäßig beschränkt und in jedem Punkt von $\mathcal{M}$ gleichgeradig stetig, so gibt es eine auf ganz $\mathcal{M}$ gleichmäßig konvergente Teilfolge der gegebenen Folge.

Hierbei bedeutet *gleichmäßige Beschränktheit* der f_k, daß es eine Konstante C gibt, so daß

$$|f_k| \leqq C$$

in allen Punkten von $\mathcal{M}$ und für alle $k = 1, 2, \ldots$ gilt. Weiter heißen die f_k *gleichgradig stetig* im Punkt P_0 von $\mathcal{M}$, wenn zu jedem $\varepsilon > 0$ eine Umgebung U von P_0 existiert, daß für alle zu $\mathcal{M}$ gehörenden Punkte P von U für alle $k = 1, 2, \ldots$ die Abschätzung

$$|f_k(P) - f_k(P_0)| < \varepsilon$$

gilt.

Um den Satz von ARZELÀ-ASCOLI zu beweisen, wählen wir zunächst eine in $\mathcal{M}$ dicht liegende Punktmenge $Q_1, Q_2, \ldots$ Die gegebenen Funktionen $f_1, f_2, \ldots$ sind voraussetzungsgemäß auf ganz $\mathcal{M}$ beschränkt, also insbesondere auch in Q_1. Daher kann man zunächst eine Teilfolge

$$f_{k_{11}}, f_{k_{12}}, f_{k_{13}}, \ldots \tag{1}$$

der gegebenen Folge so auswählen, daß diese in Q_1 konvergiert Da diese Folge (1) auch in Q_2 beschränkt ist, kann man aus ihr wiederum eine Teilfolge

$$f_{k_{21}}, f_{k_{22}}, f_{k_{23}}, \ldots \tag{2}$$

so auswählen, daß diese in Q_2 konvergiert. Als Teilfolge von (1) konvergiert (2) aber auch in Q_1, so daß (2) eine Teilfolge darstellt, die bereits in Q_1 und Q_2 konvergiert.

Dieses Verfahren wird rekursiv wiederholt: Hat man im j-ten Schritt eine Teilfolge

$$f_{k_{j1}}, f_{k_{j2}}, f_{k_{j3}}, \ldots$$

---

[1]) Die Menge $\mathcal{M}$ braucht nicht Teilmenge eines euklidischen Raumes zu sein, sie kann auch in einem allgemeineren topologischen Raum liegen.

5. Satz von ARZELÀ-ASCOLI

erhalten, die in den j Punkten $Q_1, \ldots, Q_j$ konvergiert, so wird aus ihr eine Teilfolge

$$f_{k_{j+1,1}}, f_{k_{j+1,2}}, f_{k_{j+1,3}}, \ldots$$

so ausgewählt, daß sie zusätzlich in Q_{j+1} konvergiert.

Alle erhaltenen Folgen werden nun in einer unendlichen Matrix untereinander aufgeschrieben:

$$\left\| \begin{matrix} f_{k_{11}} & f_{k_{12}} & f_{k_{13}} & \cdots \\ f_{k_{21}} & f_{k_{22}} & f_{k_{23}} & \cdots \\ f_{k_{31}} & f_{k_{32}} & f_{k_{33}} & \cdots \\ \vdots & \vdots & \vdots & \end{matrix} \right\|$$

Nach Konstruktion ist die in der j-ten Zeile stehenden Folge in den j Punkten $Q_1, Q_2, \ldots, Q_j$ konvergent. Nun betrachte man die sogenannte *Diagonalfolge*, das ist die Folge der in der Diagonale stehenden Elemente

$$f_{k_{11}}, f_{k_{22}}, f_{k_{33}}, \ldots .$$

Für $j \geq j_0$ ist diese Folge $\{f_{k_{jj}}\}_{j=1,2,\ldots}$ Teilfolge der Folge in der j_0-ten Zeile und daher in $Q_1, \ldots, Q_{j_0}$ konvergent.

Da hierbei j_0 beliebig gewählt wurde, ist gezeigt:

Die konstruierte Diagonalfolge ist eine Teilfolge der ursprünglich gegebenen Folge, die in allen Punkten $Q_1, Q_2, \ldots$ konvergiert (Cantorsches Diagonalverfahren).

Im folgenden wird gezeigt werden, daß diese Diagonalfolge nicht nur in allen Punkten $Q_1, Q_2, \ldots$ konvergiert, sondern daß sie sogar auf ganz $\mathcal{M}$ gleichmäßig konvergiert. Dazu sei P_0 ein beliebiger Punkt von $\mathcal{M}$. Nach Voraussetzung der gleichgradigen Stetigkeit gibt es dann insbesondere eine Umgebung $U(P_0)$ dieses Punktes P_0, so daß

$$|f_k(P) - f_k(P_0)| < \frac{\varepsilon}{6}$$

ist für alle $k = 1, 2, \ldots$ und für alle zu $\mathcal{M}$ gehörenden Punkte P von $U(P_0)$.

Hierbei ist $\varepsilon > 0$ eine beliebige vorgegebene Zahl. Sind P' und P'' zwei beliebige zu $\mathcal{M}$ gehörende Punkte von $U(P_0)$, so gilt folglich

$$|f_k(P') - f_k(P'')| \leq |f_k(P') - f_k(P_0)| + |f_k(P_0) - f_k(P'')|$$
$$< \frac{\varepsilon}{6} + \frac{\varepsilon}{6} = \frac{\varepsilon}{3} \tag{3}$$

für alle $k = 1, 2, \ldots$. Jedem Punkt P_0 von $\mathcal{M}$ wird nun eine derartige Umgebung $U(P_0)$ zugeordnet, in der (3) gilt. Auf diese Weise erhält man eine offene Überdeckung von $\mathcal{M}$. Nach Voraussetzung wird $\mathcal{M}$ bereits durch endlich viele Umgebungen $U_1, \ldots, U_s$ überdeckt. In jeder dieser Umgebungen wird genau ein Punkt $Q_{j\sigma}$, $\sigma = 1, \ldots, s$, der in $\mathcal{M}$ dicht liegenden Punkte $Q_1, Q_2, \ldots$ ausgewählt. Die oben konstruierte Diagonalfolge konvergiert in allen Punkten $Q_1, Q_2, \ldots$, also insbesondere in den endlich vielen Punkten $Q_{i_1}, \ldots, Q_{i_s}$. Daher kann man ein ν_0 so groß wählen, daß für alle $\mu, \nu \geq \nu_0$ in allen endlich vielen Punkten $Q_{i\sigma}$, $\sigma = 1, \ldots, s$, gilt:

$$|f_{k_{\mu\mu}}(Q_{i\sigma}) - f_{k_{\nu\nu}}(Q_{i\sigma})| < \frac{\varepsilon}{3}. \tag{4}$$

Nun sei P ein beliebig gewählter Punkt von $\mathcal{M}$. Da $U_1, \ldots, U_s$ ganz $\mathcal{M}$ überdecken, liegt P in wenigstens einem U_σ. Ist $Q_{i\sigma}$ der in U_σ ausgewählte Punkt von $Q_1, Q_2, \ldots$, so gilt insgesamt

$$\begin{aligned}|f_{k_{\mu\mu}}(P) - f_{k_{\nu\nu}}(P)| &\leq |f_{k_{\mu\mu}}(P) - f_{k_{\mu\mu}}(Q_{i\sigma})| \\ &+ |f_{k_{\mu\mu}}(Q_{i\sigma}) - f_{k_{\nu\nu}}(Q_{i\sigma})| \\ &+ |f_{k_{\nu\nu}}(Q_{i\sigma}) - f_{k_{\nu\nu}}(P)|.\end{aligned}$$

Wendet man (3) auf die beiden Punkte P und $Q_{i\sigma}$ an und beachtet (4), so folgt

$$|f_{k_{\mu\mu}}(P) - f_{k_{\nu\nu}}(P)| < 3 \cdot \frac{\varepsilon}{3} = \varepsilon,$$

falls $\mu, \nu \geq \nu_0$. Da hierbei P ein beliebiger Punkt von $\mathcal{M}$ ist, bedeutet das aber die gleichmäßige Konvergenz der Diagonalfolge auf ganz $\mathcal{M}$, womit der Satz von ARZELÀ-ASCOLI bewiesen ist.

Eine Anwendung des Satzes von ARZELÀ-ASCOLI wird in Zusammenhang mit dem Schauderschen Fixpunktsatz beim Beweis des Satzes von PEANO über gewöhnliche Differentialgleichungen gemacht (vgl. hierzu Kapitel 11).

6. Der Approximationssatz von Weierstraß und Stone

Es sei I das durch $a \leq x \leq b$ definierte abgeschlossene Intervall der x-Achse, f sei eine auf I definierte reellwertige und stetige Funktion. Dann besagt der *Weierstraßsche Approximationssatz*, daß f auf ganz I durch Polynome beliebig gut gleichmäßig approxi-

6. Satz von WEIERSTRASS-STONE

miert werden kann, d. h., daß es zu jedem $\varepsilon > 0$ ein Polynom $p(x)$ gibt, so daß

$$|f(x) - p(x)| < \varepsilon$$

für alle x von I gilt.

Dieser Satz läßt sich sehr leicht elementar beweisen, z. B. auf die folgende Weise[1]):

Durch eine lineare Transformation, die x durch $\dfrac{x-a}{b-a}$ ersetzt, wird I auf das Intervall $[0, 1]$ abgebildet, das dem weiteren Verfahren zugrunde gelegt wird. Ferner benutzen wir einige elementare Beziehungen, die wir der Binomialformal

$$(c+d)^n = \sum_{k=0}^{n} \binom{n}{k} c^k d^{n-k}$$

mit

$$\binom{n}{k} = \frac{n(n-1)\ldots(n-k+1)}{1 \cdot 2 \ldots k} \quad \text{und} \quad \binom{n}{0} = 1$$

entnehmen; zunächst ergibt sich für $c = x$, $d = 1 - x$

$$1 = \sum_{k=0}^{n} \binom{n}{k} x^k (1-x)^{n-k}. \tag{1}$$

Durch Differentiation nach c ergibt sich aus der Binomialformel

$$n(c+d)^{n-1} = \sum_{k=0}^{n} \binom{n}{k} k c^{k-1} d^{n-k},$$

$$n(n-1)(c+d)^{n-2} = \sum_{k=0}^{n} \binom{n}{k} k(k-1) c^{k-2} d^{n-k}.$$

Mit $c = x$, $d = 1 - x$ folgt aus den beiden letzten Formeln

$$1 = \sum_{k=0}^{n} \frac{k}{n} \binom{n}{k} x^{k-1}(1-x)^{n-k},$$

$$n(n-1) = \sum_{k=0}^{n} k(k-1) \binom{n}{k} x^{k-2}(1-x)^{n-k}$$

---

[1]) Diese Beweisanordnung stammt von S. N. BERNSTEIN (man vgl. auch I. P. NATANSON, Theorie der Funktionen einer reellen Veränderlichen, Berlin 1954 (Übers. a. d. Russ.)).

oder
$$x = \sum_{k=0}^{n} \frac{k}{n} \binom{n}{k} x^k (1-x)^{n-k}, \tag{2}$$

$$n(n-1) x^2 = \sum_{k=0}^{n} k(k-1) \binom{n}{k} x^k (1-x)^{n-k}. \tag{3}$$

Die Gleichung (3) multipliziere man mit $\frac{1}{n^2}$ und addiere dazu die mit $\frac{1}{n}$ multiplizierte Gleichung (2):

$$\left(1 - \frac{1}{n}\right) x^2 + \frac{1}{n} x = \sum_{k=0}^{n} \frac{k^2}{n^2} \binom{n}{k} x^k (1-x)^{n-k}. \tag{4}$$

Zieht man hiervon die mit $2x$ multiplizierte Gleichung (2) ab und addiert gleichzeitig noch die mit x^2 multiplizierte Gleichung (1), so ergibt sich

$$\frac{x(1-x)}{n} = \sum_{k=0}^{n} \left(\frac{k}{n} - x\right)^2 \binom{n}{k} x^k (1-x)^{n-k}. \tag{5}$$

Für jedes $n = 1, 2, \ldots$ ordnen wir der gegebenen Funktion $f = f(x)$ eine Folge von Polynomen B_n vom Grad n (*Bernsteinpolynome* genannt) zu und beweisen, daß es Gradzahlen n gibt, so daß $|f - B_n| < \varepsilon$ ist:

$$B_n(x) = \sum_{k=0}^{n} \binom{n}{k} x^k (1-x)^{n-k} f\left(\frac{k}{n}\right).$$

Wegen der gleichmäßigen Stetigkeit von f auf I existiert zu jeder positiven Zahl ε eine Zahl δ, so daß für jedes Paar $x', x'' \in I$ mit $|x'' - x'| < \delta$ immer $|f(x'') - f(x')| < \frac{\varepsilon}{2}$ ist. Für jedes $x \in I$ und für jedes natürliche n zerlegen wir die Zahlen $k = 0, 1, \ldots, n$ in zwei Klassen K und L derart, daß

$$k \in K, \quad \text{wenn} \quad \left|\frac{k}{n} - x\right| < \delta \quad \text{und}$$

$$k \in L, \quad \text{wenn} \quad \left|\frac{k}{n} - x\right| \geq \delta$$

zutrifft. Unter Benutzung von (1) erhält man

$$B_n(x) - f(x) = \sum_{k=0}^{n} \binom{n}{k} x^k (1-x)^{n-k} \left(f\left(\frac{k}{n}\right) - f(x)\right).$$

6. Satz von WEIERSTRASS-STONE

Die Summe auf der rechten Seite zerfällt in zwei Summanden $\sum_K$ und $\sum_L$ für $k \in K$ bzw. $k \in L$, und es ist

$$|\sum\nolimits_K| \leq \frac{\varepsilon}{2} \sum_{k \in K} \binom{n}{k} x^k (1-x)^{n-k}$$

$$\leq \frac{\varepsilon}{2} \sum_{k=0}^{n} \binom{n}{k} x^k (1-x)^{n-k} = \frac{\varepsilon}{2}$$

infolge von (1). Wenn nun $M = \max\limits_I |f(x)|$ ist, so gilt

$$|\sum\nolimits_L| \leq 2M \sum_{k \in L} \binom{n}{k} x^k (1-x)^{n-k}$$

$$\leq 2M \sum_{k \in L} \frac{\left(\dfrac{k}{n} - x\right)^2}{\left(\dfrac{k}{n} - x\right)^2} \binom{n}{k} x^k (1-x)^{n-k}$$

$$\leq \frac{2M}{\delta^2} \sum_{k \in L} \left(\frac{k}{n} - x\right)^2 \binom{n}{k} x^k (1-x)^{n-k}$$

$$\leq \frac{2M}{\delta^2} \sum_{k=0}^{n} \left(\frac{k}{n} - x\right)^2 \binom{n}{k} x^k (1-x)^{n-k}.$$

Wegen (5) ist

$$|\sum\nolimits_L| \leq \frac{2M}{\delta^2} \frac{x(1-x)}{n}.$$

Da $-4x^2 + 4x - 1 = -(2x-1)^2 \leq 0$ ist, ist $x(1-x) \leq \dfrac{1}{4}$ und folglich

$$|\sum\nolimits_L| \leq \frac{M}{2n\delta^2}$$

sowie

$$|B_n(x) - f(x)| \leq |\sum\nolimits_K| + |\sum\nolimits_L| \leq \frac{\varepsilon}{2} + \frac{M}{2n\delta^2}.$$

Wählt man $n > n_0$, wobei $n_0 = \dfrac{M}{\varepsilon \delta^2}$ ist, dann gilt $|B_n - f| < \varepsilon$, was zu beweisen war.

Da sich Polynome rechnerisch sehr einfach handhaben lassen, hat dieser Satz eine fundamentale Bedeutung auch für die numerische Mathematik. In diesem Zusammenhang entsteht die Frage, ob dieser Satz auch gilt, wenn stetige Funktionen approximiert werden sollen, die nicht auf einem Intervall der Zahlengeraden, sondern vielmehr in allgemeineren Mengen (z. B. in mehrdimensionalen Räumen) definiert sind. Es wird sich zeigen, daß ein solcher Approximationssatz tatsächlich gilt und sich einheitlich durch ein Verfahren beweisen läßt, das von der konkreten Wahl des zugrundeliegenden Raumes weitestgehend unabhängig ist.

Um uns Formulierung und Beweis eines entsprechenden allgemeinen Satzes (er ist in der Literatur als *Approximationssatz von* WEIERSTRASS *und* STONE bekannt) zu erarbeiten, wollen wir den oben hergeleiteten Weierstraßschen Approximationssatz zunächst etwas anders formulieren. Dazu sei $\mathscr{C}(I)$ die Menge aller auf I definierten reellwertigen und stetigen Funktionen. Da Summe, Differenz und Produkt stetiger Funktionen wieder stetig sind, ist $\mathscr{C}(I)$ ein Ring[1]) (oder, wie man auch sagt, eine Algebra). Andererseits wird $\mathscr{C}(I)$ aber auch zu einem metrischen Raum[2]), wenn man als Abstand $d(f, g)$ zweier zu $\mathscr{C}(I)$ gehörenden Funktionen die *Maximumnorm* der Differenz $f - g$ einführt:

$$d(f, g) = \|f - g\| = \max_I |f - g| \qquad (6)$$

(vgl. auch Kapitel 9, S. 85). Da Summe, Differenz und Produkt zweier Polynome wieder Polynome sind, bildet die Menge $\mathscr{P}$ aller (auf I eingeschränkten) Polynome einen Unterring (oder eine Unteralgebra) von $\mathscr{C}(I)$ (wobei man natürlich nur Polynome mit reellen Koeffizienten betrachtet). Als Teilmenge eines metrischen Raumes $\mathscr{C}(I)$ kann man nun aber andererseits die abgeschlossene Hülle $\overline{\mathscr{P}}$ von $\mathscr{P}$ bilden, d. h., man nimmt zu $\mathscr{P}$ alle Häufungspunkte hinzu. Die Punkte von $\overline{\mathscr{P}}$ sind dadurch charakterisiert, daß sie Grenzwerte von Folgen aus zu $\mathscr{P}$ gehörenden Punkten

---

[1]) Unter einem Ring versteht man eine Menge, in der zu je zwei Elementen deren Summe, Differenz und Produkt erklärt ist und wobei diese Verknüpfungsrelationen gewisse Eigenschaften besitzen müssen (beispielsweise muß die Summenbildung kommutativ, d. h. von der Reihenfolge der Summanden unabhängig sein).

[2]) In einem metrischen Raum ist zu je zwei Elementen f, g ein nichtnegativer Abstand $d(f, g)$ erklärt, der genau dann Null ist, wenn f und g zusammenfallen. Weiter muß für je drei Elemente f, g, h des metrischen Raumes die Dreiecksungleichung

$$d(f, g) \leq d(f, h) + d(g, h)$$

gelten. Alle Punkte des metrischen Raumes, die von einem gegebenen Element f um weniger als δ entfernt sind ($\delta > 0$), bilden eine Umgebung von f (genauer: eine δ-Umgebung).

6. Satz von Weierstrass-Stone 55

sind. Wegen (6) bedeutet Konvergenz in $\mathscr{C}(I)$ aber gleichmäßige Konvergenz auf I. Nach dem oben bewiesenen Weierstraßschen Approximationssatz ist jedes f aus $\mathscr{C}(I)$ aber der Limes einer auf I gleichmäßig konvergenten Folge aus $\mathscr{P}$. Das bedeutet, daß $\overline{\mathscr{P}}$ mit $\mathscr{C}(I)$ identisch ist. Damit kann der Weierstraßsche Approximationssatz auch wie folgt formuliert werden:

Sei $\mathscr{P}$ die Menge aller (auf I eingeschränkten) Polynome. Dann ist die Menge $\mathscr{C}(I)$ aller auf I definierten stetigen Funktionen gleich dem Abschluß von $\mathscr{P}$ in der durch die Maximumnorm (6) definierten Metrik.

Der Unterring $\mathscr{P}$ von $\mathscr{C}(I)$ besitzt die folgenden beiden Eigenschaften:

1. Er enthält alle Konstanten.
2. Zu je zwei Punkten von I gibt es wenigstens eine zu $\mathscr{P}$ gehörende Funktion, die in diesen Punkten voneinander verschiedene Werte annimmt.

Es wird nicht nur $\overline{\mathscr{P}} = \mathscr{C}(I)$ gezeigt werden, sondern auch $\overline{\mathscr{A}} = \mathscr{C}(I)$, wenn $\mathscr{A}$ irgendein Unterring von $\mathscr{C}(I)$ ist, der die soeben angegebenen Eigenschaften 1 und 2 besitzt. Dasselbe gilt auch, wenn I durch einen beliebigen bikompakten topologischen Raum X ersetzt wird. Dabei heißt eine Menge X ein *topologischer Raum*, wenn zu jedem Punkt von X Umgebungen erklärt sind, die ähnliche Eigenschaften wie die δ-Umgebungen eines metrischen Raumes (vgl. Anmerkung 2, S. 54) besitzen müssen. Ein topologischer Raum heißt *bikompakt*, wenn man aus jeder Überdeckung von X durch Umgebungen stets endlich viele dieser Umgebungen auswählen kann, die X ebenfalls vollständig überdecken. Beispielsweise ist jede abgeschlossene und beschränkte Menge im n-dimensionalen euklidischen Raum bikompakt.

Aus der Bikompaktheit eines topologischen Raumes folgt unmittelbar, daß jede auf ihm definierte reellwertige und stetige Funktion beschränkt ist, so daß das Maximum des Betrages endlich ist. Ist $\mathscr{C}(X)$ die Menge aller auf X definierten reellwertigen und stetigen Funktionen, so kann durch die zu (6) analoge Definition

$$d(f, g) = \|f - g\| = \max_{X} |f - g| \qquad (7)$$

in $\mathscr{C}(X)$ wieder eine Metrik eingeführt werden.

Nun sei $\mathscr{A}$ irgendein Unterring von $\mathscr{C}(X)$, der wieder die beiden folgenden Eigenschaften besitze:

1. $\mathcal{A}$ enthalte alle auf X konstanten Funktionen.

2. Zu je zwei Punkten x, y von X gibt es wenigstens eine zu $\mathcal{A}$ gehörende Funktion, die in x und y voneinander verschiedene Werte annimmt.

Zunächst gilt der folgende

Hilfssatz 1. *Besitzt $\mathcal{A}$ die Eigenschaften 1 und 2, so gibt es zu beliebig gewählten, voneinander verschiedenen Punkten x und y von X und zu beliebig gewählten Werten a und b stets wenigstens eine zu $\mathcal{A}$ gehörende Funktion, die in x den Wert a und in y den Wert b annimmt.*

Ist nämlich g zu A gehörende Funktion mit $g(x) = \alpha$, $g(y) = \beta$ und $\alpha \neq \beta$, so nimmt die durch

$$h(x) = a + \frac{b-a}{\beta - \alpha}\bigl(g(x) - \alpha\bigr)$$

definierte, ebenfalls zu $\mathcal{A}$ gehörende Funktion in x den Wert a und in y den Wert b an.

Hilfssatz 2. *Ist $\mathcal{A}$ ein Ring, so auch $\bar{\mathcal{A}}$.*

Um diesen Hilfssatz zu beweisen, approximiert man die Elemente von $\bar{\mathcal{A}}$ durch Elemente aus $\mathcal{A}$. Dann sind aber Summe, Differenz und Produkt von Elementen von $\bar{\mathcal{A}}$ durch die Summen, Differenzen bzw. Produkte der approximierenden Elemente selbst approximierbar, so daß also auch Summen, Differenzen und Produkte von zu $\bar{\mathcal{A}}$ gehörenden Elementen wieder zu $\mathcal{A}$ gehören müssen.

Außerdem hat man noch:

Hilfssatz 3. *Besitzt der Unterring $\mathcal{A}$ von $\mathcal{C}(X)$ die Eigenschaften 1 und 2 und gehören g_1 und g_2 zu $\bar{\mathcal{A}}$, so gehören auch*

$$\min(g_1, g_2) \quad und \quad \max(g_1, g_2)$$

zu $\bar{\mathcal{A}}$.

Um diesen Satz zu beweisen, soll g eine beliebige, zu $\bar{\mathcal{A}}$ gehörende Funktion sein. Dann ist

$$|g(x)| = \sqrt{g^2(x)} = \sqrt{\|g\|^2 - \bigl(\|g\|^2 - g^2(x)\bigr)}$$
$$= \|g\| \sqrt{1 - \frac{\|g\|^2 - g^2(x)}{\|g\|^2}}, \qquad (8)$$

wobei
$$0 \leq \frac{\|g\|^2 - g^2(x)}{\|g\|^2} \leq 1 \tag{9}$$

ist. Nun weiß man aus der elementaren Reihenlehre, daß $\sqrt{1-\xi}$ als Potenzreihe in ξ geschrieben werden kann, die für alle ξ mit $0 \leq \xi \leq 1$ gleichmäßig konvergiert.

Setzt man $\frac{\|g\|^2 - g^2(x)}{\|g\|^2} = \xi$, so ist wegen (9) die sich nach (8) ergebende Potenzreihe für $|g|$ für alle x von X gleichmäßig konvergent. Die Partialsummen dieser Potenzreihe sind Polynome in ξ, also auch in g. Daher gehören die Partialsummen zu $\mathscr{A}$, da $\mathscr{A}$ nach Hilfssatz 2 ein Ring ist. Da gleichmäßige Konvergenz aber Konvergenz in der durch (7) erzeugten Metrik bedeutet, muß $|g|$ selbst zu $\bar{\mathscr{A}}$ gehören.

Da man nun aber das Minimum min (g_1, g_2) bzw. das Maximum max (g_1, g_2) zweier Funktionen (vgl. Abb. 7) in der Form

$$\min(g_1, g_2) = \frac{1}{2}(g_1 + g_2 - |g_1 - g_2|),$$

$$\max(g_1, g_2) = \frac{1}{2}(g_1 + g_2 + |g_1 - g_2|)$$

darstellen kann, ist der Hilfssatz 3 bewiesen. Wir bemerken nur noch, daß Hilfssatz 3 auch gilt, wenn man das Maximum bzw. das Minimum endlich vieler zu $\mathscr{A}$ gehörender Funktion bildet.

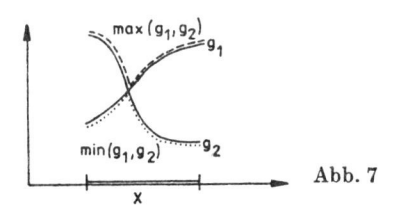

Abb. 7

Wir beweisen nun den folgenden grundlegenden Satz (vgl. P. S. ALEKSANDROW, Einführung in Mengenlehre und allgemeine Topologie, Moskau 1977 (russ.)):

Approximationssatz von WEIERSTRASS und STONE. *Sei X ein bikompakter Raum und $\mathscr{A}$ ein die Eigenschaften 1 und 2 besitzender Unterring von $\mathscr{C}(X)$. Dann gilt*

$$\bar{\mathscr{A}} = \mathscr{C}(X).$$

Um den Satz zu beweisen, sei f in $\mathscr{C}(X)$ beliebig gewählt und $\varepsilon > 0$ eine beliebig vorgegebene positive Zahl. Weiter seien x und y zwei beliebig gewählte Punkte von X. Nach Hilfssatz 1 gibt es dann wenigstens eine Funktion $g_{x,y} \in \mathscr{A}$, die in den Punkten x und y die Werte $f(x)$ bzw. $f(y)$ annimmt. Da $g_{x,y}$ und f stetig

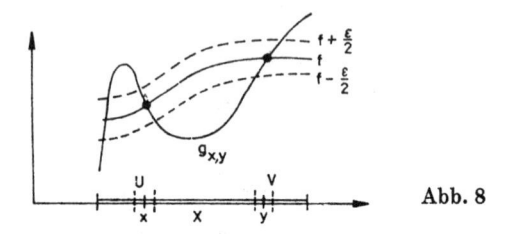

Abb. 8

sind, gibt es eine Umgebung U von x und eine Umgebung V von y, so daß

$$f(\xi) - \frac{\varepsilon}{2} < g_{x,y}(\xi) < f(\xi) + \frac{\varepsilon}{2} \tag{10}$$

für alle ξ aus U und für alle ξ aus V gilt. Geometrisch gedeutet bedeutet letzteres: Die aus $\mathscr{A}$ gewählte Funktion $g_{x,y}$ verbleibt sowohl in der Umgebung U von x als auch in der Umgebung V von y in dem $\frac{\varepsilon}{2}$-Streifen um f (vgl. Abb. 8). Bei festgehaltenem Punkt y sei im folgenden zunächst nur x ein beliebig zu wählender Punkt von X. Bei jeder Wahl von x wird die zugehörige Umgebung V von y betrachtet. Variiert x in ganz X, so bilden die zugehörigen Umgebungen U eine offene Überdeckung von X. Wegen der vorausgesetzten Bikompaktheit von X genügen bereits endlich viele derartige Umgebungen U zur vollständigen Überdeckung von X. Es gibt also endlich viele Punkte $x_1, \ldots, x_k$ von X, so daß die entsprechenden Umgebungen $U_1, \ldots, U_k$ (vgl. Abb. 9) den Raum vollständig überdecken. Die entsprechenden Umgebungen des fest gewählten Punktes y seien $V_1, \ldots, V_k$, so daß jede Funktion $g_{x_i,y}$ die Ungleichung (10) sowohl in U_i als auch in V_i erfüllt. Nun sei g_y das Minimum der endlich vielen Funktionen $g_{x_i,y}$, $i = 1, \ldots, k$:

$$g_y = \min(g_{x_1,y}, \ldots, g_{x_k,y}).$$

Nach Hilfssatz 3 gehört diese Funktion g_y zu $\mathscr{A}$. In jedem Punkt ξ von X stimmt g_y also mit einem $g_{x_i,y}$ überein. Da alle $g_{x_i,y}$ überall unterhalb $f + \dfrac{\varepsilon}{2}$ liegen, gilt auch

$$g_y(\xi) < f(\xi) + \frac{\varepsilon}{2} \tag{11}$$

für alle ξ aus X. Andererseits erfüllen alle $g_{x_i,y}$ in einer Umgebung V_i von y sogar die zweiseitige Ungleichung (10). Ist $\tilde{V}$ der Durch-

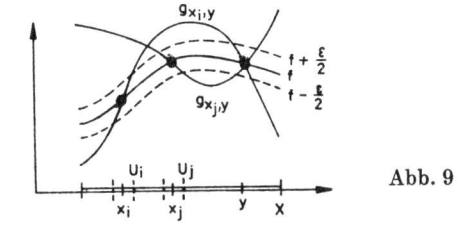

Abb. 9

schnitt der endlich vielen Umgebungen $V_1, \ldots, V_k$, so erfüllt g_y daher in $\tilde{V}$ sogar die zweiseitige Abschätzung (10). Damit ist insgesamt gezeigt: Zu jeder Wahl von y gibt es eine zu $\mathscr{A}$ gehörende Funktion g_y, die in ganz X die Abschätzung (11) erfüllt, während sie in einer Umgebung $\tilde{V}$ von y darüber hinaus der zweiseitigen Abschätzung (10) genügt.

Nun lassen wir schließlich den Punkt y in X variieren: Jedem y ordnen wir die oben konstruierte Funktion g_y und die entsprechende Umgebung $\tilde{V}$ zu. Auch die $\tilde{V}$ bilden eine offene Überdeckung von X, so daß wegen der Bikompaktheit von X ebenfalls wieder endlich viele dieser Umgebungen zur völligen Überdeckung von X genügen. Seien $\tilde{V}_1, \ldots, \tilde{V}_l$ die erforderlichen Umgebungen und $y_1, \ldots, y_l$ die zugehörigen Punkte, von denen die Umgebungen zu betrachten sind. Wir definieren $g = \max(g_{y_1}, \ldots, g_{y_l})$ jetzt als das Maximum der endlich vielen Funktionen $g_{y_1}, \ldots, g_{y_l}$ (vgl. Abb. 10). Da alle g_{y_i} die Ungleichung (11) erfüllen, wird diese Ungleichung auch von g auf ganz X erfüllt. Gehört ξ zu $\tilde{V}_j$, so gilt nach (10) aber insbesondere auch

$$f(\xi) - \frac{\varepsilon}{2} < g_{y_j}(\xi).$$

Da g das Maximum aller g_{y_j} ist, gilt daher auch in jedem Punkt ξ von X die Ungleichung

$$f(\xi) - \frac{\varepsilon}{2} < g(\xi).$$

Abb. 10

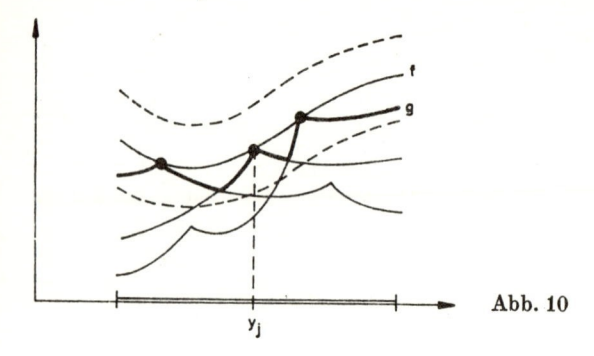

Insgesamt ist gezeigt, daß die (nach Hilfssatz 3 zu $\overline{\mathcal{A}}$ gehörende) Funktion g auf ganz X die zweiseitige Abschätzung

$$f(\xi) - \frac{\varepsilon}{2} < g(\xi) < f(\xi) + \frac{\varepsilon}{2}$$

erfüllt. Verwendet man schließlich nochmals die Definition (7) der Metrik, so ist also gezeigt:

Zu jedem f aus $\mathscr{C}(X)$ gibt es ein g aus $\overline{\mathcal{A}}$, so daß

$$d(f, g) \leq \frac{\varepsilon}{2}$$

ist. Weiter gibt es zu dem konstruierten g aus $\overline{\mathcal{A}}$ auch ein h aus $\mathcal{A}$ selbst, so daß

$$d(h, g) < \frac{\varepsilon}{2}$$

ist. Damit wird (nach der Dreiecksungleichung)

$$d(f, h) \leq d(f, g) + d(h, g) < \frac{\varepsilon}{2} + \frac{\varepsilon}{2} = \varepsilon,$$

so daß zusammenfassend gezeigt ist:

Zu jedem f aus $\mathscr{C}(X)$ gibt es ein h aus $\mathcal{A}$ mit

$$d(f, h) < \varepsilon.$$

Da ε eine beliebige positive Zahl ist, kann man jedes f also beliebig gut durch Elemente von $\mathcal{A}$ approximieren, so daß die behauptete Aussage $\mathscr{A} = \mathscr{C}(X)$ bewiesen ist.

Die bewiesene Aussage kann man übrigens auch anders formulieren, nämlich so:

Ein Unterring $\mathscr{A}$ von $\mathscr{C}(X)$, der die Eigenschaften 1 und 2 besitzt, liegt dicht[1]) *in $\mathscr{C}(X)$.*

Wir möchten noch darauf hinweisen, daß beim Beweis des Approximationssatzes von WEIERSTRASS und STONE die beiden vorausgesetzten Eigenschaften 1 und 2 nicht unmittelbar angewandt werden. Sie werden jedoch zum Beweis der Hilfssätze gebraucht, auf die der Beweis zurückgreift.

Zum Abschluß sollen zwei Spezialfälle des hergeleiteten Approximationssatzes von WEIERSTRASS und STONE betrachtet werden:

Erstens sei X eine beliebige abgeschlossene und beschränkte Menge des $\mathbb{R}^n$. Da X bikompakt ist, ist *jede auf X definierte stetige Funktion gleichmäßig durch Polynome* (in n reellen Variablen) *approximierbar*.

Zweitens soll ein Approximationssatz für (reellwertige) stetige und n-fach periodische Funktionen in n reellen Variablen $x_1, \ldots, x_n$ hergeleitet werden. Eine im ganzen $\mathbb{R}^n$ definierte Funktion f heißt dabei *n-fach periodisch*, wenn es n von Null verschiedene reelle Zahlen $p_1, \ldots, p_n$ so gibt, daß

$$f(x_1 + p_1, x_2, \ldots, x_n) = f(x_1, \ldots, x_n)$$
$$f(x_1, x_2 + p_2, x_3, \ldots, x_n) = f(x_1, \ldots, x_n)$$
$$\vdots$$
$$f(x_1, \ldots, x_{n-1}, x_n + p_n) = f(x_1, \ldots, x_n)$$

für alle $x_1, \ldots, x_n$ gilt. Ohne Beschränkung der Allgemeinheit kann man annehmen, daß $p_1 = p_2 = \cdots = p_n = 2\pi$ ist (sonst wird eine Variablentransformation durchgeführt). Ist i die imaginäre Einheit und bezeichnet man $\exp(ix_j)$ mit z_j, so wird das durch $0 \leq x_j \leq 2\pi$ definierte Intervall auf die durch $|z_j| = 1$ gegebene Kreislinie in der komplexen z_j-Ebene abgebildet. Ist X das im n-dimensionalen komplexen Raum gelegene Produkt dieser n Kreislinien, so können alle stetigen und n-fach periodischen Funktionen

---

[1]) Eine Teilmenge eines metrischen Raumes liegt definitionsgemäß *dicht* in diesem, wenn jeder Punkt des metrischen Raumes beliebig gut durch Punkte der Teilmenge approximiert werden kann.

als eindeutig definierte und stetige Funktionen auf X gedeutet werden (und umgekehrt). Spezielle n-fach periodische Funktionen sind die Konstanten, aber auch die durch $\sin x_j$ bzw. $\cos x_j$ definierten Funktionen.

Wenigstens eine der zuletzt genannten Funktionen nimmt in je zwei voneinander verschiedenen Punkten von X voneinander verschiedene Werte an (da zwei Punkte im $\mathbb{R}^n$ nämlich dann voneinander verschiedenen Punkten von X entsprechen, wenn sich nicht alle Koordinaten um ein ganzzahliges Vielfaches von 2π unterscheiden; unterscheiden sich aber die j-ten Koordinaten x_j und y_j zweier Punkte nicht um ein ganzzahliges Vielfaches von 2π, so ist der Wert von $\sin x_j$ oder der von $\cos x_j$ von dem entsprechenden Wert $\sin y_j$ bzw. $\cos y_j$ verschieden). Ist daher $\mathcal{A}$ der von den genannten Funktionen erzeugte Ring, so ist $\mathcal{A}$ ein Unterring von $\mathcal{E}(X)$, der die Eigenschaften 1 und 2 besitzt. Durch Anwendung des Satzes von WEIERSTRASS und STONE folgt damit:

Jede stetige und n-fach periodische Funktion kann gleichmäßig durch Polynome in $\sin x_j$ und $\cos x_j$, $j = 1, \ldots, n$, approximiert werden.

Im Spezialfall $n = 1$ folgt: *Ist f stetig und periodisch mit der Periode 2π, so kann f gleichmäßig durch Polynome der Form*

$$\sum_{\nu,\mu=0}^{k} a_{\nu\mu} \sin^\nu x \cos^\mu x$$

approximiert werden. Wir bemerken, daß solche Polynome auch in der Form

$$a_0 + \sum_{\nu=1}^{k} (a_\nu \sin \nu x + b_\nu \cos \nu x)$$

geschrieben werden können.[1])

Die in beiden Beispielen betrachteten Polynome haben reelle Koeffizienten. Da reelle Zahlen beliebig gut durch rationale Zahlen approximiert werden können, können die zur Approximation stetiger Funktionen verwendeten Polynome in beiden Fällen durch Polynome mit rationalen Koeffizienten gleichmäßig approxi-

---

[1]) Wegen $\cos 2x = \cos^2 x - \sin^2 x$ und $\sin^2 x + \cos^2 x = 1$ ist beispielsweise $\sin^2 x = \dfrac{1}{2} \sin^2 x + \dfrac{1}{2}(1 - \cos^2 x) = \dfrac{1}{2} - \dfrac{1}{2}(\cos^2 x - \sin^2 x) = \dfrac{1}{2} - \dfrac{1}{2}\cos 2x.$

miert werden. Andererseits bilden Polynome mit rationalen Koeffizienten eine abzählbare Menge, so daß sich in beiden Fällen auch ergibt: Es gibt je eine abzählbare Menge, die in $\mathcal{C}(X)$ dicht liegt. Metrische Räume, in denen es eine dicht liegende abzählbare Menge gibt, heißen *separabel*. Daher ergibt sich als Nebenresultat, daß in beiden Beispielen der betrachtete Raum von stetigen Funktionen separabel ist.

7. Auswahlaxiom und Zornsches Lemma[1])

In vielen Beweisen der Mathematik[2]) wird von einer Aussage Gebrauch gemacht, die in der modernen Mengenlehre und in der mathematischen Grundlagenforschung als Auswahlaxiom bezeichnet wird.

Es sei M eine Menge; jedes $A \in M$ sei eine nichtleere Menge.[3]) Dann besagt das

Auswahlaxiom. *Es existiert eine Funktion φ auf M derart, daß für jedes A ihr Wert $\varphi(A)$ ein Element von A ist.*

Mit anderen Worten garantiert das Auswahlaxiom die Zuordnung eines Repräsentantensystems zu jeder Menge, die als eine Gesamtheit nichtleerer Mengen gegeben ist.

Um das Zornsche Lemma zu formulieren, erklären wir zunächst die Begriffe Halbordnung, obere Grenze, maximales Element und Kette.

In einer Menge mit den Elementen $a, b, \ldots$ ist eine *Halbordnung* durch eine zweistellige Relation $\subseteq$ gegeben, wenn $\subseteq$ reflexiv, transitiv und identisch ist; d. h., es gilt

1. $a \subseteq a$ (*Reflexivität*),
2. aus $a \subseteq b$ und $b \subseteq c$ folgt $a \subseteq c$ (*Transitivität*),
3. aus $a \subseteq b$ und $b \subseteq a$ folgt $a = b$ (*Identität*).

Man spricht auch von einer „Halbordnung" anstatt von einer „Menge mit einer Halbordnung". Die Relation $\subseteq$ kann als *vor*

---

[1]) Vgl. H. HERMES, Einführung in die Verbandstheorie, Berlin, Göttingen, Heidelberg 1955.
[2]) Zum Beispiel beim Beweis des Fortsetzungssatzes von HAHN und BANACH, wie in Kapitel 8 gezeigt wird.
[3]) Da also die Elemente von M selbst Mengen sein sollen, ist M eine Menge von Mengen.

oder gleich gelesen werden. Anstelle $a \subseteq b$ schreibt man auch $b \supseteq a$ und liest *b nach oder gleich a*.

Die Relation $\subseteq$ stellt eine Verallgemeinerung der Kleiner-oder-gleich-Beziehung $\leq$ zwischen reellen Zahlen dar. Bezüglich letzterer gilt: Sind a, b zwei beliebige reelle Zahlen, so ist $a \leq b$ oder $b \leq a$. Die Zweckmäßigkeit einer Verallgemeinerung von „$\leq$" zu „$\subseteq$" kann man sich an folgendem Beispiel klarmachen:

Man betrachte alle Teilmengen $A_1, A_2, \ldots$ einer fest gegebenen Menge M. Eine Verallgemeinerung der Kleiner-oder-gleich-Beziehung wird dann durch den Umstand gegeben, daß eine Teilmenge A_1 ganz in einer Teilmenge A_2 enthalten ist (Abb. 11). Hier kann aber auch der Fall eintreten, daß von zwei Teilmengen A_1, A_2 keine ganz in der anderen enthalten ist (Abb. 12). Deutet

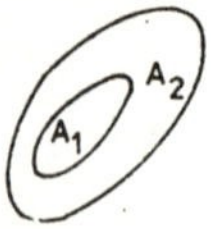

Abb. 11 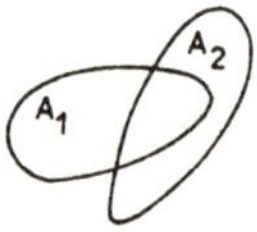   Abb. 12

man die Relation $\subseteq$ also bei Mengen durch das Enthaltensein (Inklusion), so brauchen nicht immer zwei Teilmengen miteinander vergleichbar zu sein. Die Deutung von $\subseteq$ als Enthaltensein im Falle aller Teilmengen einer Menge M erfüllt aber alle Forderungen, die an eine Halbordnung gestellt werden. Insbesondere bei dieser Deutung liest man $A_1 \subseteq A_2$ anstelle von „A_1 vor oder gleich A_2" auch als „A_1 ist enthalten in oder gleich A_2" bzw. „A_2 umfaßt oder ist gleich A_2".

Es sei A eine beliebige Teilmenge der Halbordnung H. Wenn ein $s \in H$ derart existiert, daß $a \subseteq s$ für jedes $a \in A$ gilt, heißt s eine *obere Schranke* von A, oder man nennt A auch *nach oben beschränkt*.

Ein Element einer Halbordnung, vor dem kein von ihm verschiedenes Element liegt, heißt *minimal*. Und ein Element einer Halbordnung, nach dem kein von ihm verschiedenes Element liegt, heißt *maximales* Element. Nicht jede Halbordnung besitzt ein minimales oder maximales Element. Beispielsweise besitzt die Menge aller ganzen Zahlen bezüglich der gewöhnlichen Kleiner-oder-gleich-Beziehung $\leq$ weder ein maximales noch ein minimales Element. Um zu zeigen, daß minimale bzw. maximale Elemente andererseits im Falle ihrer Existenz nicht eindeutig bestimmt zu sein brauchen, betrachten wir die folgende Halbordnung H. Zu

7. Auswahlaxiom

H sollen alle Punkte der abgeschlossenen Kreisscheibe

$$\{(x, y): x^2 + y^2 \leq 1\}$$

der (x, y)-Ebene gehören (vgl. Abb. 13). Zwei Punkte $P_1 = (x_1, y_1)$ und $P_2 = (x_2, y_2)$ sollen dann und nur vergleichbar sein, wenn $y_1 = y_2$. Dabei sei $P_1 \subseteq P_2$, falls $x_1 \leq x_2$ ist. Dann sind alle Elemente von $\{(x, y): x \geq 0, x^2 + y^2 = 1\}$, das sind alle in der

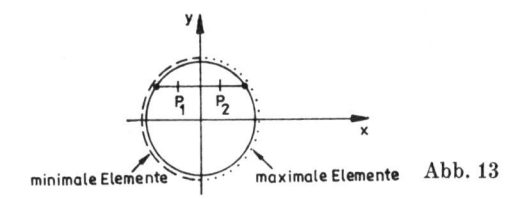

minimale Elemente   maximale Elemente   Abb. 13

rechten Halbebene gelegenen Randpunkte, maximal, während alle Randpunkte in der linken Halbebene, $\{(x,y): x \leq 0, x^2 + y^2 = 1\}$, minimal sind. Die Punkte $(0, 1)$ und $(0, -1)$ sind gleichzeitig maximal und minimal.

Sei A eine nach oben beschränkte Teilmenge einer Halbordnung H. Falls die Menge aller oberen Schranken ein minimales Element besitzt, heißt diese *obere Grenze (Supremum)* von A und wird mit sup A bezeichnet.

Ordnung oder *Kette* wird eine Halbordnung H genannt, wenn für jedes Paar a, b von Elementen von H auch noch das *Gesetz der Vergleichbarkeit* gilt: $a \subseteq b$ oder $b \subseteq a$. Nicht jede nach oben beschränkte Teilmenge einer Halbordnung (auch nicht jeder Ordnung) besitzt eine obere Grenze. Beispielsweise hat die Menge aller rationalen Zahlen a mit $a^2 < 2$ keine obere Grenze in der Menge aller rationaler Zahlen (da $\sqrt{2}$ irrational ist, existiert diese obere Grenze allerdings in der Menge aller reellen Zahlen).

Zornsches Lemma. *Es existiert in einer nichtleeren Halbordnung H wenigstens ein maximales Element, wenn jede ihrer nichtleeren Ketten eine obere Grenze in H besitzt.*

Wir werden nun einen einfachen und schönen Beweis des Satzes geben, der zeigt, daß aus dem Auswahlaxiom das Zornsche Lemma und umgekehrt, aus dem Zornschen Lemma das Auswahlaxiom folgt. Beide Aussagen nennen wir deshalb äquivalent.

Satz. *Das Auswahlaxiom und das Zornsche Lemma sind äquivalent.*

Beweis. Teil I. Zuerst wollen wir aus dem Auswahlaxiom das Zornsche Lemma herleiten, indem wir indirekt schließen; d. h., wir gehen von der Annahme aus, daß H eine nichtleere Halbordnung ohne maximales Element sei, obwohl jede nichtleere Kette K in H eine obere Grenze $g(K)$ besitzen soll. Wenn dann das Auswahlaxiom uns zu einem Widerspruch zu dieser Annahme führt, dann schließen wir auf die Existenz eines maximalen Elements, d. h. auf die Gültigkeit des Zornschen Lemmas.

Für zwei Elemente a und b von H schreiben wir noch $a \subsetneqq b$, wenn $a \subseteq b$ und $a \neq b$ ist; wir lesen „a echt vor b". Anstelle von $a \subsetneqq b$ schreibt man auch $b \supsetneqq a$ und liest „b echt nach a".

Sei H eine Halbordnung ohne maximales Element. Zu jedem $x \in H$ sei $S(x)$ die Menge aller $y \in H$, die echt nach x kommen:

$$S(x) = \{y \in H : y \supsetneqq x\}.$$

Diese Menge ist für kein $x \in H$ leer. Wäre nämlich $S(x)$ leer, so wären alle mit x vergleichbaren y echt vor x oder x wäre mit überhaupt keinem anderen Element vergleichbar. Beides würde bedeuten, daß x maximal wäre. Das ist jedoch nicht möglich, da H nach Annahme überhaupt keine maximalen Elemente besitzen soll.

Die Menge aller $S(x)$ sei M. Nach dem Auswahlaxiom existiert auf M eine Funktion φ, für die $\varphi(S(x)) \in S(x)$. Wir schreiben $f(x) = \varphi(S(x))$ und erhalten: Es existiert eine Funktion $f = f(x)$ auf H derart, daß

$$x \subsetneqq f(x) \tag{1}$$

mit einem Wert $f(x) \in H$ ist.

In H untersuchen wir spezielle Teilmengen Y, die einem frei gewählten Element $a_0 \in H$ zugeordnet sind; wir nennen sie *Auswahlmengen*. Jede Auswahlmenge Y wird durch die folgenden Eigenschaften definiert:

1. $a_0 \in Y$,
2. aus $x \in Y$ folgt $f(x) \in Y$,
3. wenn K eine nichtleere Kette ist und $K \subset Y$[1]), dann gilt $g(K) \in Y$.

Die Halbordnung H und die Menge $\{x : a_0 \subseteq x\}$ sind zwei Beispiele von Auswahlmengen. Der Durchschnitt Y_0 aller Auswahl-

---

[1]) $\subset$ bezeichnet die mengentheoretische Inklusion.

7. Auswahlaxiom

mengen ist auch eine Auswahlmenge. Wenn nämlich $x \in Y_0$, dann ist auch $x \in Y$ für jedes Auswahlmenge Y; wegen der Eigenschaft 2 ist also $f(x) \in Y$ für jedes Y; folglich ist $f(x) \in Y_0$, und somit ist Eigenschaft 2 für Y_0 erfüllt. Entsprechend beweist man 3; die Eigenschaft 1 ist ohne weiteres gesichert.

Y_0 ist die kleinste Auswahlmenge und enthält nur Elemente y_0 derart, daß $a_0 \subseteq y_0$ für jedes $y_0 \in Y_0$ gilt; denn die Menge $\{y_1 : a_0 \subseteq y_1\}$ ist eine Auswahlmenge und hat Y_0 als Teilmenge.

Wenn bewiesen werden kann, daß die kleinste Auswahlmenge Y_0 eine Kette ist, ergeben die Eigenschaften der Auswahlmengen einen Widerspruch:

Wegen $a_0 \in Y_0$ ist Y_0 nicht leer; infolge der Eigenschaft 3 der Auswahlmenge ist die obere Grenze $g(Y_0) \in Y_0$, und wegen Eigenschaft 2 ist $f(g(Y_0)) \in Y_0$. Da jedes Element von Y_0 von der oberen Grenze $g(Y_0)$ umfaßt wird, ist $f(g(Y_0)) \subseteq g(Y_0)$. Wegen (1) ist $g(Y_0) \subsetneq f(g(Y_0))$; d. h., $g(Y_0) \subseteq f(g(Y_0))$ und $g(Y_0) \neq f(g(Y_0))$ im Widerspruch zu $f(g(Y_0)) \subseteq g(Y_0)$ und der Identitätseigenschaft der Halbordnung H.

Um zu beweisen, daß Y_0 tatsächlich eine Kette ist, beweisen wir als ersten Schritt: Jedes Element a von Y_0 hat die Eigenschaft, daß aus $y \subsetneq a$ stets $f(y) \subseteq a$ folgt, wenn $y \in Y_0$ ist; um dies zu beweisen, nennen wir zunächst einmal die Elemente a von Y_0, für die diese Eigenschaft existiert, ausgewählte Elemente und rechnen a_0 auch zu den ausgewählten, weil $a_0 \subseteq y$ für jedes $y \in Y_0$ gilt und demzufolge überhaupt kein $y \in Y_0$ mit $y \subsetneq a_0$ existiert.

Jedem ausgewählten Element $a \in Y_0$ ordnen wir eine Teilmenge $B(a)$ zu, der jene y von Y_0 angehören, für die $y \subseteq a$ oder $f(a) \subseteq y$ gilt:

$$B(a) = \{y : y \in Y_0, y \subseteq a \text{ oder } f(a) \subseteq y\}. \tag{2}$$

Wir überzeugen uns leicht, daß $B(a) = Y_0$ für jedes ausgewählte Element a ist. Dies ergibt sich aus folgenden Schlüssen: Für jedes ausgewählte Element $a \neq a_0$ und für jedes $y \in Y_0$ ist

(α) wegen $a_0 \subsetneq a$ erwiesen, daß $a_0 \in B(a)$ gilt ($a_0 \in B(a_0)$ gilt trivialerweise),

(β) für $y \in B(a)$ ist entweder $y \subsetneq a$ oder $y = a$ oder $f(a) \subseteq y$.

In der ersten dieser drei Möglichkeiten ergibt sich $f(y) \subseteq a$, weil a ausgewählt ist; mit (1) folgt aus $f(a) \subseteq y$, daß $f(a) \subseteq f(y)$, d. h., in diesen Fällen ist $f(y) \in B(a)$, und trivialerweise gilt dasselbe auch für $y = a$. Insgesamt ergibt sich für jedes $y \in Y_0$ und $y \in B(a)$ auch $f(y) \in B(a)$.

5*

(γ) im Falle, daß K eine nichtleere Kette von Elementen aus $B(a)$ ist, kann entweder jedes Element von K in a enthalten sein oder nicht. Im ersten Falle ist a eine obere Schranke von K, und für die nach unserer Annahme existierende obere Grenze $g(K)$, die auch als kleinste obere Schranke definiert ist, gilt $g(K) \subseteq a$; da gemäß Bedingung 3 für die Auswahlmenge Y_0 ferner $g(K) \in Y_0$ gewährleistet ist, erhalten wir $g(K) \in B(a)$. Wenn anderenfalls ein $k \in K$ existiert, das nicht in a enthalten ist, dann muß $f(a) \subseteq k$ gemäß der Definition von $B(a)$ sein; ferner gilt für die obere Grenze $g(K)$, daß $k \subseteq g(K)$ ist. Wegen $f(a) \subseteq k \subseteq g(K)$ und $g(K) \in Y_0$ folgt wiederum $g(K) \in B(a)$.

Die Ergebnisse von (α), (β), (γ) zeigen, daß für jedes ausgewählte Element a von Y_0 die zugehörige Menge $B(a)$ eine Auswahlmenge ist; die kleinste Auswahlmenge Y_0 ist also Teilmenge von $B(a)$; da $B(a)$ als Teilmenge von Y_0 konstruiert wurde, folgt daraus, daß für jedes ausgewählte Element $B(a) = Y_0$ gilt.

Wir beweisen ferner, daß die Menge aller ausgewählten Elemente auch eine Auswahlmenge Y ist:

(α′) Zunächst ist festgelegt, daß a_0 zu den ausgewählten Elementen gehört.

(β′) Wir zeigen jetzt, daß $f(a)$ ausgewählt ist, wenn dies für a gilt. Dazu untersuchen wir ein $y \in Y_0$ mit der Eigenschaft $y \subsetneqq f(a)$. Da $Y_0 = B(a)$ ist, muß $y \subseteq a$ sein, weil $f(a) \subseteq y$ nicht zutrifft. Wenn aber $y \subseteq a$, dann entweder $y \subsetneqq a$ oder $y = a$; weil nun a ein ausgewähltes Element ist, folgt aus $y \subsetneqq a$ stets $f(y) \subseteq a$, und wegen (1) ist dann auch $f(y) \subseteq f(a)$ erfüllt. Für $y = a$ erweist sich wegen $f(a) = f(a)$ die definierende Eigenschaft der ausgewählten Elemente als erfüllt.

(γ′) Wenn die Teilmenge K von Y_0 eine nichtleere Kette ausgewählter Elemente ist, werden wir nun beweisen, daß $g(K)$ auch ein ausgewähltes Element sein muß. Da $g(K)$ die Bedingung 3 der Auswahlmenge Y_0 erfüllt, ist $g(K) \in Y_0$. Für ein beliebiges $y \subsetneqq g(K)$ betrachten wir zunächst den Fall, daß es ein $k \in K$ so gibt, daß $y \subsetneqq k$ ist; dann muß $f(y) \subseteq k$ sein, da wegen $k \in K$ das Element k ein ausgewähltes ist; weil $k \subseteq g(K)$ folgt $f(y) \subseteq g(K)$, so daß $g(K)$ ein ausgewähltes Element ist. In dem Falle, daß es kein k gibt, das die Bedingung $y \subsetneqq k$ erfüllt, kommt man auf folgende Weise zu einem Widerspruch, so daß dieser Fall nicht zutreffen kann: Für jedes $k \in K$ und unser hier betrachtetes Element $y \subsetneqq g(K)$ gilt $y \in B(k)$, weil k ausgewählt und daher $Y_0 = B(k)$ ist. Folglich ist $y \subseteq k$ oder $f(k) \subseteq y$. Wenn $f(k) \subseteq y$ sein sollte, müßte wegen $k \subsetneqq f(k)$ aber $k \subseteq y$ sein. Der Fall, daß $y \subseteq k$ ist, kommt nicht in Betracht, da wir hier von der Annahme ausgehen, $y \subseteq k$ trifft nicht zu. Wenn aber für jedes $k \in K$, auch $k \subseteq y$ gilt, muß auch für die obere Grenze $g(K) \subseteq y$ zutreffen, was jedoch $y \subsetneqq g(K)$ widerspricht.

Wegen (α'), (β'), (γ') ist also die Menge aller ausgewählten Elemente eine Auswahlmenge und folglich mit Y_0 identisch, da letztere die kleinste Auswahlmenge ist. Nun wird klar, daß Y_0 eine Kette sein muß: Für zwei beliebige Elemente a und b von Y_0 wissen wir, daß $b \in B(a)$ ist, weil a ausgewählt ist; im letzten Falle von (2) muß wegen (1) $a \subseteq b$ zutreffen, so daß das Gesetz der Vergleichbarkeit gültig ist. Das heißt aber, Y_0 ist eine Kette.

Teil II. Wenn das Zornsche Lemma gilt, können wir auf folgende Weise auf die Existenz einer Auswahlfunktion für eine Menge M schließen, deren Elemente A_j zunächst (nichtleere) punktfremde Mengen sind (j ist aus einer Indexmenge). Es sei M_v die Vereinigung aller zu M gehörenden Mengen A_j,

$$M_v = \cup A_j.$$

Ferner sei N diejenige Menge, deren Elemente B als Teilmengen in M_v enthalten sind und mit jedem A_j höchstens ein Element gemeinsam haben,

$$N = \{B: B \subset M_v, B \cap A_j \text{ enthält höchstens ein Element von } A_j\}.$$

N ist nichtleer und eine Halbordnung bezüglich der mengentheoretischen Inklusion.

Nun sei L eine nichtleere Kette von Elementen, die zu N gehören. Daß die mengentheoretische Vereinigung aller Elemente von L,

$$C = \cup L,$$

ein Element von N ist, ergibt sich indirekt so: Da die Elemente von L zu N gehören, ist jedes von ihnen eine Teilmenge von M_v, und folglich ist ihre Vereinigung $C = \cup L$ auch eine Teilmenge von M_v. Wenn C nicht zu N gehört, dann müßte ein A_j existieren, das mit C mindestens zwei Elemente x_1 und x_2 gemeinsam hätte. Wenn nun $x_1 \in L_1$ und $x_2 \in L_2$ ist, wobei L_1 und L_2 Elemente von L sind, die wegen der Ketteneigenschaft von L vergleichbar sein müssen, so gilt $L_1 \subseteq L_2$ (oder $L_2 \subseteq L_1$). Daraus folgt, daß x_1 und x_2 gemeinsam in L_2 (oder L_1) enthalten sein müssen. Zwei Elemente von A_j in L_2 (oder in L_1) widerspricht der Voraussetzung, daß L_2 (ebenso wie L_1) zu N gehört. Wenn also $B \in N$

und $\cup L = C$ ist, dann gilt für jedes $L_j \in L$

$$L_j \subseteq C;$$

d. h., C ist eine obere Schranke von L in N. Wenn umgekehrt $C' \subseteq \cup L$ und C' eine obere Schranke von L in N wäre, dann müßte für jedes $L_j \in L$ doch $L_j \subseteq C'$ und folglich auch $\cup L \subseteq C'$ sein; dies bedeutet, daß $C' = \cup L$ die kleinste obere Schranke ist:

$$\cup L = g(L) \text{ in } N.$$

Wir sind also zu dem Ergebnis gekommen, daß jede nichtleere Kette von Elementen aus N eine obere Grenze in N besitzt. Durch Anwendung des Zornschen Lemmas wissen wir, daß N ein maximales Element C_m besitzt. Dieses hat wie alle Elemente von N mit jedem $A_j \in M$ genau ein oder kein Element gemeinsam. Im letzten Fall wäre $C_m \subseteq C_m \cup \{a\} \neq C_m$, wenn a ein beliebiges Element von A_j ist. Da C_m das maximale Element von N ist, muß andererseits

$$C_m \cup \{a\} \subseteq C_m$$

sein; dies ist ein Widerspruch. C_m hat mit jedem $A_j \in M$ folglich genau ein Element gemeinsam. Diejenige Funktion φ auf M, die jedem A_j das eindeutig bestimmte Element zuordnet, das C_m und A_j gemeinsam haben, ist eine Auswahlfunktion, wie sie gesucht wurde.

Sind die A_j nicht punktfremd, so wende man obige Überlegung auf die dann wieder punktfremden Paare (A_j, a) an, wobei a alle Elemente von A_j durchläuft. Wird dem Paar (A_j, a) das Element (a_j, a) zugeordnet, so ist die Zuordnung von a_j zu A_j eine Auswahlfunktion auf M.

Anmerkung. Der Satz über die Äquivalenz von Auswahlaxiom und Zornschem Lemma erfährt eine Modifizierung bzw. er kann seine Gültigkeit verlieren, wenn im Rahmen der Axiomatisierung der Mathematik (hierzu vergleiche man Kapitel 15) außer Mengen auch andere Begriffsbildungen, sogenannte Kallsen und insbesondere Unmengen, vorkommen. Es gibt Theorien in denen er dann als Axiom eingeführt wird und so seine Bedeutung für die Grundlagenforschung der Mathematik beibehält. Eine kurzgefaßte Darstellung in der modernen Mengenlehre mit Hinweisen auf die verschiedenen Wege der Axiomatisierung dieser Theorie finden die Leser im Band I der „Grundstrukturen der Analysis" von W. GÄHLER (1977), oder auch ausführlichere Abhandlungen in dem Lehrbuch von D. KLAUA „Allgemeine Mengenlehre — ein Fundament der Mathematik" (1964) sowie in dessen Taschenbüchern „Elementare Axiome der Mengenlehre" (1971), „Grundbegriffe der axiomatischen Mengenlehre" (1973) und „Kardinal- und Ordinalzahlen" (1974), die sämtlich im Akademie-Verlag Berlin erschienen sind.

8. Der Fortsetzungssatz von Hahn und Banach

Sei $\mathcal{R}$ ein linearer Raum, also eine Menge, in der zu je zwei Elementen x und y eindeutig eine Summe $x + y$ erklärt sei, und in der auch das α-fache αx eines Elementes x erklärt sei, wobei α eine reelle (oder auch komplexe) Zahl sei. Daneben müssen für die genannten Verknüpfungen noch gewisse Rechenregeln (z. B. $\alpha(x + y) = \alpha x + \alpha y$) erfüllt sein.

Eine auf $\mathcal{R}$ definierte Zuordnungsvorschrift, die jedem Element x eine reelle (oder komplexe) Zahl zuordnet, heißt ein *Funktional* auf $\mathcal{R}$. Ein Funktional f heißt *linear*, wenn

$$f(x + y) = f(x) + f(y)$$

und

$$f(\alpha x) = \alpha f(x)$$

für beliebige Elemente x, y und für beliebige reelle (bzw. komplexe) Zahlen α gilt. Es heißt *sublinear*, wenn

$$f(x + y) \leq f(x) + f(y)$$

und

$$f(\alpha x) = |\alpha| \, f(x)$$

gilt. Wir bemerken, daß beispielsweise jede Norm $\|\cdot\|$ eine sublineares Funktional ist, denn nach der Dreiecksungleichung ist die erste Eigenschaft von sublinearen Funktionalen erfüllt; die zweite folgt aus

$$\|\alpha x\| = |\alpha| \cdot \|x\|.$$

Eine Teilmenge $\mathcal{M}$ von $\mathcal{R}$ heißt *Teilraum*, wenn mit je zwei Elementen x, y von $\mathcal{M}$ auch deren Linearkombinationen $\alpha x + \beta y$

in $\mathcal{M}$ liegen, wenn α und β beliebige reelle (bzw. komplexe) Zahlen seien.[1])

Die Problematik, mit der sich der *Satz von* HAHN *und* BANACH beschäftigt, ist die folgende:

Gegeben sei ein linearer Raum $\mathcal{R}$ (mit reellen Multiplikatoren α) und in ihm ein reellwertiges sublineares Funktional $p = p(x)$. Auf einem Teilraum $\mathcal{M}$ von $\mathcal{R}$ sei zusätzlich ein reellwertiges lineares Funktional $f_0 = f_0(x)$ gegeben, das in allen Punkten x von $\mathcal{M}$ die Voraussetzung

$$f_0(x) \leq p(x)$$

erfülle. Gesucht ist eine Fortsetzung des zunächst nur auf $\mathcal{M}$ gegebenen Funktionals f_0 zu einem auf ganz $\mathcal{R}$ definierten linearen Funktional f, das so definiert werden soll, daß auf ganz $\mathcal{R}$ die Abschätzung

$$f(x) \leq p(x) \tag{1}$$

gelte.

Ist x^* ein nicht zum Teilraum $\mathcal{M}$ von $\mathcal{R}$ gehörendes Element, so soll f zunächst für alle Elemente der Form

$$x + \alpha x^* \tag{2}$$

definiert werden, wobei x ein beliebiges Element von $\mathcal{M}$ und α eine beliebige reelle Zahl seien. Da f ein lineares Funktional sein soll, das auf $\mathcal{M}$ mit f_0 übereinstimmt, muß

$$f(x + \alpha x^*) = f_0(x) + \alpha f(x^*) = f_0(x) + \alpha c \tag{3}$$

sein, wenn $f(x^*) = c$ gesetzt wird. Nach Wahl von c ist f durch diese Definition für alle Elemente der Form (2) eindeutig festgelegt. Stellen nämlich $x + \alpha x^*$ und $\bar{x} + \bar{\alpha} x^*$ dasselbe Element dar, $x + \alpha x^* = \bar{x} + \bar{\alpha} x^*$, so folgt

$$x - \bar{x} = (\alpha - \bar{\alpha}) x^*.$$

Da $x - \bar{x}$ aus $\mathcal{M}$ ist, und da ein Vielfaches von x^* nur dann zu $\mathcal{M}$ gehört, wenn der Faktor Null ist, ergibt sich $\bar{\alpha} = \alpha$ und $\bar{x} = x$, so daß die Darstellung (2) selbst und demzufolge auch die Definition von f für Elemente der Form (2) eindeutig bestimmt sind.

Nun soll untersucht werden, ob c so gewählt werden kann, daß das durch (3) auf Elemente der Form (2) fortgesetzte Funktional f

---

[1]) Irgendwelche Abgeschlossenheitseigenschaften von Teilräumen werden hier in diesem Zusammenhang nicht gefordert.

8. Satz von Hahn-Banach

überall der Nebenbedingung (1) genügt. Dann muß also bei jeder Wahl von x in $\mathscr{M}$ und für jede reelle Zahl α die Abschätzung

$$f_0(x) + \alpha c \leq p(x + \alpha x^*) \tag{4}$$

gelten. Für positives α ist (4) gleichwertig zu

$$c \leq p(y + x^*) - f_0(y), \tag{5}$$

wenn y ganz $\mathscr{M}$ durchläuft (hierbei wurde $\frac{1}{\alpha} x = y$ gesetzt). Analog ist (4) für negatives α gleichwertig zu

$$c \geq -p(z - x^*) + f_0(z), \tag{6}$$

wenn $z = -\frac{1}{\alpha} x$ alle Elemente von $\mathscr{M}$ durchläuft. Wenn aber (5) und (6) für alle y bzw. für alle z aus $\mathscr{M}$ gelten sollen, muß c auch der Ungleichung

$$\sup_{z \in M} [-p(z - x) + f_0(z)] \leq c \leq \inf_{y \in M} [p(y + x^*) - f_0(y)] \tag{7}$$

genügen. Diese Bedingung ist natürlich nur dann überhaupt erfüllbar, wenn das links stehende Supremum nicht größer als das rechts stehende Infimum ist. Wir zeigen jetzt, daß dies tatsächlich der Fall ist, wenn das auf $\mathscr{M}$ gegebene Funktional f_0 dort der Nebenbedingung (1) genügt. Dazu seien y und z aus $\mathscr{M}$ beliebig gewählt. Beachtet man die Linearität von f_0 und die Sublinearität von p, so folgt

$$f_0(y) + f_0(z) = f_0(y + z) \leq p(y + z)$$
$$= p\bigl((y + x^*) + (z - x^*)\bigr)$$
$$\leq p(y + x^*) + p(z - x^*),$$

so daß

$$-p(z - x^*) + f_0(z) \leq p(y + x^*) - f_0(y)$$

folgt. Da dies bei jeder Wahl von y und bei jeder Wahl von z gilt, ist tatsächlich das Supremum der linken Seite nicht größer als das Infimum der rechten Seite, und (7) ist damit erfüllbar. Stimmen Supremum und Infimum überein, so ist c durch (7) übrigens eindeutig bestimmt.

Fassen wir alles zusammen, so ist damit gezeigt:

Ist auf dem Teilraum $\mathscr{M}$ von $\mathscr{R}$ ein lineares Funktional f_0 gegeben, das dort zu dem auf ganz $\mathscr{R}$ gegebenen sublinearen Funktional p in der Beziehung (1) steht, so kann man zu jedem nicht in $\mathscr{M}$ liegenden

Element x^* das Funktional f_0 auf alle Elemente der Form (2) *fortsetzen, so daß auch das fortgesetzte lineare Funktional f in seiner Definitionsmenge (das ist der durch $\mathcal{M}$ und x^* aufgespannte Teilraum von $\mathcal{R}$) der Ungleichung* (1) *genügt.*

Falls die Elemente der Form (2) nicht schon den ganzen Raum $\mathcal{R}$ ausmachen, so gibt es ein weiteres Element x^{**}, das nicht in dem von $\mathcal{M}$ und x^* aufgespannten Teilraum liegt. Man kann dann die obige Konstruktion für dieses Element x^{**} wiederholen.

Indem man diesen Schluß immer wieder wiederholt, erhält man schließlich eine Fortsetzung von f_0 auf den ganzen Raum $\mathcal{R}$. Dies gelingt allerdings nur dann, wenn man den ganzen Raum durch höchstens abzählbar viele solcher Schritte erfaßt. Nun gibt es aber Räume, bei denen es nicht möglich ist, den ganzen Raum $\mathcal{R}$ aus $\mathcal{M}$ und abzählbar vielen Elementen $x^*, x^{**}, \ldots$ aufzuspannen. Um zu beweisen, daß sich auch im Fall solcher Räume jedes auf $\mathcal{M}$ gegebene Funktional f_0 prinzipiell stets auf ganz $\mathcal{R}$ fortsetzen läßt, benötigt man letztlich das Auswahlaxiom. Man kann nämlich zeigen — und dies wird im folgenden geschehen —, daß die Fortsetzbarkeit von f_0 auf ganz $\mathcal{R}$ durch Anwendung des Zornschen Lemmas (vgl. Kapitel 7, S. 65) bewiesen werden kann. Damit wird ein Beispiel dafür gegeben, wie Methoden der Grundlagen der Mathematik auch in die Lösung von konkreten analytischen Problemen hineinreichen.

Um die angekündigte Fortsetzbarkeit von f_0 auf ganz $\mathcal{R}$ zu beweisen, sei $\mathcal{F}$ die Menge aller linearen Funktionale f, deren Definitionsmenge ein den Teilraum $\mathcal{M}$ umfassender Teilraum von $\mathcal{R}$ ist, die auf $\mathcal{M}$ mit dem dort gegebenen Funktional f_0 übereinstimmen und die schließlich in ihrer ganzen Definitionsmenge die Nebenbedingung (1) erfüllen. In dieser Menge $\mathcal{F}$ von Funktionalen f wird eine *Halbordnung*[1]) wie folgt eingeführt:

Das Funktional f_1 ist vor oder gleich f_2, symbolisch dargestellt durch $f_1 \leqq f_2$, wenn die Definitionsmenge von f_2 die von f_1 umfaßt und wenn f_2 auf der (kleineren) Definitionsmenge von f_1 mit f_1 übereinstimmt.

Nun sei $\overline{\mathcal{F}}$ eine vollständig geordnete Teilmenge von $\mathcal{F}$. Um zu zeigen, daß $\overline{\mathcal{F}}$ eine obere Schranke besitzt, werde ein Funktional g wie folgt definiert:

Die Definitionsmenge von g sei die Vereinigung der Definitionsmengen aller zu $\overline{\mathcal{F}}$ gehörenden Funktionale f; dabei soll g auf der

---
[1]) Vgl. Kapitel 7, S. 63.

8. Satz von Hahn-Banach

Definitionsmenge jedes zu $\bar{\mathscr{F}}$ gehörenden f mit diesem $\bar{f}$ übereinstimmen.

Zunächst ist zu zeigen, daß diese Definition widerspruchsfrei ist, daß g durch sie tatsächlich eindeutig definiert ist. Um dies zu zeigen, sei x ein Punkt, der zu den Definitionsmengen zweier Elemente $\bar{f}_1$, $\bar{f}_2$ von $\bar{\mathscr{F}}$ gehört. Da $\bar{\mathscr{F}}$ aber vollständig geordnet ist, ist $\bar{f}_1 \subseteq \bar{f}_2$ oder $\bar{f}_2 \subseteq \bar{f}_1$. Sei etwa $\bar{f}_1 \subseteq \bar{f}_2$. Das bedeutet, daß die Definitionsmenge von $\bar{f}_1$ in der von $\bar{f}_2$ enthalten ist und daß $\bar{f}_2$ auf der (kleineren) Definitionsmenge von $\bar{f}_1$ mit $\bar{f}_1$ übereinstimmt. Damit ist gezeigt, daß es zur Definition von g gleichgültig ist, ob man $\bar{f}_1$ oder $\bar{f}_2$ dazu heranzieht.

Das damit eindeutig definierte Funktional g ist aber eine obere Grenze von $\bar{\mathscr{F}}$, denn definitionsgemäß gilt $\bar{f} \subseteq g$ für jedes zu $\bar{\mathscr{F}}$ gehörende $\bar{f}$. Nach dem Zornschen Lemma muß $\mathscr{F}$ ein maximales Element h besitzen. Es gibt also ein zu $\mathscr{F}$ gehörendes Funktional h, so daß $f \subseteq h$ für alle zu $\mathscr{F}$ gehörenden Funktionale f gilt. Die Definitionsmenge dieses maximalen Elementes muß nun aber der ganze Raum $\mathscr{R}$ sein. Wäre das nämlich nicht der Fall, so gäbe es wenigstens einen nicht zur Definitionsmenge von h gehörenden Punkt x^* von $\mathscr{R}$. Nach der eingangs beschriebenen Konstruktion könnte man dann dieses Funktional h auf die Menge der Form (2) fortsetzen, wobei x zur Definitionsmenge von h gehört. Wenn man aber h zu einem Funktional mit noch größerer Definitionsmenge fortsetzen kann, so kann h nicht maximales Element sein. Der damit erhaltene Widerspruch zeigt, daß ein Funktional h, dessen Existenz durch Anwendung des Zornschen Lemmas erschlossen worden ist, auf ganz $\mathscr{R}$ definiert sein muß. Insgesamt ist damit der folgende *Fortsetzungssatz von* Hahn *und* Banach bewiesen worden:

Es sei $p = p(x)$ ein sublineares Funktional auf einem gegebenen linearen Raum $\mathscr{R}$. Auf einem Teilraum $\mathscr{M}$ von $\mathscr{R}$ sei ferner ein lineares Funktional f_0 gegeben, so daß

$$f_0(x) \leq p(x)$$

für alle zu $\mathscr{M}$ gehörenden x gilt. Dann kann das lineare Funktional f_0 so auf ganz $\mathscr{R}$ linear fortgesetzt werden, daß die Fortsetzung f auf $\mathscr{M}$ mit f_0 übereinstimmt und ferner der Größerbeziehung

$$f(x) \leq p(x)$$

in ganz $\mathscr{R}$ genügt.

9. Lösbarkeit linearer Gleichungen in endlich- und in unendlich-dimensionalen Räumen. Die Fredholmsche Alternative

Die sogenannte Fredholmsche Alternative erfaßte ursprünglich nur lineare algebraische Gleichungssysteme der Form

$$
\begin{aligned}
a_{11}x_1 + \cdots + a_{1n}x_n &= c_1, \\
&\vdots \\
a_{n1}x_1 + \cdots + a_{nn}x_n &= c_n,
\end{aligned}
\tag{1}
$$

wobei die a_{ij} und die c_i gegebene reelle Konstanten und die $x_1, \ldots, x_n$ gesuchte (reelle) Unbekannte sind. Das Gleichungssystem nennt man *homogen*, wenn die rechten Seiten alle Null sind: $c_1 = 0, \ldots, c_n = 0$. Das homogene Gleichungssystem läßt stets die sogenannte *triviale Lösung* zu, bei der alle Unbekannten gleich Null sind:

$$x_1 = 0, \ldots, x_n = 0.$$

Es kann aber auch sein, daß das homogene System noch andere Lösungen zuläßt, die von der trivialen Lösung verschieden sind.

Das Lösbarkeitsverhalten des homogenen Systems hat auch auf das Lösbarkeitsverhalten eines fest vorgegebenen inhomogenen Systems (1) Auswirkungen:

Die Differenz zweier Lösungen des inhomogenen Systems ist nämlich Lösung des homogenen Systems. Umgekehrt gilt: Kennt man eine Lösung des inhomogenen Systems und addiert zu ihr eine beliebige (nichttriviale) Lösung des zugehörigen homogenen Systems, so erhält man eine weitere Lösung des inhomogenen Systems.

Das bedeutet: Das inhomogene System ist — wenn überhaupt lösbar — genau dann *eindeutig* lösbar wenn das zugehörige homogene System nur die triviale Lösung zuläßt.

Die Eigenschaft des zugehörigen homogenen Systems, nur trivial oder auch nichttrivial lösbar zu sein, entscheidet somit darüber, ob éin gegebenes inhomogenes System eindeutig lösbar ist oder nicht.

Diese bisher erhaltene Einsicht ist aber insofern noch sehr oberflächlich, weil noch nichts darüber gesagt ist, ob die inhomogene

9. Fredholmsche Alternative

Gleichung überhaupt lösbar ist. Die eigentliche, tiefliegende Aussage ist nun die folgende:

Wenn das homogene System nur die triviale Lösung zuläßt, so ist das inhomogene System (1) *bei jeder Wahl der rechten Seiten auch tatsächlich lösbar* (und nach obigem dann auch eindeutig).
Besitzt das homogene System dagegen auch nichttriviale Lösungen, so ist das inhomogene System nur dann (und dabei mehrdeutig) *lösbar, wenn die rechten Seiten bestimmten Bedingungen genügen.*

Diese Fallunterscheidung heißt die *Fredholmsche Alternative*. Der erste Fall, er heißt der *Hauptfall*, stellt für sich genommen eine Existenzaussage dar. Für diesen Hauptfall wird im folgenden ein Beweis gegeben werden, dessen Schönheit unter anderem darin besteht, daß er nicht nur Gleichungen der Form (1), also lineare Gleichungen für Vektoren in n-dimensionalen euklidischen Räumen erfaßt, sondern daß er vielmehr auch lineare Gleichungen in unendlich-dimensionalen Räumen einschließt. Dieser Beweis führt zu einer solchen Allgemeinheit der Fredholmschen Alternative, daß diese beispielsweise auch auf die Integralgleichung

$$x(t) - \int_a^b K(t, \tau) x(\tau) \, d\tau = c(t) \tag{2}$$

anwendbar ist; hierbei ist $x = x(t)$ eine im Intervall $\{t: a \leq t \leq b\}$ gesuchte (etwa stetige) Funktion, $K = K(t, \tau)$ und $c = c(t)$ seien vorgegebene (stetige) Funktionen ($a \leq t \leq b$, $a \leq \tau \leq b$).

Bevor dieser Beweis gegeben wird, soll zunächst das System (1) im Spezialfall $n = 2$ elementar behandelt werden, um daran das Wesen der Fredholmschen Alternative zu erläutern. Im Fall $n = 2$ hat das Gleichungssystem (1) die Form

$$\begin{aligned} a_{11}x_1 + a_{12}x_2 &= c_1, \\ a_{21}x_1 + a_{22}x_2 &= c_2. \end{aligned} \tag{3}$$

Wir nehmen an, daß wenigstens eine der beiden gesuchten Größen x_1, x_2 tatsächlich in beiden Gleichungen (3) vorkommt. Ohne Beschränkung der Allgemeinheit sei dies x_2, d. h., wir setzen $a_{12} \neq 0$ und $a_{22} \neq 0$ voraus. Die Lösung des Systems (3) erfolgt dann nach dem bekannten Eliminationsverfahren: Eine der beiden Gleichungen, etwa die erste, wird nach x_2 aufgelöst,

$$x_2 = \frac{1}{a_{12}} (c_1 - a_{11}x_1). \tag{4}$$

Ersetzt man x_2 in der zweiten Gleichung von (3) durch diesen Ausdruck, so ergibt sich zur Bestimmung von x_1 die Beziehung

$$(a_{11}a_{22} - a_{12}a_{21}) x_1 = a_{22}c_1 - a_{12}c_2. \tag{5}$$

Aus der Art der Herleitung ist unmittelbar klar, daß das ursprünglich gegebene System (3) zu den beiden Gleichungen (4) und (5) äquivalent ist. Aus dieser neuen Form (4), (5) des Systems (3) sieht man aber, daß hinsichtlich der Lösbarkeit Unterschiede auftreten werden je nachdem, ob

$$a_{11}a_{22} - a_{12}a_{21} \neq 0 \tag{6}$$

oder

$$a_{11}a_{22} - a_{12}a_{21} = 0 \tag{7}$$

ist. Im Fall (6) ist x_1 eindeutig aus (5) berechenbar, wobei sich

$$x_1 = \frac{a_{22}c_1 - a_{12}c_2}{a_{11}a_{22} - a_{12}a_{21}} \tag{8}$$

ergibt. Setzt man diesen Wert in (4) ein, so sieht man, daß dann auch x_2 eindeutig festgelegt ist; es ergibt sich nämlich

$$x_2 = \frac{-a_{21}c_1 + a_{11}c_2}{a_{11}a_{22} - a_{12}a_{21}}. \tag{9}$$

Mithin ist gezeigt, daß im Fall (6) das System (3) bei jeder Wahl der rechten Seiten c_1, c_2 eindeutig lösbar ist. Dies betrifft auch den Fall des homogenen Systems. Setzt man nämlich $c_1 = 0$ und $c_2 = 0$, so ergibt sich aus (8), (9), daß dann notwendig $x_1 = 0$ und $x_2 = 0$ sein muß, so daß das homogene System also nur trivial lösbar ist.

Im Fall (7) hat die linke Seite von Gleichung (5) den Wert Null, so daß (7) überhaupt nur dann erfüllbar ist, wenn auch rechts der Wert Null steht. Das bedeutet aber, daß die rechten Seiten c_1, c_2 notwendig der Relation

$$a_{22}c_1 - a_{12}c_2 = 0 \tag{10}$$

genügen müssen. Das System (3) ist im Fall (7) demnach nur für spezielle rechte Seiten lösbar, die der Gleichung (10) genügen. Ist diese Gleichung erfüllt, so kann nach (7) aber x_1 völlig beliebig gewählt werden. Nach Wahl von x_1 ist dann aber x_2 durch (4) eindeutig bestimmt.

Zulässige rechte Seiten c_1, c_2, für die (3) im Fall (7) überhaupt lösbar ist, sind insbesondere die rechten Seiten $c_1 = 0$ und $c_2 = 0$,

9. Fredholmsche Alternative

weil durch diese die Relation (10) erfüllt wird. Da sich (4) für $c_1 = 0$ zu

$$x_2 = -\frac{a_{11}}{a_{12}} x_1 \tag{11}$$

vereinfacht, ist gezeigt: Im Fall (7) wird das homogene System durch alle

$$x_1 = \lambda, \qquad x_2 = -\frac{a_{11}}{a_{12}} \lambda$$

gelöst, wobei λ eine beliebige (reelle) Zahl ist. Im Fall (7) besitzt das homogene System (3) also stets nichttriviale Lösungen. Falls das homogene System (3) eindeutig lösbar ist, muß somit notwendig der Fall (6) vorliegen. Da in diesem Fall das inhomogene System (3) aber stets eindeutig lösbar ist, ist damit gezeigt, daß der oben formulierte Hauptfall der Fredholmschen Alternative tatsächlich auf Gleichungssysteme der Form (3) zutrifft.

Um die angekündigte allgemeinere Fassung der Fredholmschen Alternative zu erarbeiten, wollen wir zunächst geometrische Deutungen der soeben hergeleiteten Fredholmschen Alternative bei dem Gleichungssystem (3) geben. Eine erste geometrische Deutung geht von der Tatsache aus, daß jede der beiden in (3) stehenden linearen Gleichungen eine Gerade in der (x_1, x_2)-Ebene definiert. Die Richtungskoeffizienten dieser Geraden werden durch

$$-\frac{a_{11}}{a_{12}} \quad \text{bzw.} \quad -\frac{a_{21}}{a_{22}} \tag{12}$$

gegeben.

Lösungen von (3) sind diejenigen Punkte (x_1, x_2) der Ebene, die auf beiden Geraden liegen. Folglich können Lösungen von (3) als Schnittpunkte der beiden Geraden gedeutet werden. Aus dieser geometrischen Deutung wird nun sofort klar, daß (3) genau dann eine einzige Lösung besitzt, wenn beide Geraden voneinander verschiedene Richtungen besitzen. Nach (12) ist das genau dann der Fall, wenn

$$-\frac{a_{11}}{a_{12}} \neq -\frac{a_{21}}{a_{22}}$$

ist. Diese Bedingung ist aber mit (6) identisch.

Eine Abänderung der rechten Seiten c_1, c_2 bedeutet eine Parallelverschiebung der Geraden. Ist die rechte Seite einer linearen Gleichung der Form (3) gleich Null, so geht die zugehörige Gerade durch den Nullpunkt. Setzt man beide rechten Seiten Null, d. h., geht man zum zugehörigen homogenen System über, so gehen die neuen, parallel verschobenen Geraden durch den Nullpunkt (vgl. Abb. 14).

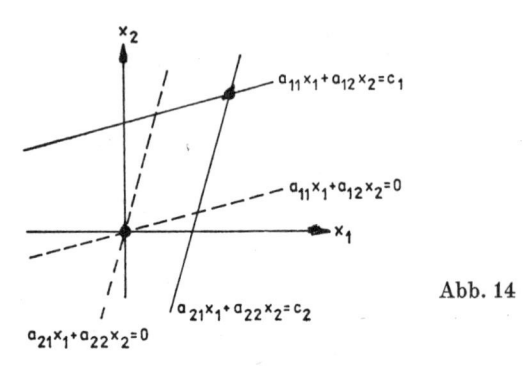

Abb. 14

Die Fredholmsche Alternative selbst kann man daher wie folgt deuten:

Das homogene System läßt genau dann nur die triviale Lösung zu, wenn die beiden (parallel verschobenen) Geraden $a_{11}x_1 + a_{12}x_2 = 0$ und $a_{21}x_1 + a_{22}x_2 = 0$ nur den Nullpunkt gemeinsam haben. Dies ist aber hinreichend (und auch notwendig) dafür, daß zwei beliebige, zu diesem Geradenpaar parallele Geraden sich ebenfalls in genau einem Punkt schneiden. Letzteres bedeutet aber, daß das System (3) bei jeder Wahl von c_1, c_2 genau eine Lösung zuläßt.

Nicht nur der damit erfaßte Fall (6) läßt sich geometrisch deuten, sondern auch der Fall (7). In diesem Fall sind beide Geraden parallel. Zwei parallele Geraden haben keinen gemeinsamen Schnittpunkt, es sei denn, daß beide Geraden überhaupt identisch sind. Letzteres ist der Fall, wenn die Koeffizienten a_{11}, a_{12}, c_1 bzw. a_{21}, a_{22}, c_2 in den Geradengleichungen zueinander proportional sind. Die beiden Gleichungen (7) und (10) sichern aber gerade diese Proportionalität.

Die soeben gegebene geometrische Deutung der Fredholmschen Alternative im Fall des Systems (3) läßt sich leicht auf allgemeinere lineare Systeme (1) von n Gleichungen für n gesuchte Größen $x_1, \ldots, x_n$ übertragen. Jede dieser Gleichungen (1) definiert eine $(n-1)$-dimensionale (Hyper-)Ebene im $\mathbb{R}^n$, eine Lösung von (1) ist der Schnittpunkt der n-Ebenen, die durch die n Gleichungen (1) definiert werden. Übergang zum homogenen System bedeutet nun,

9. Fredholmsche Alternative

daß man die Ebenen so parallel verschiebt, daß alle parallel verschobenen Ebenen durch den Nullpunkt des $\mathbb{R}^n$ hindurchgehen. Das homogene System läßt genau dann nur die triviale Lösung zu, wenn nur der Nullpunkt zum gemeinsamen Schnittgebilde aller dieser n parallel verschobenen Ebenen gehört. In diesem Fall schneiden sich auch n beliebig dazu parallel verschobene Ebenen in genau einem Punkt, d. h., das inhomogene System ist bei jeder Wahl der rechten Seiten eindeutig lösbar. In der linearen Algebra wird übrigens gezeigt, daß dieser Fall genau dann eintritt, wenn die Koeffizientendeterminante von (1) von Null verschieden ist (letztere Bedingung ist im Fall $n = 2$ mit (6) identisch).

Den hiermit skizzierten Weg kann man nicht nur auf lineare Gleichungssysteme für endlich viele gesuchte Variable anwenden,[1]) man kann ihn prinzipiell auch auf den unendlich-dimensionalen Fall übertragen. Allerdings ist ein solcher Weg mühsam und überdies noch an zusätzliche Voraussetzungen gebunden.[2]) Daher wollen wir zunächst eine zweite geometrische Deutung der Fredholmschen Alternative bei (3) geben, die sich gleichermaßen auf den $\mathbb{R}^n$ wie auch auf unendlich-dimensionale Räume verallgemeinern läßt. Diese Deutung beruht darauf, daß man zur Lösung des Gleichungssystems (3) (bzw. (1)) nicht nur algebraische Umformungen vornimmt, sondern daß man in den Mittelpunkt einer Lösungstheorie die *funktionale Abhängigkeit* zwischen den rechten Seiten (c_1, c_2) und den zugehörigen Lösungen (x_1, x_2) stellt. Diese Lösungstheorie geht davon aus, daß man die linken Seiten von (3) als eine Abbildung der (x_1, x_2)-Ebene in sich deutet: Ist $x = (x_1, x_2)$ ein beliebig gewählter Punkt der Ebene, so wird ihm durch

$$a_{11}x_1 + a_{12}x_2 = y_1,$$

$$a_{21}x_1 + a_{22}x_2 = y_2$$

---

[1]) Wesentliches Hilfsmittel ist hierbei die Determinantentheorie.
[2]) In seiner Arbeit „Sur une classe d'equations fonctionelles" (Acta math. **27** (1903), 365—390) behandelte I. FREDHOLM Integralgleichungen der Form (2) dadurch, daß er die Integrale durch Näherungssummen und die ganze Integralgleichung somit näherungsweise durch lineare Gleichungssysteme ersetzte. Eine sehr durchsichtige direkte Lösungsmethode für die Integralgleichung (2) wurde von E. SCHMIDT in seiner Arbeit „Zur Theorie der linearen und nichtlinearen Integralgleichungen. Auflösung der allgemeinen linearen Integralgleichung" (Math. Ann. **64** (1907), 161—174) gegeben. Der Weg, der hier eingeschlagen werden soll, ist zwar aufwendiger als der von E. SCHMIDT, er hat dafür aber den Vorteil, daß er zu noch allgemeineren Resultaten führt.

ein Punkt $y = (y_1, y_2)$ zugeordnet. Symbolisch wollen wir dafür $y = \tilde{T}x$ schreiben, so daß $\tilde{T}$ eine Abbildung ist, die die (x_1, x_2)-Ebene in sich abbildet. Das Gleichungssystem (3) zu lösen bedeutet dann, zu einem vorgegebenen Punkt $c = (c_1, c_2)$ der Ebene alle diejenigen x zu bestimmen, für die

$$\tilde{T}x = c$$

ist.

Unter der Voraussetzung (6) gibt es bei jeder Wahl von c genau ein x, das durch $\tilde{T}$ in c übergeführt wird. Mit anderen Worten, falls (6) gilt, so ist $\tilde{T}$ eine *eineindeutige* Abbildung der Ebene in sich.

Welche Eigenschaften besitzt nun aber $\tilde{T}$, wenn anstelle von (6) die Voraussetzung (7) erfüllt ist? In diesem Fall ist die homogene Gleichung $\tilde{T}x = \theta$ (hierbei bedeutet θ den Nullpunkt $(0, 0)$ der (x_1, x_2)-Ebene) nicht nur trivial lösbar, sondern alle Punkte auf der durch (11) definierten Geraden sind Lösungen der homogenen Gleichung. Diese Gerade bildet daher den sogenannten *Nullraum* (vgl. Abb. 15) von $\tilde{T}$, das ist die Menge aller Punkte, die durch $\tilde{T}$ in den Nullpunkt θ übergeführt werden. Daneben definieren wir noch den *Bildraum* von $\tilde{T}$ als die Menge aller Punkte, die von $\tilde{T}$ angenommen werden. Die Gleichung $\tilde{T}x = c$ ist nach dieser Sprechweise genau dann lösbar, wenn c zum Bildraum gehört, der im Fall (7) aber durch (10) gegeben wird. Der Bildraum von $\tilde{T}$ ist also ebenfalls eine Gerade, deren Punkte (c_1, c_2) die Relation (10) erfüllen.

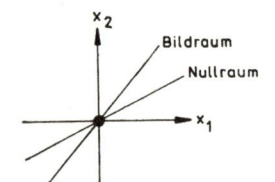

Abb. 15

Da der Bildraum nur eine Gerade, nicht aber die ganze (c_1, c_2)-Ebene ist, kann eben die Gleichung $\tilde{T}x = c$ nicht für alle c gelöst werden. Andererseits ist der Nullraum aber auch eine Gerade, d. h., die homogene Gleichung $\tilde{T}x = 0$ besitzt auch nichttriviale Lösungen.[1] Im Fall (6) dagegen besteht der Nullraum von $\tilde{T}$ nur

---

[1] Im Fall (7) können Bild- und Nullraum auch übereinstimmen. Durch Vergleich von (10) und (11) sieht man, daß das genau dann der Fall ist, wenn $a_{22} = -a_{11}$ ist.

9. Fredholmsche Alternative

aus dem Nullelement θ, wohingegen der Bildraum mit der ganzen Ebene identisch ist, so daß die inhomogene Gleichung $\tilde{T}x = c$ bei jeder Wahl der rechten Seite c lösbar (und zwar eindeutig lösbar) ist. Dies ist nun die gesuchte verallgemeinerungsfähige Fassung des Hauptfalls der Fredholmschen Alternative:

Für möglichst allgemeine Operatoren $\tilde{T}$ soll der Bildraum notwendig mit dem ganzen Ausgangsraum identisch sein, falls der Nullraum nur aus dem Nullelement besteht.

Unter einem *Operator* versteht man dabei eine Zuordnungsvorschrift, die einen gegebenen Raum in sich (oder auch in einen anderen Raum) abbildet. Um zu solchen möglichst allgemeinen Operatoren $\tilde{T}$ zu kommen, soll zunächst der euklidische Raum $\mathbb{R}^n$ durch geeignete, noch allgemeinere Räume ersetzt werden.

Faßt man die Elemente $x = (x_1, \ldots, x_n)$ des $\mathbb{R}^n$ als im Nullpunkt $\theta = (0, \ldots, 0)$ beginnende Vektoren auf, so erfüllen diese Elemente folgende Rechenregeln:

Erstens ist zu je zwei Elementen $x = (x_1, \ldots, x_n)$ und $y = (y_1, \ldots, y_n)$ durch $(x_1 + y_1, \ldots, x_n + y_n)$ eindeutig eine Summe $x + y$ definiert, wobei

$$x + y = y + x, \qquad x + \theta = x \tag{13}$$

für beliebige x und y gilt.

Ist α eine beliebige reelle Zahl,[1]) so kann von jedem x durch $(\alpha x_1, \ldots, \alpha x_n)$ das α-fache αx definiert werden. Dabei sind Rechenregeln wie

$$\begin{aligned}\alpha(\beta x) &= (\alpha \beta)\, x, \\ \alpha x &= \theta, \quad \text{falls} \quad \alpha = 0\end{aligned} \tag{14}$$

erfüllt.

Hiervon ausgehend wird definiert: Eine Menge von Elementen $x, y, \ldots$ heißt *linearer Raum*, wenn zu je zwei Elementen x, y eindeutig eine Summe $x + y$ und zu jedem x und jeder reellen Zahl α das α-fache αx erklärt ist, wobei (13), (14) und ähnliche weitere Rechenregeln, wie beispielsweise das Assoziativgesetz, erfüllt sein müssen. Insbesondere wird damit auch die Existenz von θ gefordert (θ heißt *neutrales Element* oder *Nullelement*; nach (13) kann

---

[1]) Man kann als Multiplikatorenbereich auch die komplexen Zahlen zulassen, wenn die x_j komplex sind.

es keine zwei voneinander verschiedenen neutralen Elemente geben).

Ein wichtiges Beispiel für einen unendlich-dimensionalen linearen Raum ist der Raum $\mathscr{C}[a, b]$ aller auf dem Intervall $[a, b]$ definierten stetigen und reellwertigen Funktionen. Sind $x = x(t)$ und $y = y(t)$ zwei solche Funktionen, $a \leq t \leq b$, so ist die Summe $x + y$ diejenige Funktion, die im Punkt t den Funktionswert $x(t) + y(t)$ besitzt. Da die Summe zweier stetiger Funktionen selbst stetig ist, gehört auch $x + y$ zu $\mathscr{C}[a, b]$. Das neutrale Element ist diejenige Funktion, deren Werte überall gleich Null sind. Schließlich ist αx die Funktion mit den Funktionswerten $\alpha x(t)$.

Von besonderer Bedeutung für die Analysis sind lineare Räume, die gleichzeitig *normiert* sind. Letzteres bedeutet, daß jedem x als sogenannte *Norm* eine nichtnegative reelle Zahl $\|x\|$ so zugeordnet wird, daß

$$\|\alpha x\| = |\alpha| \cdot \|x\| \tag{15}$$

und

$$\|x + y\| \leq \|x\| + \|y\| \tag{16}$$

gilt. Weiter wird gefordert, daß $\|x\| = \theta$ dann und nur dann ist, wenn x das neutrale Element θ ist. In einem linearen und normierten Raum kann man durch

$$d(x, y) = \|x - y\|$$

einen *Abstand* (Distanz, Metrik) einführen. Wegen (15) ist

$$d(y, x) = \|y - x\| = \|(-1)(x - y)\| = \|x - y\| = d(x, y),$$

wegen (16) gilt

$$\begin{aligned}d(x, y) &= \|x - y\| \\ &= \|(x - z) + (z - y)\| \leq \|x - z\| + \|z - y\| \\ &\leq d(x, z) + d(z, y) \quad (\textit{Dreiecksungleichung}).\end{aligned}$$

Mit Hilfe einer Metrik $d(x, y)$ kann man dann immer (auch in nicht notwendig linearen Räumen) einen Konvergenzbegriff einführen: Eine Folge $\{x_n\}_{n=1,2,\ldots}$ heißt *konvergent* gegen ein Element x^* des betrachteten Raumes, wenn $d(x_n, x^*) \to 0$ bei $n \to \infty$ gilt. Für je zwei Elemente x_n, x_m einer (gegen x^*) konvergenten Folge gilt wegen

$$\|x_n - x_m\| \leq \|x_n - x^*\| + \|x^* - x_m\|$$

9. Fredholmsche Alternative

bei jeder Wahl von $\varepsilon > 0$ die Abschätzung

$$\|x_n - x_m\| < \varepsilon, \tag{17}$$

wenn n und m zwei beliebige, jedoch hinreichend große natürliche Zahlen sind. Eine Folge $\{x_n\}_{n=1,2,\ldots}$, die die Bedingung (17) erfüllt, heißt *Fundamentalfolge*. Während — wie gezeigt — jede konvergente Folge auch eine Fundamentalfolge ist, braucht das Umgekehrte nicht immer zu gelten.[1]) Gilt es doch, ist also jede Fundamentalfolge im betrachteten Raum stets auch konvergent, so heißt der Raum *vollständig*. Ein linearer und normierter Raum, der vollständig ist, heißt *Banachraum*.

Der Raum $\mathscr{C}[a, b]$ der auf $[a, b]$ stetigen und reellwertigen Funktionen kann durch die *Maximumnorm*

$$\|x\| = \max_{a \leq t \leq b} |x(t)| \tag{18}$$

normiert werden (vgl. Abb. 16). Konvergenz in der durch die Maximumnorm erzeugten Metrik bedeutet gleichmäßige Konvergenz. Da aber die Grenzfunktion einer gleichmäßig konvergenten

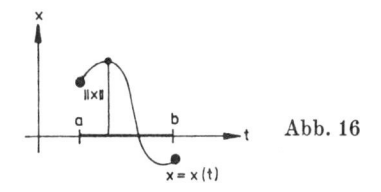

Abb. 16

Folge stetiger Funktionen selbst stetig ist, ist $\mathscr{C}[a, b]$ bei der Normierung durch (18) vollständig und folglich ein Banachraum. Da für jedes $n = 0, 1, 2, \ldots$ die durch

$$x(t) = t^n$$

---

[1]) Sind beispielsweise die x_n rationale Zahlen, die gegen $\sqrt{2}$ konvergieren, so bilden die x_n eine Fundamentalfolge. Da $\sqrt{2}$ selbst keine rationale Zahl ist, ist diese Folge aber in der Menge aller rationalen Zahlen nicht konvergent. Durch Erweiterung der Menge aller rationalen Zahlen zur Menge aller reellen Zahlen durch Hinzunahme von Irrationalzahlen (wie $\sqrt{2}$ beispielsweise) erreicht man, daß jede Fundamentalfolge konvergent ist.

definierten Funktionen zu $\mathscr{E}(a, b]$ gehören, andererseits aber linear unabhängig sind, hat $\mathscr{E}[a, b]$ unendliche Dimension. Unter der *Dimension* eines linearen Raumes versteht man hierbei die maximale Anzahl linear unabhängiger Elemente (endlich viele Elemente heißen *linear unabhängig*, wenn nur dann ihre Linearkombination das neutrale Element θ ergibt, falls alle Koeffizienten gleich Null sind). In Banachräumen endlicher Dimension besitzt jede beschränkte Folge eine konvergente Teilfolge (Satz von BOLZANO-WEIERSTRASS). Dies gilt, weil in endlich-dimensionalen Räumen jede beschränkte Menge in endlich viele Teilmengen mit beliebig kleinem Durchmesser zerlegt werden kann. Die Existenz konvergenter Teilfolgen kann man dann mit Hilfe des sogenannten *Cantorschen Diagonalverfahrens* wie folgt zeigen:

Zunächst sei R eine Beschränktheitskonstante für die gegebene Folge $\{x_n\}_{n=1,2,\ldots}$, d. h., $\|x_n\| \leqq R$ für alle n. Die gegebene Folge ist demnach ganz in der durch $\|x\| \leqq R$ definierten Kugel enthalten. Nun wird diese Kugel so in endlich viele Teilmengen $\mathscr{A}_{1i}$ unterteilt, daß deren Durchmesser jeweils kleiner als 1 ist (vgl. Abb. 17). Da in wenigstens einem $\mathscr{A}_{1i_1}$ unendlich viele der x_n

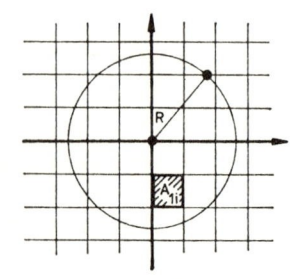

Abb. 17

liegen müssen, gibt es eine Teilfolge $\{x_{n_{1i}}\}_{i=1,2,\ldots}$, die ganz in $\mathscr{A}_{1i_1}$ liegt. Dieses $\mathscr{A}_{1i_1}$ wird nun selbst wieder in endlich viele $\mathscr{A}_{2i}$ unterteilt, deren Durchmesser kleiner als $\dfrac{1}{2}$ sind. Wieder muß in wenigstens einem $\mathscr{A}_{2i_2}$ eine Teilfolge $\{x_{n_{2i}}\}_{i=1,2,\ldots}$ der zuerst gewählten Teilfolge $\{x_{n_{1i}}\}_{n=1,2,\ldots}$ liegen. Das Verfahren wird fortgesetzt, indem man wieder zu endlich vielen Teilmengen mit nochmals halbiertem Radius und einer entsprechenden Teilfolge übergeht. Die erhaltenen Teilfolgen werden nun alle der Reihe

9. Fredholmsche Alternative

nach untereinander in einer unendlichen Matrix angeordnet:

$$\left\| \begin{array}{cccc} x_{n_{11}} & x_{n_{12}} & x_{n_{13}} & \cdots \\ x_{n_{21}} & x_{n_{22}} & x_{n_{23}} & \cdots \\ x_{n_{31}} & x_{n_{32}} & x_{n_{33}} & \cdots \\ \vdots & \vdots & \vdots & \ddots \end{array} \right\|$$

Die Folge in der $(k+1)$-ten Zeile ist nach Konstruktion eine Teilfolge der in der k-ten Zeile stehenden Folge. Demzufolge ist für $l \geq k$ auch die *Diagonalfolge*

$$\{x_{n_{ll}}\}_{l=1,2,\ldots}$$

eine Teilfolge der in der k-ten Zeile stehenden Folge. Andererseits ist die in der k-ten Zeile stehende Folge ganz in einer Menge enthalten, deren Durchmesser kleiner als $\dfrac{1}{2^k}$ ist. Daher gilt

$$d(x_{n_{ll}}, x_{n_{kk}}) < \frac{1}{2^k},$$

falls $l > k$ ist. Demzufolge ist die Diagonalfolge, die auch eine Teilfolge der ursprünglich gegebenen Folge $\{x_n\}_{n=1,2,\ldots}$ ist, eine Fundamentalfolge und wegen der Vollständigkeit des betrachteten Raumes also auch konvergent.

Die soeben durchgeführte Schlußweise ist nur für Banachräume endlicher Dimension durchführbar. Daß es in einem unendlichdimensionalen Banachraum tatsächlich beschränkte Folgen gibt, die keine konvergenten Teilfolgen besitzen, soll an folgendem Beispiel demonstriert werden:

Wir betrachten den Raum $\mathscr{C}[0,1]$ und in ihm die Folge $\{x_n\}_{n=1,2,\ldots}$ mit

$$x_n(t) = t^n.$$

Dann gilt $\|x_n\| = 1$ für alle n. Ist $0 \leq t < 1$, so gilt $x_n(t) \to 0$ bei $n \to \infty$. Dagegen gilt wegen $x_n(1) = 1$ aber $x_n(1) \to 1$ bei $n \to \infty$. Da Konvergenz in $\mathscr{C}[0,1]$ insbesondere punktweise Konvergenz nach sich zieht, kommt als Grenzfunktion einer möglicherweise existierenden konvergenten Teilfolge nur

$$x(t) = \begin{cases} 0 & \text{für } 0 \leq t < 1, \\ 1 & \text{für } t = 1 \end{cases}$$

in Betracht. Diese Funktion ist jedoch unstetig. Wegen der gleichmäßigen Konvergenz müßte die Grenzfunktion jedoch stetig sein. Dieser Widerspruch zeigt, daß keine einzige Teilfolge der oben angegebenen beschränkten Folge konvergieren kann.

Dieser Umstand, daß in unendlich-dimensionalen Räumen nicht jede beschränkte Folge eine konvergente Teilfolge besitzen muß, erschwert einerseits die Theorie unendlich-dimensionaler Räume. Andererseits haben aber viele für die Anwendungen wichtige Operatoren in unendlich-dimensionalen Räumen die zusätzliche Eigenschaft, daß man aus der Bildfolge einer beschränkten Folge stets eine konvergente Teilfolge auswählen kann. Solche Operatoren heißen *kompakt*. Wie sich zeigen wird, spielen sie auch bei der Fredholmschen Alternative eine fundamentale Rolle.

Ist $K = K(t, \tau)$ eine für alle t und τ aus $[a, b]$ definierte reellwertige und stetige Funktion, so wird durch

$$y(t) = \int_a^b K(t, \tau) \, x(\tau) \, d\tau \tag{19}$$

ein Operator T definiert, der jedem zu $\mathscr{C}[a, b]$ gehörenden $x = x(t)$ wieder eine in $\mathscr{C}[a, b]$ liegende Bildfunktion $y = Tx$ zuordnet. Mit Hilfe des Satzes von ARZELÀ-ASCOLI (vgl. Kapitel 5) kann man dann übrigens zeigen, daß T kompakt ist.[1])

Der durch (19) definierte Operator ist übrigens auch *linear*, wobei für lineare Operatoren T ganz allgemein

$$T(\alpha x + \beta y) = \alpha Tx + \beta Ty$$

gilt, wenn x, y beliebige Elemente des betrachteten linearen Raumes und α, β beliebige reelle (oder auch komplexe) Faktoren sind. Ein Operator heißt ferner *beschränkt*, wenn es eine Konstante C gibt, so daß

$$\|Tx\| \leq C \, \|x\|$$

für alle x gilt. Ist T linear und beschränkt, so gilt

$$\|Tx_n - Tx\| = \|T(x_n - x)\| \leq C \, \|x_n - x\|,$$

so daß $Tx_n \to Tx$ folgt, wenn $x_n \to x$ gilt. Das bedeutet aber, daß ein linearer und beschränkter Operator stets auch *stetig ist*. Der

---

[1]) Man vergleiche hierzu auch Kapitel 11, S. 137.

9. Fredholmsche Alternative

durch (19) definierte Operator ist beschränkt, da

$$\|y\| = \max_{a \leq t \leq b} |y(t)|$$
$$\leq \max_{a \leq t, \tau \leq b} |K(t, \tau)| \cdot \max_{a \leq \tau \leq b} |x(\tau)| \cdot (b - a)$$
$$\leq (b - a) \max_{a \leq t, \tau \leq b} |K(t, \tau)| \cdot \|x\| \tag{20}$$

ist.

Mit id soll im folgenden der identische Operator bezeichnet werden, der jedem Element dieses selbst als Bild zuordnet. Eine große Bedeutung besitzen Operatoren $\tilde{T}$ der Form

$$\tilde{T} = \text{id} - T,$$

wobei T ein kompakter Operator ist. Operatoren dieser Form haben folgende Eigenschaft:

Ist $\{x_n\}_{n=1,2,\ldots}$ eine beschränkte Folge, für die eine Teilfolge von $\{\tilde{T}x_n\}_{n=1,2,\ldots}$ konvergiert, so ist auch eine Teilfolge der Folge $\{x_n\}_{n=1,2,\ldots}$ selbst konvergent.

Der Beweis ergibt sich sofort aus der Tatsache, daß zunächst $\tilde{T} + T = \text{id}$ ist, so daß

$$\tilde{T}x_n + Tx_n = x_n \tag{21}$$

folgt. Wegen der Kompaktheit von T und wegen obiger Voraussetzung über $\{\tilde{T}x_n\}_{n=1,2,\ldots}$ kann man aber zu einer Teilfolge $\{x_{n_k}\}_{k=1,2,\ldots}$ übergehen, in der sowohl die $\tilde{T}x_{n_k}$ als auch die Tx_{n_k} bei $k \to \infty$ konvergieren. Schreibt man dann (21) für x_{n_k} anstatt für x_n auf, so folgt unmittelbar, daß die x_{n_k} bei $k \to \infty$ konvergieren.

Unter anderem durch Verwendung des soeben formulierten Auswahlprinzips werden wir im folgenden zeigen, daß für Operatoren der Form id $- T$, wo T kompakt ist, tatsächlich die Fredholmsche Alternative gilt. Genauer formuliert werden wir zeigen:

Satz. *Es sei $\mathscr{B}$ ein Banachraum und T ein linearer, beschränkter und kompakter Operator, der $\mathscr{B}$ in sich abbildet.*[1]) *Falls dann die homogene Gleichung*

$$x - Tx = \theta \tag{22}$$

---

[1]) Man kann sehr leicht zeigen, daß jeder lineare und kompakte Operator notwendig beschränkt sein muß.

nur die triviale Lösung $x = \theta$ zuläßt, so ist bei jeder Wahl von y in $\mathscr{B}$ die inhomogene Gleichung

$$x - Tx = y \qquad (23)$$

lösbar, und zwar eindeutig.

Setzt man id $- T = \tilde{T}$, so ist $x - Tx = (\text{id} - T) x = \tilde{T}x$. Da (22) voraussetzungsgemäß nur trivial lösbar sein soll, besteht der Nullraum von $\tilde{T}$ nur aus dem neutralen Element θ. Die behauptete Lösbarkeit von (23) bei jeder Wahl von y ist bewiesen, wenn gezeigt wird, daß der Bildraum von $\tilde{T}$ mit ganz $\mathscr{B}$ identisch ist. Da die Differenz von zwei Lösungen von (23) wegen der Linearität von T der homogenen Gleichung (22) genügt, muß diese Differenz das neutrale Element θ sein, womit dann auch die Eindeutigkeit der Lösung gezeigt ist. Bleibt also zu zeigen, daß der Bildraum von $\tilde{T}$ mit $\mathscr{B}$ identisch ist. Dieser Beweis wird in sechs Schritten geführt.

I. Der erste Beweisschritt besteht darin, einen allgemeinen Hilfssatz über lineare Teilräume eines Banachraumes zu beweisen. Dazu erwähnen wir zunächst den Begriff eines linearen Teilraumes:

Eine Teilmenge $\mathscr{B}_0$ eines Banachraumes $\mathscr{B}$ heißt *linearer Teilraum* von $\mathscr{B}$, wenn erstens jede Linearkombination zweier Elemente von $\mathscr{B}_0$ wieder zu $\mathscr{B}_0$ gehört, und wenn zweitens $\mathscr{B}_0$ abgeschlossen ist, also alle seine Häufungspunkte enthält. Der benötigte Hilfssatz lautet (vgl. Abb. 18):

Ist $\mathscr{B}_0$ ein echter Teilraum von $\mathscr{B}$, der also nicht mit ganz $\mathscr{B}$ identisch ist, gibt es wenigstens ein Element x_0 von $\mathscr{B}$ mit $\|x_0\| = 1$,

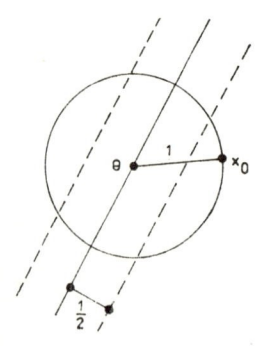

Abb. 18

9. Fredholmsche Alternative

so daß x_0 von allen zu $\mathscr{B}_0$ gehörenden Elementen x wenigstens den Abstand $\dfrac{1}{2}$ besitzt.

Um diese Aussage zu beweisen, sei x_1 ein beliebiges, nicht zu $\mathscr{B}_0$ gehörendes Element. Da das neutrale Element θ selbst zu $\mathscr{B}_0$ gehört, ist $x_1 \neq \theta$.

Es sei d der Abstand von x_1 und $\mathscr{B}_0$, also das Infimum aller Abstände von x_1 zu beliebig gewählten Elementen aus $\mathscr{B}_0$:

$$d = \inf_{x \in \mathscr{B}_0} \|x - x_1\|.$$

Dann ist notwendig $d > 0$. Andernfalls gäbe es nämlich eine Folge von Elementen in $\mathscr{B}_0$, deren Abstände zu x_1 gegen Null konvergierten. Diese Folge müßte mithin gegen x_1 konvergieren, so daß x_1 wegen der Abgeschlossenheit von $\mathscr{B}_0$ selbst zu $\mathscr{B}_0$ gehören müßte. Das widerspricht aber der Voraussetzung, daß x_1 nicht zu $\mathscr{B}_0$ gehört. Somit ist $d > 0$ gezeigt.

Aus der Definition von x_1 folgt

$$\|x - x_1\| \geq d > 0$$

für alle x von $\mathscr{B}_0$. Ist λ eine beliebige positive Zahl, so folgt hieraus

$$\|\lambda x - \lambda x_1\| \geq \lambda d$$

für alle x aus $\mathscr{B}_0$ und daher auch

$$\|x - \lambda x_1\| \geq \lambda d$$

für alle x aus $\mathscr{B}_0$, da mit x auch λx ganz $\mathscr{B}_0$ durchläuft.

Hat daher x_1 von $\mathscr{B}_0$ den Abstand d, so hat λx_1 von $\mathscr{B}_0$ mindestens den Abstand λd (der Abstand ist sogar genau gleich λd). Daher kann man ohne Beschränkung der Allgemeinheit annehmen, daß $d > \dfrac{1}{2}$ ist. Nun wähle man in $\mathscr{B}_0$ ein Element x_2, so daß

$$\|x_2 - x_1\| < d + \frac{1}{2} \tag{24}$$

ist. Weiter sei x_3 das auf der Verbindungsstrecke von x_1 und x_2 gelegene Element, das von x_1 den Abstand $d - \dfrac{1}{2}$ hat (vgl. Abb. 19). Wegen (24) ist dann aber der Abstand von x_2 und x_3 kleiner als 1:

$$\|x_2 - x_3\| < 1. \tag{25}$$

Da die Kugel um x_3 mit dem Radius $\frac{1}{2}$ ganz innerhalb der Kugel um x_1 mit dem Radius d liegt, hat x_3 von allen Elementen von $\mathscr{B}_0$ mindestens den Abstand $\frac{1}{2}$. Durchläuft t alle reellen Zahlen, so durchlaufen die Punkte

$$x_4(t) = x_3 + tx_2$$

eine Gerade im Banachraum $\mathscr{B}$. Alle Punkte x_4 haben von $\mathscr{B}_0$ den gleichen Abstand, und daher kann diese Gerade als zu $\mathscr{B}_0$ parallel bezeichnet werden.

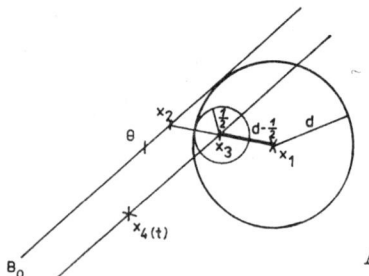

Abb. 19

Bei $t \to +\infty$ gilt $\|x_4(t)\| \to +\infty$. Für $t = -1$ ist $x_4(-1) = x_3 - x_2$ und wegen (25) also $\|x_4(-1)\| < 1$. Daher gibt es ein t_0, so daß

$$\|x_4(t_0)\| = 1$$

ist. Dieses Element $x_4(t_0)$ ist das gesuchte Element x_0.

II. Da T den Raum $\mathscr{B}$ in sich abbildet, hat auch $\tilde{T} = \text{id} - T$ diese Eigenschaft. Also kann man $\tilde{T}$ auch mehrfach hintereinander anwenden und bekommt immer wieder eine Abbildung von $\mathscr{B}$ in sich. Der durch k-malige Anwendung von $\tilde{T}$ entstehende Operator wird, wie in der Funktionalanalysis allgemein üblich, mit $\tilde{T}^k$ bezeichnet, sein Bildraum mit $\mathscr{W}_k$. Bei einmaliger Anwendung von $\tilde{T}$ wird der entstehende Bildraum also insbesondere mit $\mathscr{W}_1$ bezeichnet. Im Fall $k = 0$ ist $\tilde{T}^k$ definitionsgemäß die identische Abbildung, so daß $\mathscr{W}_0 = \mathscr{B}$ ist. Wie schon bemerkt, ist die Fredholmsche Alternative bewiesen, wenn auch $\mathscr{W}_1 = \mathscr{B}$ gezeigt ist. Im zweiten Beweisschritt zeigen wir zunächst, daß *jedes $\mathscr{W}_k$ ein linearer Teilraum von $\mathscr{B}$ ist.*

Wenn zwei Elemente y_1, y_2 zu $\mathscr{W}_k$ gehören, so gibt es Elemente

9. Fredholmsche Alternative

x_1, x_2 aus $\mathscr{B}$, so daß $y_1 = \tilde{T}^k x_1$, $y_2 = \tilde{T}^k x_2$ ist.[1]) Sind α_1, α_2 reelle Multiplikatoren, und beachtet man die Linearität von $\tilde{T}^k$, so folgt

$$\alpha_1 y_1 + \alpha_2 y_2 = \tilde{T}^k(\alpha_1 x_1 + \alpha_2 x_2),$$

so daß jede Linearkombination zweier zu $\mathscr{W}_k$ gehörender Elemente y_1, y_2 auch zu $\mathscr{W}_k$ gehört.

Es muß noch gezeigt werden, daß $\mathscr{W}_k$ abgeschlossen ist. Dazu sei y^* ein beliebiger Häufungspunkt von $\mathscr{W}_k$. Da $\tilde{T}^k$ das neutrale Element θ in sich überführt, wissen wir schon, daß θ zu $\mathscr{W}_k$ gehört; wir brauchen also nur noch den Fall $y^* \neq \theta$ zu betrachten. Nach Definition eines Häufungspunktes gibt es zu $\mathscr{W}_k$ gehörende Elemente y_n mit $y_n \to y^*$ bei $n \to +\infty$. Zu jedem y_n gibt es ein x_n aus B, so daß $y_n = \tilde{T}^k x_n$ ist. Da wegen $y^* \neq \theta$ auch $y_n \neq \theta$ für hinreichend große n ist, muß auch $x_n \neq \theta$ (für hinreichend große n) sein.

Wir wollen jetzt zeigen, daß die Normen aller x_n beschränkt sind. Andernfalls gäbe es nämlich eine Teilfolge $\{x_{n_j}\}_{j=1,2,...}$ mit

$$\|x_{n_j}\| \to +\infty \quad \text{bei} \quad j \to +\infty. \tag{26}$$

Sei

$$\xi_{n_j} = \frac{1}{\|x_{n_j}\|} x_{n_j},$$

also

$$\tilde{T}^k \xi_{n_j} = \frac{1}{\|x_{n_j}\|} \tilde{T}^k x_{n_j} = \frac{1}{\|x_{n_j}\|} y_{n_j}. \tag{27}$$

Wegen $x_{n_j} \to y^*$ ist auch $\|y_{n_j}\| \to \|y^*\|$, so daß bei Beachtung von (26) aus (27) bei $j \to +\infty$ sofort

$$\|\tilde{T}^k \xi_{n_j}\| \to 0$$

und daher auch

$$\tilde{T}^k \xi_{n_j} \to \theta \tag{28}$$

folgt.

Andererseits ist $\tilde{T}^k = (\mathrm{id} - T)^k$. Rechnet man das rechts stehende Produkt von Operatoren (nach der binomischen Formel) aus, so ergibt sich

$$\tilde{T}^k = \mathrm{id} - \text{kompakter Operator}. \tag{29}$$

---

[1]) Voraussetzungsgemäß besteht der Nullraum von $\tilde{T}$ nur aus θ. Daher enthält auch der Nullraum von $\tilde{T}^k$ nur das Element θ, und die Elemente x_1, x_2 sind folglich eindeutig bestimmt.

Hierbei wurde beachtet, daß jedes T^i kompakt ist; dies gilt deswegen, weil T als beschränkter Operator auch stetig ist (vgl. S. 88), so daß eine wegen der vorausgesetzten Kompaktheit von T konvergente Teilfolge der Bildfolge bei nochmaliger Anwendung von T wieder in eine konvergente Folge übergeführt wird.

Weiter folgt aus der Definition der ξ_{n_j} sofort, daß sie alle die Norm 1 besitzen, so daß sie insbesondere eine beschränkte Folge bilden. Wegen der Konvergenz (28) und wegen der Form (29) von $\tilde{T}^k$ ist das für Operatoren dieser Form gültige und auf S. 89 beschriebene Konvergenzprinzip anwendbar. Es liefert, daß eine Teilfolge $\{\xi_{n_{j_i}}\}_{i=1,2,\ldots}$ der Folge $\{\xi_{n_j}\}_{j=1,2,\ldots}$ selbst konvergent ist. Sei ξ_* das Grenzelement, so daß $\xi_{n_{j_i}} \to \xi_*$ bei $i \to +\infty$ gilt. Hieraus folgt jedoch $\tilde{T}^k \xi_{n_{j_i}} \to \tilde{T}^k \xi_*$. Vergleicht man mit (28), so sieht man, daß

$$\tilde{T}^k \xi_* = \theta$$

sein muß. Hieraus folgt aber $\xi_* = 0$, da der Nullraum von $\tilde{T}$ (und daher auch von $\tilde{T}^k$) nur aus θ besteht. Da andererseits aber alle $\xi_{n_{j_i}}$ die Norm 1 haben, können sie nicht gegen $\xi_* = \theta$ konvergieren. Mithin ist gezeigt, daß alle x_n beschränkte Normen besitzen.

Nach Wahl der y_n sind die $\tilde{T}^k x_n = y_n$ konvergent. Unter nochmaliger Beachtung der Form (29) von $\tilde{T}^k$ gibt es eine Teilfolge der x_n, diese sei $\{x_{n_l}\}_{l=1,2,\ldots}$, die selbst konvergiert:

$$x_{n_l} \to x_* \quad \text{bei} \quad l \to +\infty.$$

Hieraus folgt

$$\tilde{T}^k x_{n_l} \to \tilde{T}^k x_* \quad \text{bei} \quad l \to +\infty.$$

Da $\tilde{T}^k x_{n_l} = y_{n_l}$ und $y_{n_l} \to y^*$ bei $l \to +\infty$ gilt, muß

$$\tilde{T}^k x_* = y^*$$

sein. Diese Gleichung zeigt aber, daß y^* selbst zu $\mathscr{W}_k$ gehört. Damit ist auch die Abgeschlossenheit von $\mathscr{W}_k$ gezeigt, so daß $\mathscr{W}_k$ ein linearer Teilraum von $\mathscr{B}$ ist.

III. Im dritten Beweisschritt wollen wir zeigen:

Sind zwei aufeinanderfolgende Bildräume $\mathscr{W}_k$ und $\mathscr{W}_{k+1}$ gleich, so müssen auch alle danach folgenden $\mathscr{W}_{k+2}, \mathscr{W}_{k+3}, \ldots$ mit diesen beiden identisch sein.

Die zu $\mathscr{W}_{k+1}$ gehörenden Elemente y haben die Form $y = \tilde{T}^{k+1}x$. Da y dann aber auch in der Form $y = \tilde{T}^k(\tilde{T}x)$ geschrieben werden kann, gehört y ebenfalls zu $\mathscr{W}_k$, woraus sich zwischen den $\mathscr{W}_k$ die Beziehung

$$\mathscr{W}_0 \supset \mathscr{W}_1 \supset \mathscr{W}_2 \supset \mathscr{W}_3 \supset \ldots \tag{30}$$

ergibt.[1])

Um obige Behauptung zu beweisen, nehmen wir an, daß zwar $\mathscr{W}_k = \mathscr{W}_{k+1}$ sei, daß aber für ein gewisses $p \geq 1$ die Aussage $\mathscr{W}_{k+p} \neq \mathscr{W}_{k+p+1}$ gilt. Letzteres bedeutet, wenn man die Ineinanderschachtelung (30) beachtet, daß es ein zu $\mathscr{W}_{k+p}$ gehörendes y_0 gibt, das nicht auch zu $\mathscr{W}_{k+p+1}$ gehört. Als zu $\mathscr{W}_{k+p}$ gehörendes Element läßt sich y_0 in der Form

$$y_0 = \tilde{T}^{k+p}x_0$$

mit einem geeignet gewählten x_0 darstellen. Diese Darstellung kann man nun aber auch in der Form

$$y_0 = \tilde{T}^p(\tilde{T}^k x_0)$$

schreiben. Das hierin auftretende Element $\tilde{T}^k x_0$ gehört definitionsgemäß zu $\mathscr{W}_k$. Andererseits hatten wir vorausgesetzt, daß $\mathscr{W}_k$ mit $\mathscr{W}_{k+1}$ identisch ist. Demnach muß sich $\tilde{T}^k x_0$ auch in der Form $\tilde{T}^{k+1}\bar{x}_0$ mit einem geeignet gewählten Element $\bar{x}_0$ schreiben lassen. Damit erhält man aber

$$y_0 = \tilde{T}^p(\tilde{T}^{k+1}\bar{x}_0) = \tilde{T}^{k+p+1}\bar{x}_0,$$

was bedeutet, daß y_0 doch zu $\mathscr{W}_{k+p+1}$ gehören müßte. Damit ist, wie oben behauptet, gezeigt, daß aus der Gleichheit von $\mathscr{W}_k$ und $\mathscr{W}_{k+1}$ folgt, daß auch alle weiteren $\mathscr{W}_{k+2}, \mathscr{W}_{k+3}, \ldots$ mit diesen Räumen identisch sein müssen.

IV. Das in III. erhaltene Resultat ließe noch zu, daß in den Enthaltenseinsbeziehungen (30) die Räume $\mathscr{W}_k$ von Schritt zu Schritt tatsächlich immer kleiner werden. Aber auch das kann nicht sein. Wir wollen nämlich in dem jetzt folgenden vierten Beweisschritt zeigen, daß es eine ganze Zahl $\varkappa \geq 0$ geben muß, so daß $\mathscr{W}_\varkappa = \mathscr{W}_{\varkappa+1}$ ist, womit wegen III. dann

$$\mathscr{W}_\varkappa = \mathscr{W}_{\varkappa+1} = \mathscr{W}_{\varkappa+2} = \ldots$$

---

[1]) Die Enthaltenseinsbeziehung $\supset$ kann auch Gleichheit bedeuten.

gezeigt ist. Die Zahl $\varkappa$ soll dabei kleinstmöglich gewählt werden, so daß (falls $\varkappa \geq 1$ ist) der Raum $\mathscr{W}_{\varkappa-1}$ wirklich umfassender als $\mathscr{W}_{\varkappa}$ ist.

Die Existenz einer solchen Zahl $\varkappa$ zeigen wir indirekt: Gäbe es kein solches $\varkappa$, so wäre jedes $\mathscr{W}_{k+1}$ ein echter Teilraum von $\mathscr{W}_k$. Unter Anwendung von I. könnten wir dann aber in jedem $\mathscr{W}_k$ ein Element y_k mit $\|y_k\| = 1$ auswählen, das von dem linearen Teilraum $\mathscr{W}_{k+1}$ wenigstens den Abstand $\frac{1}{2}$ besitzt (um I. anwenden zu können, müssen wir beachten, daß alle $\mathscr{W}_k$ tatsächlich lineare Teilräume von $\mathscr{B}$ und damit auch voneinander sind; dies ist aber nach II. gesichert). Insgesamt erhalten wir eine Folge $\{y_k\}_{k=1,2,\ldots}$ von Elementen, wobei y_k in $\mathscr{W}_k$ und das nachfolgende Element y_{k+1} in $\mathscr{W}_{k+1}$ liegt. Da das Element y_k von ganz $\mathscr{W}_{k+1}$ mindestens den Abstand $\frac{1}{2}$ hat, hat y_k insbesondere von allen nachfolgenden Elementen $y_{k+1}, y_{k+2}, \ldots$ mindestens den Abstand $\frac{1}{2}$:

$$\|y_k - y_l\| \geq \frac{1}{2} \quad \text{für alle} \quad l > k.$$

Sind k und l fest gewählt mit $l > k$, so werde η definiert durch

$$\eta = Ty_l - Ty_k + y_k.$$

Wegen $\tilde{T} = \text{id} - T$, also $T = \text{id} - \tilde{T}$, ist auch

$$\eta = y_l - \tilde{T}y_l + \tilde{T}y_k.$$

Da y_k zu $\mathscr{W}_k$ gehört, gibt es ein x_k, so daß $y_k = \tilde{T}^k x_k$ ist. Analog gibt es zu y_l ein x_l mit $y_l = \tilde{T}^l x_l$. Damit ergibt sich für η die Darstellung

$$\begin{aligned}\eta &= \tilde{T}^l x_l - \tilde{T}^{l+1} x_l + \tilde{T}^{k+1} x_k \\ &= \tilde{T}^{k+1}(\tilde{T}^{l-k-1} x_l - \tilde{T}^{l-k} x_l + x_k).\end{aligned} \quad (31)$$

Wegen $l > k$ ist $l - k - 1 \geq 0$, so daß $\tilde{T}^{l-k-1}$ definiert ist. Aus der zweiten Zeile von (31) folgt daher, daß η zu $\mathscr{W}_{k+1}$ gehört. Da y_k nach Konstruktion von allen zu $\mathscr{W}_{k+1}$ gehörenden Elementen wenigstens den Abstand $\frac{1}{2}$ besitzt, ist insbesondere

$$\|y_k - \eta\| \geq \frac{1}{2}.$$

Beachtet man die Definition von η, so zeigt die letzte Abschätzung, daß auch

$$\|Ty_k - Ty_l\| \geq \frac{1}{2} \qquad (32)$$

für alle $l > k$ ist. Nun haben alle y_k die Norm 1, d. h., sie bilden eine beschränkte Folge. Da T kompakt ist, muß die Bildfolge $\{Ty_k\}_{k=1,2,\ldots}$ wenigstens eine konvergente Teilfolge enthalten. Das ist wegen (32) aber nicht möglich. Folglich kann unsere Annahme, daß die $\mathscr{W}_k$ bei wachsendem k immer kleiner werden, nicht richtig sein. Beginnend mit $\mathscr{W}_0 = \mathscr{B}$ werden die Räume $\mathscr{W}_k$ bei steigendem k also immer kleiner, bis man $\mathscr{W}_\varkappa$ erreicht hat; danach, also bei noch größerem k, verändern sich die Räume $\mathscr{W}_k$ nicht mehr.

V. Im vorletzten Beweisschritt betrachten wir die Gleichung

$$\tilde{T}^p x = y_0, \qquad (33)$$

wobei p eine natürliche Zahl ist. Diese Gleichung soll in $\mathscr{W}_\varkappa$ gelöst werden, wenn die rechte Seite y_0 selbst zu $\mathscr{W}_\varkappa$ gehört. Letzteres bedeutet, daß es ein x_0 gibt, so daß $y_0 = \tilde{T}^\varkappa x_0$ ist. Nach IV. ist insbesondere $\mathscr{W}_\varkappa = \mathscr{W}_{\varkappa+p}$, so daß y_0 auch zu $\mathscr{W}_{\varkappa+p}$ gehört und folglich auch in der Form $y_0 = \tilde{T}^{\varkappa+p}\tilde{x}_0$ mit einem geeignet zu wählenden $\tilde{x}_0$ dargestellt werden kann. Da man die letzte Gleichung auch in der Form

$$\tilde{T}^p(\tilde{T}^\varkappa \tilde{x}_0) = y_0$$

schreiben kann, ist

$$x = \tilde{T}^\varkappa \tilde{x}_0$$

eine zu $\mathscr{W}_\varkappa$ gehörende Lösung von (33). Voraussetzungsgemäß besteht der Nullraum von $\tilde{T}$ und damit auch von $\tilde{T}^p$ nur aus dem neutralen Element θ, so daß insgesamt gezeigt ist, daß die Gleichung (33) für rechte Seiten aus $\mathscr{W}_\varkappa$ eindeutig in $\mathscr{W}_\varkappa$ lösbar ist.

VI. Als Abschluß des Beweises zeigen wir, daß $\varkappa = 0$ sein muß. Wäre $\varkappa \geq 1$, so können wir y_1 in $\mathscr{W}_{\varkappa-1}$ so wählen, daß es nicht auch in $\mathscr{W}_\varkappa$ liegt. Nach Wahl von y_1 gibt es ein x_1, so daß

$$y_1 = \tilde{T}^{\varkappa-1} x_1 \qquad (34)$$

ist. Setzen wir $y_2 = \tilde{T}y_1 = \tilde{T}^\varkappa x_1$, so gehört y_2 also zu $\mathscr{W}_\varkappa$ und x_1 ist Lösung der Gleichung

$$\tilde{T}^\varkappa x = y_2. \tag{35}$$

Beachten wir nochmals, daß die Nullräume von $\tilde{T}$ und folglich aller $\tilde{T}^k$ nur aus dem neutralen Element θ bestehen, so kann die Gleichung (35) im ganzen Banachraum $\mathscr{B}$ nicht mehr als eine Lösung besitzen. Da (35) nach V. andererseits sogar in $\mathscr{W}_\varkappa$ lösbar ist, muß das als Lösung erkannte Element x_1 notwendig zu $\mathscr{W}_\varkappa$ gehören. Gehört aber x_1 zu $\mathscr{W}_\varkappa$, so muß es sich mit einem geeignet gewählten x_2 in der Form $x_1 = \tilde{T}^\varkappa x_2$ darstellen lassen. Beachten wir (34), so folgt

$$y_1 = \tilde{T}^{2\varkappa-1} x_2 = \tilde{T}^\varkappa (\tilde{T}^{\varkappa-1} x_2),$$

so daß y_1 in Widerspruch zu seiner Wahl doch in $\mathscr{W}_\varkappa$ liegen müßte. Durch diesen Widerspruch ist gezeigt, daß $\varkappa = 0$ sein muß. Das bedeutet aber, daß $\mathscr{W}_1$ mit $\mathscr{B}$ identisch sein muß, so daß die Fredholmsche Alternative (und zwar der Hauptfall) bewiesen ist.[1]

Der hier gegebene Beweis der Fredholmschen Alternative ist so allgemein, daß er nicht nur lineare algebraische Gleichungssysteme, sondern beispielsweise auch die Integralgleichung (2) erfaßt. Wir wollen uns überlegen, welche Schlußfolgerungen man aus dem soeben bewiesenen Hauptfall der Fredholmschen Alternative für die Integralgleichung (2) ziehen kann.

Die Integralgleichung (2) kann man in der Form

$$x - Tx = c$$

schreiben, wenn T der durch (19) definierte Integraloperator und c die Funktion mit den Werten $c(t)$ ist. Ist der erzeugende Kern $K(t, \tau)$ etwa stetig, so ist T ein kompakter Operator, der den Raum $\mathscr{C}[a, b]$ in sich abbildet. Daher ist auf die Integralgleichung (2) die Fredholmsche Alternative anwendbar, und man gelangt

---

[1] Die hier bewiesenen Eigenschaften der Räume $\mathscr{W}_k$ gelten auch, wenn der Nullraum von $\tilde{T}$ nicht nur aus dem neutralen Element θ besteht. Die Beweise sind dann leicht zu modifizieren, allerdings sind dann auch noch die Nullräume genauer zu untersuchen (vgl. F. RIESZ und B. Sz. NAGY, Vorlesungen über Funktionalanalysis, 3. Aufl., Berlin 1973). Falls der Nullraum von $\tilde{T}$ nicht nur aus θ besteht, so ist notwendig $\varkappa \geq 1$.

9. Fredholmsche Alternative

zu dem folgenden Resultat:

Besitzt die homogene Integralgleichung

$$x(t) - \int_a^b K(t, \tau)\, x(\tau)\, \mathrm{d}\tau = 0 \qquad (36)$$

nur die triviale Lösung $\bigl(x = x(t) = 0$ für alle $t\bigr)$, so ist die inhomogene Integralgleichung (2) bei jeder Wahl der rechten Seite $c(t)$ eindeutig lösbar.[1]

Die Fredholmsche Alternative stellt demnach ein Prinzip dar, Existenzbeweise zu führen. Ein konstruktives Verfahren zur tatsächlichen Berechnung der Lösungen liefert sie allerdings nicht. In diesem Zusammenhang erhebt sich natürlich die Frage, worin denn eigentlich der erkenntnistheoretische Nutzen der Fredholmschen Alternative, wie überhaupt von Existenzbeweisen, liegt. Er kann sicher nicht darin liegen, daß er die durch entsprechende mathematische Modellierung erfaßten Prozesse vorauszuberechnen gestattet. Der Nachweis der Existenz von Lösungen bzw. deren eindeutige Bestimmtheit ist aber erforderlich, wenn man nachweisen will, daß das gewählte Modell der objektiven Realität adäquat ist, d. h. den beschriebenen Prozeß richtig widerspiegelt.

Zum Abschluß unserer Ausführungen über die Fredholmsche Alternative noch einige Bemerkungen über weitere Verallgemeinerungsmöglichkeiten.

Erstens wollen wir nochmals betonen, daß wir nur den so-

---

[1] Beachtet man (20), so sieht man, daß die Norm des durch (19) definierten Integraloperators T durch

$$\|T\| \leq (b - a) \max_{a \leq t,\, \tau \leq b} |K(t, \tau)|$$

abgeschätzt werden kann (die Norm eines Operators T ist dabei die kleinste aller Konstanten K, mit denen $\|Tx\| \leq K \|x\|$ für alle x gilt.)
Ist $\|T\| < 1$, so kann man die Integralgleichung (2) bei jeder Wahl der rechten Seite eindeutig auch mittels der sogenannten Neumannschen Reihe lösen (vgl. hierzu etwa das in der Fußnote von S. 98 zitierte Buch von F. RIESZ und B. SZ. NAGY). Dieses Lösungsverfahren ist zwar konstruktiv (wie beispielsweise die dann ebenfalls anwendbare Methode der kontrahierenden Operatoren), erfordert aber eben die Voraussetzung $\|T\| < 1$. Die Fredholmsche Alternative zeigt dagegen, daß die Integralgleichung (2) bei beliebiger Norm $\|T\|$ stets eindeutig lösbar ist, wenn nur vorausgesetzt wird, daß die homogene Integralgleichung (36) nur die triviale Lösung $(x = x(t) = 0$ für alle $t)$ besitzt.

genannten Hauptfall der Fredholmschen Alternative behandelt haben, bei dem vorausgesetzt wird, daß die homogene Gleichung nur trivial lösbar ist. Hat dagegen die homogene Gleichung auch nichttriviale Lösungen, so hat jede zugehörige inhomogene Gleichung mehrere Lösungen, falls sie überhaupt lösbar ist. Diese Aussage ist unmittelbar einleuchtend, weil bei linearen Gleichungen die Summe einer speziellen Lösung der inhomogenen Gleichung und einer beliebigen Lösung der homogenen Gleichung stets wieder eine Lösung der inhomogenen Gleichung ist. Falls die homogene Gleichung auch nichttrivial lösbar ist, besteht das eigentliche Problem in der Entscheidung, für welche rechte Seiten die inhomogene Gleichung überhaupt Lösungen zuläßt. Im Fall des Systems (3) sind dafür die Gleichungen (7) und (10) hinreichend (und notwendig).

Daß ähnliche Bedingungen bei Integralgleichungen auftreten, wollen wir am Beispiel der inhomogenen Integralgleichung

$$x(t) - \int_0^1 x(\tau) \, d\tau = c(t)$$

zeigen. Die zugehörige homogene Gleichung

$$x(t) - \int_0^1 x(\tau) \, d\tau = 0$$

besitzt nichttriviale Lösungen, beispielsweise $x(t) = 1$ für alle t. Integrieren wir beide Seiten der inhomogenen Integralgleichung, so folgt

$$\int_0^1 x(t) \, dt - \int_0^1 x(\tau) \, d\tau = \int_0^1 c(t) \, dt,$$

so daß also notwendig

$$\int_0^1 c(t) \, dt = 0$$

sein muß, wenn die betrachtete inhomogene Integralgleichung wenigstens eine Lösung besitzt.

Es ist eine sehr erfreuliche Tatsache, daß sich die Lösbarkeitsbedingungen für inhomogene Gleichungen der Gestalt (23) in eine einheitliche Form bringen lassen, die auch den unendlich-dimen-

9. Fredholmsche Alternative

sionalen Fall erfaßt.[1]) Dazu muß man neben einer gegebenen Gleichung der Gestalt (23) im Banachraum $\mathscr{B}$ noch eine dazu *adjungierte* betrachten, die in dem sogenannten zu $\mathscr{B}$ dualen Raum definiert wird.[2]) Es zeigt sich dann, daß die inhomogene Gleichung (23) genau dann lösbar ist, wenn die rechte Seite y in einer bestimmten Beziehung zu den Lösungen der homogenen adjungierten Gleichung steht. Bezüglich genauer Formulierung und Beweis dieser Aussage sei der Leser auf weitergehende Literatur, z. B. auf das Buch von F. RIESZ und B. SZ. NAGY, verwiesen.[3]) Hier sei nur vermerkt, daß im Raum $\mathscr{B}$ die homogene Gleichung (22) und die zu ihr adjungierte Gleichung im dualen Raum stets dieselbe (endliche) Anzahl linear unabhängiger Lösungen besitzen. In anderer Sprechweise: Zum Nullraum des entsprechenden Operators gehört dieselbe endliche Anzahl linear unabhängiger Elemente wie zum Nullraum des adjungierten Operators. Der Bildraum des Operators kann ebenfalls durch endlich viele (unabhängige) Bedingungen charakterisiert werden. Falls die Voraussetzungen der Fredholmschen Alternative zutreffen, ist die Anzahl der linear unabhängigen Elemente des Nullraumes gleich der Anzahl unabhängiger Bedingungen für den Bildraum. Es gibt jedoch Fälle (die Voraussetzungen der Fredholmschen Alternative können dann natürlich nicht zutreffen), bei denen beide Anzahlen zwar endlich, jedoch voneinander verschieden sind. Die Differenz dieser beiden Anzahlen nennt man den *Index* des betrachteten Operators[4]).

---

[1]) Im Fall linearer Gleichungssysteme (bestehend aus endlich vielen Gleichungen) für endlich viele gesuchte Größen ist — wie in der linearen Algebra gezeigt wird — das inhomogene System genau dann lösbar, wenn der Rang der Koeffizientenmatrix gleich ist dem Rang derjenigen Matrix, die aus der Koeffizientenmatrix durch Hinzunahme der Spalte der rechten Seiten entsteht.

[2]) Statt von adjungierter spricht man auch von *transponierter, assoziierter* oder *dualer* Gleichung.

[3]) Vgl. die Fußnote auf S. 98).

[4]) Ist A ein Operator, der den Raum $\mathscr{B}_1$ in $\mathscr{B}_2$ abbildet, so wird der Nullraum von A (das ist die Gesamtheit aller $x \in \mathscr{B}_1$ mit $Ax = 0$) oft mit Ker A (= *Kern* der Abbildung A) bezeichnet. Versteht man unter Coker A den Faktorraum $\mathscr{B}_2/A(\mathscr{B}_1)$, so ist damit der Index von A durch

$$\dim \text{Ker } A - \dim \text{Coker } A$$

definiert. Bezeichnet man den zu A adjungierten Operator mit A^*,

Daher ist unter den Voraussetzungen der Fredholmschen Alternative der Index gleich Null.

Der Index kann schon bei linearen algebraischen Gleichungssystemen von Null verschieden sein, wenn die Anzahl der gesuchten Variablen von der Anzahl der Gleichungen verschieden ist. Betrachten wir zum Beispiel die Gleichung

$$x_1 - x_2 = c, \tag{37}$$

deren linke Seite als eine Abbildung des $\mathbb{R}^2$ in den $\mathbb{R}^1$ aufgefaßt wird. Der Nullraum dieser Abbildung besteht aus allen

$$(x_1, x_2) = (\lambda, \lambda),$$

wobei λ eine beliebige reelle Zahl ist. Daher ist die Anzahl linear unabhängiger Lösungen der Gleichung (37) im homogenen Fall ($c = 0$) gleich 1. Weiterhin ist unmittelbar klar, daß die Gleichung (37) bei jeder Wahl der rechten Seite c lösbar ist. Daher kann es keine Lösbarkeitsbedingungen geben, die an die rechte Seite c zu stellen wären. Der Index ist damit gleich $1 - 0 = 1$.

In dem zuletzt betrachteten Beispiel bildet der Operator den Ausgangsraum (das ist in diesem Fall die Ebene) auf eine Gerade, also auf einen davon verschiedenen Raum ab. Um ein Beispiel eines Operators mit von Null verschiedenem Index anzugeben für den Fall, daß der Ausgangsraum in sich abgebildet wird, betrachten wir die singuläre Integralgleichung

$$w(z) + \frac{1+z}{2\pi i} \int_{|\zeta|=1} \frac{w(\zeta) - w(z)}{\zeta - z} \, d\zeta = c(z), \tag{38}$$

wobei $c = c(z)$ eine auf der Einheitskreislinie ($|z| = 1$) gegebene und $w = w(z)$ eine dort gesuchte Funktion bedeuten. Beide Funktionen sind komplexwertig und werden *hölderstetig* vorausgesetzt. Das bedeutet, daß es eine feste Zahl α, $0 < \alpha < 1$, und für jede betrachtete Funktion $w = w(z)$ bzw. $c = c(z)$ eine zugehöriege Konstante H gibt, so daß

$$|w(\zeta) - w(z)| \leq H |\zeta - z|^\alpha$$

---

so kann man den Index von A auch durch

dim Ker A − dim Ker A^*

definieren.

9. Fredholmsche Alternative

gilt für je zwei Punkte der Einheitskreislinie. Setzt man die spezielle Funktion

$$w(z) = 1 + \frac{1}{z} \tag{39}$$

in die rechte Seite der Integralgleichung (38) ein, so folgt

$$1 + \frac{1}{z} + \frac{1+z}{2\pi i} \int\limits_{|\zeta|=1} \frac{\frac{1}{\zeta} - \frac{1}{z}}{\zeta - z}\, d\zeta$$

$$= 1 + \frac{1}{z} - \frac{1+z}{2\pi i} \frac{1}{z} \int\limits_{|\zeta|=1} \frac{1}{\zeta}\, d\zeta$$

$$= 1 + \frac{1}{z} - \frac{1+z}{2\pi i} \frac{1}{z} 2\pi i = 0.$$

Also ist die Funktion (39) eine Lösung der homogenen Integralgleichung $(c(z) = 0)$. Daher definiert die linke Seite von (38) einen Operator, für den die Anzahl linear unabhängiger Elemente im Nullraum wenigstens gleich 1 ist (wir bemerken, daß die linke Seite von (38) den Raum der auf der Einheitskreislinie hölderstetigen Funktionen in sich abbildet).

Andererseits wird bei jeder Wahl der rechten Seite $c = c(z)$ eine spezielle Lösung der inhomogenen Gleichung (38) durch

$$w(z) = c(z) + \frac{1}{2\pi i}\left(1 + \frac{1}{z}\right) \int\limits_{|\zeta|=1} \frac{c(\zeta) - c(z)}{\zeta - z}\, d\zeta$$

gegeben (ist $c = c(z)$ eine rationale Funktion in z, so kann man diese Behauptung durch direktes Einsetzen bestätigen; für beliebiges $c(z)$ benötigt man weitergehende Hilfsmittel der Theorie singulärer Integralgleichungen, vgl. dazu beispielsweise M. I. Muschelischwili, Singuläre Integralgleichungen, Berlin 1956). Die Aussage, daß die inhomogene Integralgleichung (38) bei jeder Wahl der rechten Seite lösbar ist, bedeutet, daß die rechte Seite keinerlei Lösbarkeitsbedingungen erfüllen muß. Der Index ist also mindestens gleich $1 - 0 = 1$. Man kann übrigens zeigen, daß der Index genau gleich 1 ist.

Der Begriff des Index ist nicht nur bei vielen Integraloperatoren, sondern beispielsweise auch bei elliptischen Differentialoperatoren[1]) bedeutsam (hierzu vgl. man z. B. L. HÖRMANDER, Linear partial differential operators, Berlin/Göttingen/Heidelberg 1963; russ. Übers.: Moskau 1965). Eine wichtige Aussage gilt auch für elliptische Differentialoperatoren auf Mannigfaltigkeiten[2]): Unter geeigneten Voraussetzungen über die Mannigfaltigkeit ist nach dem Index-Theorem von ATIYAH und SINGER der Index im oben definierten Sinne (dieser wird auch als *analytischer Index* bezeichnet) gleich einem sogenannten topologischen Index, der durch die Struktur (Gestalt) der Mannigfaltigkeit[3]) festgelegt wird. Das Aufdecken von Zusammenhängen zwischen dem (analytischen) Index eines Operators und der (topologischen) Struktur der betrachteten Mannigfaltigkeit gehört zu den Aufgaben der *globalen Analysis*. Der daran interessierte Leser sei beispielsweise auf das von R. S. PALAIS herausgegebene „Seminar on the Atiyah-Singer index theorem" (Princeton 1965, russ. Übers.: Moskau 1970) verwiesen.

Eine letzte Bemerkung über Verallgemeinerungsmöglichkeiten betrifft Gleichungen der Form

$$ax - Tx = c, \qquad (40)$$

wobei T ein linearer Operator sei, der einen gegebenen Funktionenraum in sich abbildet. Die gesuchten x sind beispielsweise reell- oder komplexwertige Funktionen mit der gleichen Definitionsmenge wie das gegebene c oder der ebenfalls gegebene (reell- oder komplexwertige) Koeffizient a. Ist überall $a = 1$, so geht (40) in die hier betrachteten Gleichungen (23) über (wobei in (23) die rechte Seite nur mit y anstatt mit c bezeichnet wurde). Die Gleichung (40) heißt von *erster Art*, wenn überall $a = 0$ ist. Ist überall $a \neq 0$, so heißt sie von *zweiter Art*, so daß im Sinne dieser Terminologie die Gleichung (23) von zweiter Art ist. Schließlich heißt die Gleichung von *dritter Art*, wenn a Nullstellen hat, ohne aber überall gleich Null zu sein. Es hat sich gezeigt, daß zur Lösung von Gleichungen dritter Art erforderlich ist, den Lösungs-

---

[1]) Der in Kapitel 14 betrachtete Laplace-Operator Δ ist ein Beispiel für elliptische Differentialoperatoren.

[2]) Mannigfaltigkeiten sind beispielsweise geschlossene Flächen im Raum.

[3]) Ist die Mannigfaltigkeit die Oberfläche einer Kugel, der p Henkel aufgesetzt sind, so kann die topologische Struktur beispielsweise durch die Anzahl p dieser Henkel charakterisiert werden.

begriff zu verallgemeinern (vgl. z. B. S. G. MICHLIN und S. PRÖSSDORF, Singuläre Integraloperatoren, Berlin 1980; bezüglich des Begriffs verallgemeinerter Lösungen bei partiellen Differentialgleichungen vgl. auch Kapitel 14, S. 169).

10. Lösbarkeit nichtlinearer Gleichungen in endlich-dimensionalen Räumen. Der Fixpunktsatz von Brouwer

Sei f eine auf dem durch $a \leq x \leq b$ definierten Intervall der x-Achse gegebene reellwertige und stetige Funktion, die das Intervall in sich abbilden soll. Letzteres bedeutet, daß auch $a \leq f(x) \leq b$ für jedes betrachtete x gilt. Einen Punkt x_0 nennt man *Fixpunkt* der Abbildung f, wenn er mit seinem Bild $f(x_0)$ übereinstimmt, d. h., wenn $f(x_0) = x_0$ gilt.

Definiert man nun durch

$$\varphi(x) = f(x) - x$$

eine weitere Funktion, so ist

$$\varphi(a) \geq 0 \quad \text{und} \quad \varphi(b) \leq 0.$$

Ist $\varphi(a) = 0$ oder $\varphi(b) = 0$, so ist $f(a) = a$ bzw. $f(b) = b$, so daß $x_0 = a$ bzw. $x_0 = b$ Fixpunkte von f sind. Andernfalls ist $\varphi(a) > 0$ und $\varphi(b) < 0$.

Da mit f auch φ stetig ist, muß φ nach dem Zwischenwertsatz wenigstens eine Nullstelle x_0 besitzen, so daß $\varphi(x_0) = 0$ und also $f(x_0) = x_0$ gilt. In allen Fällen gilt daher:

Bildet die stetige Funktion f das durch $a \leq x \leq b$ definierte Intervall der x-Achse in sich ab, so besitzt f wenigstens einen Fixpunkt.

Diese Aussage läßt sich in der folgenden Weise auf den n-dimensionalen euklidischen Raum $\mathbb{R}^n$ übertragen:

Ist $\mathcal{K}$ eine abgeschlossene Kugel des $\mathbb{R}^n$, so besitzt jede stetige Selbstabbildung f von $\mathcal{K}$ in sich wenigstens einen Fixpunkt (*Brouwerscher Fixpunktsatz*).

Ohne Beschränkung der Allgemeinheit kann man annehmen, daß der Mittelpunkt der Kugel der Ursprung $x = O$ des Koordinatensystems und der Radius der Kugel gleich 1 ist. Bezeichnet man den Abstand eines variablen Punktes x vom Ursprung (die

Norm) mit $\|x\|$, so wird $\mathcal{K}$ also durch $\mathcal{K} = \{x\colon \|x\| \leqq 1\}$ definiert.

Im folgenden soll für den Satz von BROUWER ein schöner Beweis gegeben werden, der rein analytisch ist und — im Gegensatz zu manchen anderen möglichen Beweisen — keine geometrischen Überlegungen erfordert. Dieser Beweis lehnt sich eng an eine von K. GRÖGER in den Mathematischen Nachrichten 102 (1981), 293—295, gegebene Beweisanordnung an.[1])

Diese benutzt neben dem Approximationssatz von WEIERSTRASS und STONE (vgl. Kapitel 6), dem Satz von der lokalen Umkehrbarkeit eines Funktionensystems bei nichtverschwindender Funktionaldeterminante und der Umrechnungsformel von räumlichen Integralen bei Koordinatenwechsel nur elementare Schlußweisen.

Der Nachweis der Existenz wenigstens eines Fixpunktes wird indirekt gezeigt, d. h., es wird ein Widerspruch hergeleitet aus der Annahme, daß eine die Voraussetzungen des Satzes erfüllende Abbildung keinen Fixpunkt besitzt. Dieser Widerspruch wird in drei Beweisschritten hergeleitet:

Im ersten wird eine Hilfsabbildung h definiert, falls f keinen Fixpunkt besitzt; im zweiten Schritt werden erforderliche Eigenschaften von h zusammengestellt; im dritten Beweisschritt schließlich wird h als Koordinatentransformation verwendet, und es wird dabei der gewünschte Widerspruch hergeleitet.

Erster Beweisschritt. Nehmen wir also an, daß f eine stetige Abbildung von $\mathcal{K}$ in sich sei, die keinen Fixpunkt besitzt. Für jedes x von $\mathcal{K}$ ist dann der Bildpunkt $f(x)$ von x verschieden, so daß es einen eindeutig bestimmten, in $f(x)$ beginnenden und durch x hindurchgehenden Strahl gibt. Sei $r(x)$ derjenige eindeutig bestimmte Punkt auf dem Rande $\partial \mathcal{K}$ von $\mathcal{K}$, in dem dieser Strahl die Kugel $\mathcal{K}$ verläßt (vgl. Abb. 20). Da $f(x)$ und folglich auch der Strahl stetig von x abhängt, hängt auch $r(x)$ stetig von x ab. Liegt x selbst auf dem Rand $\partial \mathcal{K}$, so ist $r(x) = x$, unabhängig davon, ob $f(x)$ im Innern von $\mathcal{K}$ oder etwa auch auf

---

[1]) Der hier gegebene Beweis ist wesentlich umfangreicher als der ursprüngliche Beweis von K. GRÖGER, da alle Beweisschritte ausführlich erläutert werden. — Ein Beweis des Brouwerschen Fixpunktsatzes, der dem von K. GRÖGER gegebenem ähnlich ist, wurde auch von C. A. RODGERS in Amer. Math. Monthly 87 (1980), 525—527, bzw. von H. HEUSER in seinem Buch „Funktionalanalysis" (Stuttgart 1975) gegeben.

10. Fixpunktsatz von BROUWER

dem Rand $\partial \mathcal{K}$ liegt. Damit erweist sich die durch $r(x)$ definierte Abbildung als eine stetige Abbildung der ganzen abgeschlossenen Kugel $\mathcal{K}$ auf den Rand $\partial \mathcal{K}$, wobei der Rand punktweise fest gelassen wird.[1])

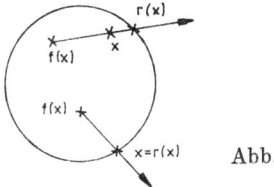

Abb. 20

Definiert man noch

$$r(x) = \frac{1}{\|x\|} x$$

für Punkte x außerhalb von $\mathcal{K}$ (für solche Punkte ist $\|x\| > 1$), so liefert $r(x)$ eine stetige Abbildung des ganzen $\mathbb{R}^n$ auf den Rand $\partial \mathcal{K}$ der Einheitskugel.

Auf diese Abbildung wird nun in der abgeschlossenen Kugel um $x = 0$ mit dem Radius 2 der Approximationssatz von WEIERSTRASS und STONE (vgl. Kapitel 6) angewandt. Nach diesem gibt es ein $p(x)$, dessen Komponenten Polynome in den Koordinaten $x_1, \ldots, x_n$ sind, so daß

$$\|r(x) - p(x)\| < 1$$

für alle x mit $\|x\| \leq 2$ gilt.

Im folgenden soll $p(x)$ außerhalb einer Kugel mit dem Mittelpunkt O und dem Radius $\frac{3}{2}$ so abgeändert werden, daß die Funktionswerte der abgeänderten Funktion außerhalb der Kugel mit dem Radius 2 gleich $r(x)$ sind, daß dabei aber die abgeänderte Funktion überall stetig differenzierbar ist. Dazu benötigen wir als Hilfsfunktion eine reellwertige und stetig differenzierbare Funktion $\lambda = \lambda(\tau)$ einer reellen Variablen τ, die für alle τ mit $\tau \leq \frac{3}{2}$ identisch 0 ist, die zwischen $\frac{3}{2}$ und 2 monoton von 0 auf 1 wächst und danach, d. h. für alle τ mit $\tau \geq 2$, den konstan-

---

[1]) Eine solche Abbildung wird auch als *Retrakt* bezeichnet.

ten Wert 1 annimmt. Zwischen $\frac{3}{2}$ und 2 versuchen wir diese Funktion als Polynom in τ anzusetzen. Damit das gesuchte $\lambda = \lambda(\tau)$ überall stetig differenzierbar ist, muß das gesuchte Polynom im Punkt $\tau = \frac{3}{2}$ den Wert 0, in $\tau = 2$ den Wert 1 und in beiden Punkten die Ableitung 0 besitzen. Somit sind vier Bedingungen zu erfüllen. Da ein Polynom dritten Grades vier Koeffizienten besitzt, kann man die gesuchte Funktion als Polynom dritten Grades wählen. Man bestätigt leicht, daß

$$-16\left(\tau - \frac{3}{2}\right)^2 \left(\tau - \frac{9}{4}\right)$$

das gesuchte Polynom ist. Da seine Ableitung ein Polynom zweiten Grades ist und folglich außer in $\tau = \frac{3}{2}$ und $\tau = 2$ keine weiteren Nullstellen haben kann, muß das angegebene Polynom zwischen $\tau = \frac{3}{2}$ und $\tau = 2$ tatsächlich (sogar im engeren Sinne) monoton wachsen. Setzt man daher

$$\lambda(\tau) = \begin{cases} 0 & \text{für } \tau \leq \frac{3}{2}, \\ -16\left(\tau - \frac{3}{2}\right)^2 \left(\tau - \frac{9}{4}\right) & \text{für } \frac{3}{2} \leq \tau \leq 2, \\ 1 & \text{für } \tau \geq 2, \end{cases}$$

so erhält man eine für alle reellen τ definierte, stetig differenzierbare Funktion, die zwischen $\frac{3}{2}$ und 2 monoton von 0 bis 1 wächst (vgl. Abb. 21). Mit deren Hilfe definieren wir nun, indem wir $\tau = \|x\|$ setzen, durch

$$q(x) = \lambda(\|x\|)\, r(x) + \bigl(1 - \lambda(\|x\|)\bigr)\, p(x) \tag{1}$$

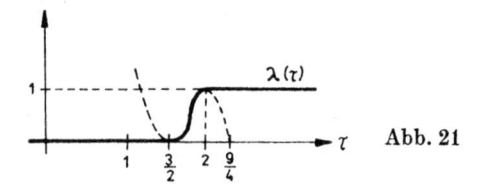

Abb. 21

10. *Fixpunktsatz von* BROUWER

eine ebenfalls im ganzen $\mathbb{R}^n$ definierte Funktion. Aus dieser Definition folgt sofort, daß für jedes x die Punkte $q(x)$ auf der Verbindungsstrecke von $r(x)$ und $p(x)$ liegen. Der Summand mit $\dot{r}(x)$ tritt nur dann auf, falls $\lambda(\|x\|) > 0$ ist; dies ist nur für x mit $\|x\| > \dfrac{3}{2}$ der Fall. Für solche x ist aber $r(x)$ stetig differenzierbar. Da auch $\|x\|$ für $x \neq O$ eine stetig differenzierbare Funktion ist, ist damit zunächst gezeigt, daß der erste Summand auf der rechten Seite von (1) stetig differenzierbar von x abhängt. Diese Eigenschaft hat aber auch der zweite Summand, da $p(x)$ definitionsgemäß im ganzen $\mathbb{R}^n$ stetig differenzierbar von x abhängt. Insgesamt hängt $q(x)$ im ganzen $\mathbb{R}^n$ stetig differenzierbar von x ab. Für alle x des $\mathbb{R}^n$ ist

$$\|r(x)\| = 1,$$

für x mit $\|x\| \geqq 2$ ist zusätzlich

$$q(x) = r(x) = \frac{1}{\|x\|} x. \tag{2}$$

Nun kann (1) auch in der Form

$$q(x) = r(x) - (1 - \lambda(\|x\|)) \cdot \big(r(x) - p(x)\big)$$

geschrieben werden, also folgt

$$\|q(x)\| \geqq 1 - \big(1 - \lambda(\|x\|)\big) \|r(x) - p(x)\|.$$

Da bei $\|x\| < 2$ sowohl $\|r(x) - p(x)\| < 1$ als auch $1 - \lambda(\|x\|) \geqq 0$ ist, folgt damit für diese x auch

$$\|q(x)\| > 1 - \big(1 - \lambda(\|x\|)\big) \cdot 1 = \lambda(\|x\|) \geqq 0,$$

so daß

$$q(x) \neq 0$$

auch bei $\|x\| < 2$ folgt. Daher kann für alle x

$$g(x) = \frac{q(2x)}{\|q(2x)\|}$$

definiert werden. Diese Funktion ist daher überall stetig differenzierbar, und es ist überall

$$\|g(x)\| = 1. \tag{3}$$

Wegen (2) gilt darüber hinaus bei $\|x\| = 1$

$$q(2x) = \frac{1}{\|2x\|}\, 2x = x,$$

also auch

$$g(x) = x. \tag{4}$$

Damit ist aber im ganzen $\mathbb{R}^n$ eine stetig differenzierbare Abbildung konstruiert worden, die die Punkte x des Randes $\partial\mathcal{K}$ in sich abbildet.

Ist nun noch t ein nichtnegativer reeller Parameter, so wird für jedes fest gewählte t durch

$$h(x, t) = x + t g(x) \tag{5}$$

schließlich noch eine weitere stetig differenzierbare Abbildung des $\mathbb{R}^n$ in sich definiert.

Zweiter Beweisschritt. Jetzt sollen fünf Eigenschaften der soeben definierten Abbildung h hergeleitet werden:

a) Ist $\|x\| < 1$, d. h., x ist aus dem Innern der Kugel $\mathcal{K}$, so ist wegen (3)

$$\|h(x, t)\| \leq \|x\| + t\| g(x)\| < 1 + t,$$

d. h., das Innere von $\mathcal{K}$ wird auf das Innere der Kugel $\mathcal{K}_{1+t}$ mit dem Mittelpunkt $x = 0$ und dem Radius $1 + t$ abgebildet.

b) Ist $\|x\| = 1$, d. h., liegt x auf dem Rand $\partial\mathcal{K}$ der Kugel $\mathcal{K}$, so ergibt sich unter Beachtung von (4)

$$h(x, t) = x + tx = (1 + t)\, x,$$

so daß der Rand $\partial\mathcal{K}$ von $\mathcal{K}$ durch h eineindeutig auf den Rand $\partial\mathcal{K}_{1+t}$ von $\mathcal{K}_{1+t}$ abgebildet wird.

c) Ebenso wie $x = (x_1, \ldots, x_n)$ sind auch g und h Vektoren:

$$g = (g_1, \ldots, g_n), \qquad h = (h_1, \ldots, h_n).$$

Schreibt man (5) komponentenweise auf, so ergibt sich

$$h_j(x, t) = x + t g_j(x).$$

Die Funktionaldeterminante

$$\frac{\partial(h_1, \ldots, h_n)}{\partial(x_1, \ldots, x_n)}$$

hat folglich die Gestalt

$$\begin{vmatrix} 1 + t\dfrac{\partial g_1}{\partial x_1} & t\dfrac{\partial g_1}{\partial x_2} & \cdots & t\dfrac{\partial g_1}{\partial x_n} \\ t\dfrac{\partial g_2}{\partial x_1} & 1 + t\dfrac{\partial g_2}{\partial x_2} & \cdots & t\dfrac{\partial g_2}{\partial x_n} \\ \vdots & \vdots & & \vdots \\ t\dfrac{\partial g_n}{\partial x_1} & t\dfrac{\partial g_n}{\partial x_2} & \cdots & 1 + t\dfrac{\partial g_n}{\partial x_n} \end{vmatrix} \quad (6)$$

Da g stetig differenzierbar ist, sind alle Ableitungen insbesondere auf der (abgeschlossenen) Kugel $\mathcal{K}$ beschränkt. Andererseits hat die Determinante (6) für $t = 0$ den Wert 1, so daß damit gezeigt ist, daß die Determinante (6) auch für hinreichend kleine t von Null verschieden ist. Ist nun y_0 irgendein Bildpunkt, den h im Innern von $\mathcal{K}$ annimmt, und ist x_0 ein zugehöriges Urbild, also $h(x_0) = y_0$, so folgt aus dem Nichtverschwinden der Funktionaldeterminante, daß alle y aus einer gewissen Umgebung von y_0 durch wenigstens ein x aus einer Umgebung von x_0 bei der Abbildung h realisiert werden. Letzteres bedeutet aber, daß bei hinreichend kleinem t das Bild vom Innern der Kugel $\mathcal{K}$ eine offene Punktmenge ist.

d) Zusätzlich zu der in a) nachgewiesenen Eigenschaft von h wird jetzt gezeigt, daß h das Innere von $\mathcal{K}$ auf das *ganze* Innere von $\mathcal{K}_{1+t}$ abbildet. Wäre dies nämlich nicht der Fall, so wäre das Bild des Innern von $\mathcal{K}$ nur ein echter Teil des Innern von $\mathcal{K}_{1+t}$. Es gäbe also auch wenigstens einen Randpunkt y^* der Bildmenge, der ganz im Innern von $\mathcal{K}_{1+t}$ läge. Als Randpunkt kann y^* durch Punkte y_k approximiert werden, die zum Bild gehören, d. h. zu denen jeweils wenigstens ein x_k aus dem Innern von $\mathcal{K}$ mit $h(x_k) = y_k$ existiert. Aus der Folge $x_1, x_2, \ldots$ wähle man nun eine konvergente Teilfolge $x_{k_1}, x_{k_2}, \ldots$ aus, die gegen ein x^* konvergiert. Daraus ergibt sich die Konvergenz der zugehörigen $y_{k_1}, y_{k_2}, \ldots$ gegen $h(x^*)$. Da die $y_{k_1}, y_{k_2}, \ldots$ aber auch gegen y^* konvergieren, muß $y^* = h(x^*)$ sein. Weil nach c) das Innere von $\mathcal{K}$ in eine offene Punktmenge übergeht, y^* aber zum Rand der Bildmenge gehört, kann x^* nicht zum Innern von $\mathcal{K}$ gehören. Andererseits kann x^* aber auch nicht auf dem Rand $\partial \mathcal{K}$ liegen, weil dessen Bildpunkte nach b) auf dem Rand der Kugel $\mathcal{K}_{1+t}$ liegen, während y^* aber im Innern der Kugel $\mathcal{K}_{1+t}$ liegen sollte. Damit ist insgesamt gezeigt, daß durch die Abbildung h jeder Punkt von $\mathcal{K}_{1+t}$ Bild wenigstens eines Punktes von $\mathcal{K}$ ist.

e) Als fünfte und letzte Eigenschaft von h wird schließlich gezeigt, daß — wieder bei hinreichend kleinem t — keine zwei voneinander verschiedenen Punkte $\bar{x}$ und $\hat{x}$ von $\mathcal{K}$ den gleichen Bildpunkt haben können. Haben nämlich zwei Punkte $\bar{x}, \hat{x}$ dasselbe Bild, so ist

$$h(\bar{x}, t) = h(\hat{x}, t), \quad \text{d. h.} \quad \bar{x} + tg(\bar{x}) = \hat{x} + tg(\hat{x})$$

und folglich auch

$$\bar{x} - \hat{x} = t\bigl(g(\hat{x}) - g(\bar{x})\bigr).$$

Schreibt man dies komponentenweise auf, so folgt

$$\bar{x}_j - \hat{x}_j = t\bigl(g_j(\hat{x}_1, ..., \hat{x}_n) - g_j(\bar{x}_1, ..., \bar{x}_n)\bigr).$$

Die auf der rechten Seite stehende Differenz wird nach dem Mittelwertsatz der Differentialrechnung in der Form

$$\sum_{\nu=1}^{n} \frac{\partial g_j}{\partial x_\nu}(...)\,(\bar{x}_\nu - \hat{x}_\nu)$$

geschrieben, wobei die Ableitungen in einem auf der Verbindungsstrecke von $\bar{x}$ und $\hat{x}$ liegendem Punkt zu nehmen sind.

Ist C eine Schranke der Beträge der Ableitungen $\dfrac{\partial g_j}{\partial x_\nu}$ in $\mathcal{K}$ und beachtet man

$$|\bar{x}_\nu - \hat{x}_\nu| \leq \|\bar{x} - \hat{x}\|,$$

so folgt

$$|\bar{x}_j - \hat{x}_j| \leq tnC\,\|\bar{x} - \hat{x}\|.$$

Damit folgt schließlich wegen

$$\sum_{j=1}^{n} |\bar{x}_j - \hat{x}_j|^2 = \|\bar{x} - \hat{x}\|^2$$

die Abschätzung

$$\|\bar{x} - \hat{x}\| \leq tn\sqrt{n}\,C\,\|\bar{x} - \hat{x}\|.$$

Bei hinreichend kleinem t ist diese Abschätzung jedoch nur möglich, wenn $\|\bar{x} - \hat{x}\| = 0$, d. h. $\bar{x} = \hat{x}$ ist.

Faßt man alle fünf Eigenschaften a) bis e) von h zusammen, so ist damit gezeigt:

Die Abbildung h ist im ganzen $\mathbb{R}^n$ definiert und stetig differenzierbar. Bei hinreichend kleinem t bildet sie die abgeschlossene Kugel $\mathcal{K}$ eineindeutig auf die Kugel $\mathcal{K}_{1+t}$ ab.

Dritter Beweisschritt. Die soeben hergeleiteten Eigenschaften von h reichen aus, um jetzt den angekündigten Widerspruch herzuleiten.

Das Volumen der Kugel $\mathcal{K}_{1+t}$ kann man zunächst als Raumintegral

$$\int\limits_{\mathcal{K}_{1+t}} 1 \cdot dy$$

schreiben. Beachtet man, daß $\mathcal{K}_{1+t}$ das eineindeutige Bild von $\mathcal{K}$ bei der Abbildung $y = h(x, t)$ ist, so kann man dieses Raumintegral auch in der Form

$$\int\limits_{\mathcal{K}} 1 \cdot \frac{\partial(h_1, \ldots, h_n)}{\partial(x_1, \ldots, x_n)} \, dx \tag{7}$$

schreiben. Aus der Darstellung (6) der im Integranden stehenden Funktionaldeterminante folgt, daß diese ein Polynom in t ist, wobei t^n die höchste auftretende t-Potenz ist und der Koeffizient von t^n gleich

$$\frac{\partial(g_1, \ldots, g_n)}{\partial(x_1, \ldots, x_n)}$$

ist. Setzt man dies in (7) ein, so folgt für das betrachtete Raumintegral die Darstellung

$$t^n \int\limits_{\mathcal{K}} \frac{\partial(g_1, \ldots, g_n)}{\partial(x_1, \ldots, x_n)} \, dx + \sum_{\nu=0}^{n-1} a_\nu t^\nu, \tag{8}$$

wobei die a_ν nicht weiter interessierende Konstanten sind, die sich übrigens ebenfalls als Integrale schreiben lassen (in deren Integranden die partiellen Ableitungen $\partial g_i / \partial x_j$ eingehen). Weiterhin ist der Radius von $\mathcal{K}_{1+t}$ gleich $1 + t$, so daß das Volumen gleich dem $(1 + t)^n$-fachen des Volumens von $\mathcal{K}$ ist. Das bedeutet, daß das Volumen auch in der Form

$$(1 + t)^n \int\limits_{\mathcal{K}} 1 \cdot dx \tag{9}$$

dargestellt werden kann. Auch (9) ist ein Polynom in t, wobei der Koeffizient von t^n gleich

$$\int_{\mathcal{K}} 1 \cdot dx$$

ist. Da (8) und (9) für alle (hinreichend kleinen) t-Werte gleich sind, müssen beide Polynome gleiche Koeffizienten besitzen, so daß insbesondere

$$\int_{\mathcal{K}} \frac{\partial(g_1, ..., g_n)}{\partial(x_1, ..., x_n)}\, dx = \int_{\mathcal{K}} 1 \cdot dx \neq 0 \qquad (10)$$

folgt. Andererseits ist $\|g(x)\| = 1$ für alle x, d. h., die Abbildung g bildet den ganzen Raum auf den Rand von $\mathcal{K}$ ab. Daher muß

$$\frac{\partial(g_1, ..., g_n)}{\partial(x_1, ..., x_n)} = 0 \qquad (11)$$

in allen Punkten sein, weil bei von Null verschiedener Funktionaldeterminante die Abbildung g umkehrbar sein müßte, d. h. auf eine volle Umgebung der entsprechenden Bildpunkte abbilden müßte. Die Gleichung (11) widerspricht aber der Ungleichung (10) womit der Brouwersche Fixpunktsatz bewiesen ist.

Wir bemerken schließlich noch, daß auch folgende allgemeinere Fassung des Brouwerschen Fixpunktsatzes gilt:

Ist $\mathcal{M}$ das eineindeutige und in beiden Richtungen stetige (also, wie man auch sagt, das topologische) *Bild einer Kugel, so besitzt jede stetige Abbildung f von $\mathcal{M}$ in sich wenigstens einen Fixpunkt.*

Diese Aussage läßt sich wie folgt auf den oben bewiesenen Brouwerschen Fixpunktsatz für Kugeln zurückführen:

Sei f die gegebene Abbildung der Mege $\mathcal{M}$ in sich, φ bilde die abgeschlossene Kugel $\mathcal{K}$ eineindeutig und umkehrbar stetig auf $\mathcal{M}$ ab (vgl. Abb. 22). Jedem y von $\mathcal{K}$ wird durch φ eineindeutig ein $x = \varphi(y)$ von $\mathcal{M}$ zugeordnet. Auf dieses wird die in $\mathcal{M}$ gegebene Abbildung f angewandt, so daß man zum Element $f(x) = f\bigl(\varphi(y)\bigr)$ von $\mathcal{M}$ kommt. Durch die ebenfalls stetige Umkehrung φ^{-1} von φ

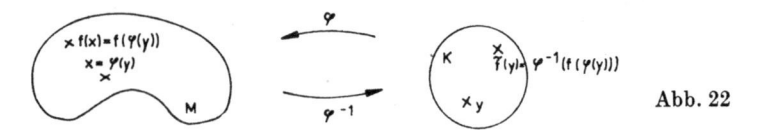

Abb. 22

10. Fixpunktsatz von BROUWER

wird dem Bildelement $f(\varphi(y))$ schließlich wieder ein Element $\varphi^{-1}(f(\varphi(y)))$ in $\mathcal{K}$ zugeordnet. Bezeichnet man dieses Element mit $\tilde{f}(y)$, so ist insgesamt eine Abbildung $\tilde{f}$ von $\mathcal{K}$ in sich definiert. Als Zusammensetzung $\tilde{f} = \varphi^{-1} \circ f \circ \varphi$ dreier stetiger Abbildungen ist $\tilde{f}$ selbst stetig und besitzt daher wenigstens einen Fixpunkt: Es gibt also wenigstens ein y in $\mathcal{K}$ mit $\tilde{f}(y) = y$, also mit $\varphi^{-1}(f(\varphi(y))) = y$ oder

$$f(\varphi(y)) = \varphi(y).$$

Setzt man $\varphi(y) = x$, so ist $f(x) = x$, d. h., x ist Fixpunkt von f.

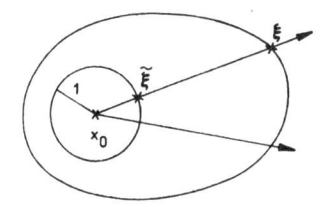

Abb. 23

Ein für Anwendungen wichtiger Spezialfall der soeben bewiesenen allgemeineren Fassung des Brouwerschen Fixpunktsatzes trifft auf Mengen $\mathcal{M}$ des $\mathbb{R}^n$ zu, die abgeschlossen, beschränkt und konvex[1]) sind (und wenigstens einen inneren Punkt besitzen). Man kann nämlich zeigen, daß sich solche Mengen eineindeutig und umkehrbar stetig auf abgeschlossene Kugeln abbilden lassen: Ist x_0 ein (nach Voraussetzung existierender) innerer Punkt von $\mathcal{M}$, so kann man leicht zeigen, daß jeder in x_0 beginnende Strahl den Rand von $\mathcal{M}$ in genau einem Randpunkt ξ schneidet und daß dieser Schnittpunkt ξ stetig vom Strahl abhängt. Bildet man nun auf jedem Strahl die Strecke zwischen x_0 und ξ linear auf die Strecke zwischen x_0 und $\tilde{\xi}$ ab, wobei $\tilde{\xi}$ auf demselben Strahl liegt und von x_0 den Abstand 1 besitzt, so wird dadurch $\mathcal{M}$ insgesamt eineindeutig und umkehrbar stetig auf die abgeschlossene Kugel von x_0 mit dem Radius 1 abgebildet (vgl. Abb. 23).

Damit ist gezeigt, daß der *Brouwersche Fixpunktsatz* insbesondere auch *für abgeschlossene, beschränkte und konvexe Mengen* von $\mathbb{R}^n$ gilt. Die oben formulierte und verwendete Behauptung bezüg-

---

[1]) Bekanntlich heißt eine Menge im $\mathbb{R}^n$ (oder allgemeiner in einem linearen Raum) *konvex*, wenn mit je zwei voneinander verschiedenen Punkten auch deren Verbindungsstrecke ganz in dieser Menge enthalten ist.

lich der stetigen Abhängigkeit des eindeutig bestimmten Randpunktes vom Strahl beweist man wie folgt:

Verbindet man einen auf dem Strahl gelegenen Randpunkt ξ mit allen Punkten einer Umgebung von x_0, so erhält man einen Kegel mit der Spitze in ξ (Abb. 24). Da alle zu diesem Kegel

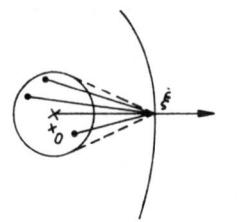

Abb. 24

gehörenden Strecken wegen der Konvexität von $\mathcal{K}$ zu $\mathcal{K}$ gehören, müssen alle zwischen x_0 und ξ gelegenen Punkte des Strahls innere Punkte von $\mathcal{K}$ sein. Aus diesem Grunde kann auf jedem Strahl nur ein Randpunkt liegen, so daß auch alle in Strahlrichtung hinter ξ kommenden Punkte außerhalb von $\mathcal{K}$ liegen müssen. Nun wird jeder Strahl durch denjenigen auf ihm liegenden Punkt $\tilde{\xi}$ charakterisiert, der von x_0 den Abstand 1 hat (vgl. Abb. 25). Der

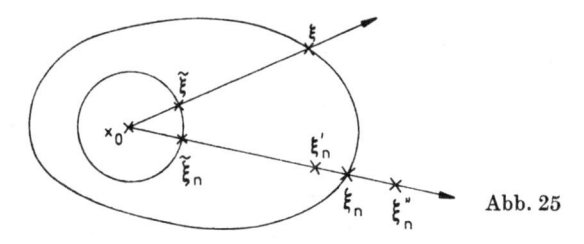

Abb. 25

Punkt ξ hängt stetig von $\tilde{\xi}$ ab: Andernfalls gäbe es nämlich eine Folge von Punkten $\tilde{\xi}_n$ mit $\tilde{\xi}_n \to \tilde{\xi}$, so daß die zugehörigen ξ_n nicht gegen ξ konvergierten. Für wenigstens eine Teilfolge $\{\xi_{n_k}\}_{k=1,2,\ldots}$ müßte dann aber $\xi_{n_k} \to \xi^* \neq \xi$ bei $k \to \infty$ gelten. Da alle ξ_n Randpunkte sind, kann man Punkte ξ'_n aus dem Innern und außerdem nicht zu $\mathcal{K}$ gehörende Punkte ξ''_n so wählen, daß diese von den ξ_n um weniger als $\dfrac{1}{n}$ entfernt sind. Das bedeutet aber auch $\xi'_{n_k} \to \xi^*$ und $\xi''_{n_k} \to \xi^*$ bei $k \to \infty$. Demzufolge muß aber ξ^* ein Randpunkt und folglich $\xi^* = \xi$ sein. Damit ist die behauptete stetige Abhängigkeit des Punktes ξ von $\tilde{\xi}$ bewiesen.

10. Fixpunktsatz von BROUWER

Bei Mengen, die nicht konvex und auch nicht topologisches Bild einer Kugel sind, braucht eine stetige Abbildung der Menge in sich nicht notwendig einen Fixpunkt zu besitzen. Dreht man beispielsweise einen konzentrischen Kreisring um einen zwischen 0 und 2π liegenden Winkel um den Mittelpunkt des Kreisringes, so besitzt die dadurch definierte Abbildung keinen Fixpunkt (vgl. Abb. 26).

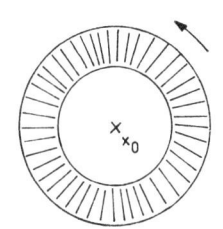

Abb. 26

Daß — auch unter den Voraussetzungen des Brouwerschen Fixpunktsatzes — *mehrere* Fixpunkte existieren können, zeigt das Beispiel einer Kreisscheibe, bei der alle Punkte durch senkrechte Orthogonalprojektion auf die Punkte einer durch den Mittelpunkt gehenden Strecke s abgebildet werden. Hierbei sind alle Punkte von s Fixpunkte (vgl. Abb. 27).

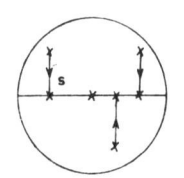

Abb. 27

Abschließend soll noch eine Anwendung des Brouwerschen Fixpunktsatzes auf nichtlineare algebraische Gleichungssysteme der Form

$$\sum_{i,j} a_{ij} x_1{}^i x_2{}^j = 0,$$
$$\sum_{i,j} b_{ij} x_1{}^i x_2{}^j = 0 \tag{12}$$

gegeben werden. Hierbei sind x_1 und x_2 zwei gesuchte reelle Variable; die Summationen sind über jeweils endlich viele Indexpaare (i, j) mit nichtnegativen i, j zu erstrecken, und die a_{ij} wie auch die b_{ij} seien (endlich viele) gegebene reelle Koeffizienten, wobei

$a_{10} \neq 0$ und $b_{01} \neq 0$ vorausgesetzt wird. Das System (12) kann man dann auch in der Form

$$x_1 = -\frac{1}{a_{10}} \sum_{(i,j) \neq (1,0)} a_{ij} x_1{}^i x_2{}^j,$$
$$x_2 = -\frac{1}{b_{01}} \sum_{(i,j) \neq (0,1)} b_{ij} x_1{}^i x_2{}^j \qquad (13)$$

schreiben. Damit ist (x_1, x_2) genau dann Lösung, wenn es Fixpunkt derjenigen Abbildung f ist, die jedem Punkt (x_1, x_2) der (x_1, x_2)-Ebene den durch die rechten Seiten von (13) definierten Bildpunkt (X_1, X_2) zuordnet. Falls es positive Zahlen r_1, r_2 so gibt, daß

$$\frac{1}{|a_{10}|} \sum_{(i,j) \neq (1,0)} |a_{ij}| r_1{}^i r_2{}^j \leq r_1$$

und

$$\frac{1}{|b_{01}|} \sum_{(i,j) \neq (0,1)} |b_{ij}| r_1{}^i r_2{}^j \leq r_2$$

ist, bildet f das (abgeschlossene) Rechteck

$$\mathcal{M} = \{(x_1, x_2) : |x_1| \leq r_1, |x_2| \leq r_2\}$$

in sich ab. Unter dieser (hinreichenden) Bedingung besitzt f nach dem Brouwerschen Fixpunktsatz wenigstens einen Fixpunkt in $\mathcal{M}$, und das ursprünglich gegebene Gleichungssystem (12) besitzt folglich auch wenigstens eine Lösung in $\mathcal{M}$.

Eine weitere Anwendung des Brouwerschen Fixpunktsatzes wird beim Beweis des Schauderschen Fixpunktsatzes gegeben werden, der seinerseits als Übertragung des Brouwerschen Fixpunktsatzes auf Banachräume angesehen werden kann.

11. Lösbarkeit nichtlinearer Gleichungen in unendlich-dimensionalen Räumen. Der Fixpunktsatz von Schauder

Viele Probleme der Anwendungen, die mit Hilfe der Mathematik gelöst werden sollen, lassen sich auf Aufgaben der folgenden Form zurückführen:

11. Fixpunktsatz von SCHAUDER

Es sind alle x zu bestimmen, die der Gleichung

$$x = Ax \qquad (1)$$

genügen. Dabei ist A ein Operator, der jedem x seiner Definitionsmenge $\mathcal{M}$ ein wieder in $\mathcal{M}$ liegendes Bildelement Ax zuordnet.

Im einfachsten Fall ist x eine Zahl und Ax ein Polynom $a_0 x^n + a_1 x^{n-1} + \cdots + a_{n-1} x + a_n$ in der Variablen x. Die Gleichung (1) zu lösen bedeutet dann nichts anderes, als alle x zu bestimmen, die der algebraischen Gleichung

$$x = a_0 x^n + a_1 x^{n-1} + \cdots + a_{n-1} x + a_n$$

genügen.

Ein weiteres wichtiges Beispiel für die Gleichung (1) erhält man, wenn x eine für $0 \leq t \leq T$ definierte stetige reellwertige Funktion $x = x(t)$ bedeutet und A der folgendermaßen definierte Operator ist: Ax bedeute die durch

$$c_0 + \int_0^t f\bigl(\tau, x(\tau)\bigr)\,d\tau \qquad (2)$$

definierte Funktion, wobei $f = f(t, x)$ eine für alle t mit $0 \leq t \leq T$ und für alle x definierte stetige reellwertige Funktion der beiden reellen Variablen t und x ist; c_0 ist eine Konstante. Bei dieser Wahl von A bedeutet die Gleichung (1), daß $x = x(t)$ Lösung der *Integralgleichung*

$$x(t) = c_0 + \int_0^t f\bigl(\tau, x(\tau)\bigr)\,d\tau \qquad (3)$$

ist. Setzt man in sie $t = 0$ ein, so folgt

$$x(0) = c_0, \qquad (4)$$

d. h., eine Lösung $x = x(t)$ erfüllt die Anfangsbedingung $x(0) = c_0$. Da ein Integral mit variabler oberer Grenze nach dieser differenziert werden kann, ergibt sich aus (3), daß jede ihrer Lösungen $x = x(t)$ nicht nur stetig, sondern auch stetig differenzierbar ist, wobei sich für die Ableitung

$$\frac{dx}{dt}(t) = f\bigl(t, x(t)\bigr) \qquad (5)$$

ergibt (dieser Wert ergibt sich sofort durch Anwendung des bekannten Hauptsatzes der Differential- und Integralrechnung).

Insgesamt ist damit gezeigt, daß sich bei der Wahl (2) für den Operator A die Lösungen der Gleichung $x = Ax$ als Lösungen des Anfangswertproblems (4) für die Differentialgleichung (5) erweisen.

Die beiden angegebenen Beispiele für die Gleichung (1) zeigen, daß sich unterschiedliche mathematische Aufgabenstellungen — einmal ist es das Lösen eines algebraischen Gleichungssystems, das andere Mal die Lösung des Anfangswertproblems für gewöhnliche Differentialgleichungen — auf eine einheitliche Form bringen lassen. Eine solche einheitliche Form hat allerdings nur dann einen tieferen Sinn, wenn zur Lösung der Gleichung (1) in dieser allgemeinen Form auch eine allgemeine Theorie entwickelt werden kann, die ein gemeinsames methodisches Herangehen in allen erfaßten Fällen gestattet und die nicht nur auf eine eklektische Aufzählung von Einzelresultaten für die in (1) zusammengefaßten einzelnen Gleichungstypen hinausläuft.

Eine Möglichkeit, die nicht nur lineare Gleichungen erfaßt, bietet die Deutung von (1) als *Fixpunktproblem*. Dabei werden für eine sehr allgemeine Behandlung der Gleichung (1) geometrische Vorstellungen herangezogen, die ihren Ausgangspunkt in der Drehung einer Punktmenge eines euklidischen Raumes (z. B. der Ebene) um einen fest gewählten Drehpunkt besitzen. Bei einer solchen Drehung gehen alle Punkte im allgemeinen in andere Punkte über, während der Drehpunkt in sich übergeht, also ein Fixpunkt ist. Eine solche Deutung kann man jeder Gleichung (1) geben, wenn man A als Abbildung einer Menge $\mathcal{M}$ in sich ansieht. Alle Lösungen x der Gleichung (1) (in $\mathcal{M}$) kann man als Fixpunkte von A auffassen, also als solche Elemente von $\mathcal{M}$, die durch A in sich übergehen, d. h. die bei der Abbildung A ungeändert bleiben.

Die Frage, ob die Gleichung (1) überhaupt Lösungen (in $\mathcal{M}$) besitzt, ist damit auf die Frage nach der Existenz von Fixpunkten bei der Abbildung A zurückgeführt.

Um zu Bedingungen zu kommen, die die Existenz von Fixpunkten sicherstellen, soll zunächst durch ein einfaches Beispiel gezeigt werden, daß die Existenz von Fixpunkten nicht nur von Eigenschaften der Abbildung A, sondern vielmehr auch von der Wahl der Menge $\mathcal{M}$ abhängt. Ist A nämlich die Drehung der ganzen Ebene um den Punkt P (wobei um einen vom ganzzahligen Vielfachen von 2π verschiedenen Winkel gedreht werden soll), so besitzt A in $\mathcal{M}_1$ genau einen Fixpunkt, wenn $\mathcal{M}_1$ eine Kreisscheibe mit dem Mittelpunkt P ist. Ist $\mathcal{M}_2$ ein konzentrischer

11. Fixpunktsatz von SCHAUDER

Kreisring um P, so geht auch $\mathscr{M}_2$ durch A in sich über; in $\mathscr{M}_2$ besitzt A aber keinen Fixpunkt, d. h. (1) ist dann in $\mathscr{M}_2$ nicht lösbar (vgl. Abb. 28).

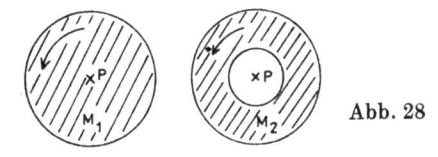

Abb. 28

Hinreichend allgemein ist es, wenn man als Raum, in dem die abzubildende Menge $\mathscr{M}$ liegt, einen Banachraum wählt. Unter einem *Banachraum* versteht man bekanntlich eine Menge $\mathscr{B}$ mit folgenden Eigenschaften:

a) Sie ist ein *linearer* Raum, d. h., je zwei Elemente x, y kann man addieren, und für jedes Element x und jede reelle (oder komplexe) Zahl α ist das Produkt αx erklärt, wobei die üblichen Rechenregeln (wie z. B. das Distributivgesetz $\alpha(x+y) = \alpha x + \alpha y$ und ähnliche Assoziativitäts- und Kommutativitätsgesetze) erfüllt sein sollen.

b) In $\mathscr{B}$ ist eine *Norm* erklärt, d. h., jedem Element x wird eindeutig eine nichtnegative reelle Zahl $\|x\|$ zugeordnet, wobei $\|x\| = 0$ genau dann ist, wenn x das Nullelement von $\mathscr{B}$ ist. Weiter sei $\|\alpha x\| = |\alpha| \cdot \|x\|$ und $\|x + y\| \leq \|x\| + \|y\|$.

c) Der Raum ist *vollständig*, d. h., jede Fundamentalfolge konvergiert.

Um die Begriffe „Fundamentalfolge" und „konvergente Folge" in einem Banachraum einführen zu können, benötigt man zunächst einen Abstandsbegriff (eine *Metrik*, wie man auch sagt). Ein solcher läßt sich aber sofort durch die Norm einführen, indem man für zwei Elemente x, y von $\mathscr{B}$ als *Abstand*

$$d(x, y) = \|x - y\|$$

definiert. Eine Folge $x_1, x_2, x_3, \ldots$ heißt *Fundamentalfolge*, wenn die Abstände je zweier Elemente x_k und x_l beliebig klein werden, wenn nur beide Indizes k und l hinreichend groß sind:

$$d(x_k, x_l) < \varepsilon \text{ für hinreichend große } k \text{ und } l.$$

Die *Vollständigkeit* von $\mathscr{B}$ bedeutet, daß jede Fundamentalfolge konvergent ist, d. h., daß es ein Element x^* des Raumes $\mathscr{B}$ gibt, zu dem die Abstände der x_k bei wachsendem k immer kleiner werden:

$$d(x_k, x^*) < \varepsilon \text{ für hinreichend große } k.$$

Der Limes einer konvergenten Folge ist (in jedem metrischen Raum) übrigens eindeutig bestimmt. Denn andernfalls gäbe es zwei voneinander verschiedene Elemente x^* und x^{**}, so daß alle x_k für hinreichend großes k sowohl von x^* als auch von x^{**} beliebig kleinen Abstand haben: $d(x_k, x^*) < \varepsilon$ und $d(x_k, x^{**}) < \varepsilon$. Dann müßte wegen $d(x^*, x^{**}) \leq d(x_k, x^*) + d(x_k, x^{**}) < \varepsilon + \varepsilon = 2\varepsilon$ auch der Abstand von x^* und x^{**} beliebig klein sein, was bei $x^* \neq x^{**}$ nicht möglich ist.

Für Formulierung und Beweis des Schauderschen Fixpunktsatzes benötigt man noch die Begriffe konvex, kompakt, relativ kompakt und total beschränkt, mit denen man Eigenschaften von Teilmengen eines Banachraumes $\mathscr{B}$ beschreiben kann.

Wie in einem euklidischen Raum heißt auch in einem Banachraum $\mathscr{B}$ eine Teilmenge $\mathscr{M}$ *konvex*, wenn mit je zwei Punkten x und y von $\mathscr{M}$ auch stets deren Verbindungsstrecke zu $\mathscr{M}$ gehört (vgl. Abb. 29; die Verbindungsstrecke von x und y besteht dabei aus allen Linearkombinationen $\lambda x + (1 - \lambda)y$, wenn λ ein zwischen 0 und 1 variierender reeller Parameter ist).

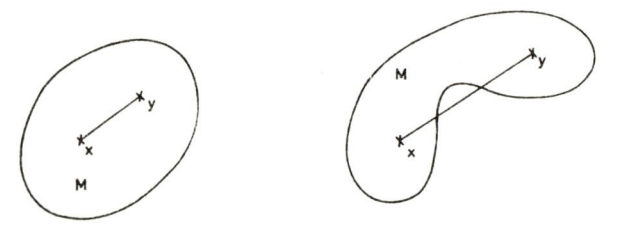

konvexe Menge   nicht konvexe Menge   Abb. 29

Ist eine Menge konvex, so enthält sie mit jeder Teilmenge auch deren konvexe Hülle. Die *konvexe Hülle* einer Menge ist dabei die kleinste abgeschlossene und konvexe Menge, die die gegebene Menge enthält. Die konvexe Hülle von zwei Punkten ist insbesondere die Verbindungsstrecke dieser Punkte; bei endlich vielen Punkten ist die konvexe Hülle das kleinste abgeschlossene und konvexe Polyeder, das diese endlich vielen Punkte enthält (vgl. Abb. 30). Man beweist übrigens leicht durch Induktion, daß

11. Fixpunktsatz von Schauder

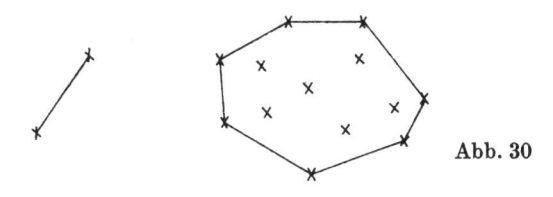

Abb. 30

die *konvexe Hülle endlich vieler Punkte* $\xi_1, \ldots, \xi_p$ *durch alle x der Form* $\sum\limits_{j=1}^{p} \lambda_j \xi_j$ *gegeben ist, wobei alle* $\lambda_j \geqq 0$ *und* $\sum\limits_{j=1}^{p} \lambda_j = 1$ *sein muß*:

Für $p = 2$ (Induktionsanfang) ist diese Aussage richtig, weil die konvexe Hülle zweier Punkte mit der Verbindungsstrecke dieser beiden Punkte identisch ist. Nehmen wir nun an, daß die Behauptung bereits für p Punkte bewiesen sei (Induktionsvoraussetzung), und betrachten wir $p + 1$ gegebene Punkte $\xi_1, \ldots, \xi_{p+1}$. Dann haben wir zweierlei zu zeigen: Erstens ist die durch

$$\xi = \sum_{j=1}^{p+1} \lambda_j \xi_j, \qquad \lambda_j \geqq 0, \qquad \sum_{j=1}^{p+1} \lambda_j = 1 \tag{6}$$

definierte Punktmenge konvex, zweitens enthält jede $\xi_1, \ldots, \xi_{p+1}$ enthaltende konvexe Punktmenge auch die durch (6) definierte Punktmenge (so daß (6) also die kleinste konvexe Punktmenge liefert, die $\xi_1, \ldots, \xi_{p+1}$ enthält). Wir beweisen zunächst die erstgenannte Behauptung. Dazu seien

und
$$\bar{\xi} = \sum_{j=1}^{p+1} \bar{\lambda}_j \xi_j, \qquad \bar{\lambda}_j \geqq 0, \qquad \sum_{j=1}^{p+1} \bar{\lambda}_j = 1$$
$$\hat{\xi} = \sum_{j=1}^{p+1} \hat{\lambda}_j \xi_j, \qquad \hat{\lambda}_j \geqq 0, \qquad \sum_{j=1}^{p+1} \hat{\lambda}_j = 1 \tag{7}$$

zwei spezielle, zu (6) gehörende Punkte. Dann wird deren Verbindungsstrecke durch

$$\mu \bar{\xi} + (1 - \mu) \hat{\xi}, \qquad 0 \leqq \mu \leqq 1,$$

gegeben. Diese Punkte sind wegen (7) aber in der Form

$$\sum_{j=1}^{p+1} \left(\mu \bar{\lambda}_j + (1 - \mu) \hat{\lambda}_j \right) \xi_j$$

darstellbar. Da auch

und
$$\mu \bar{\lambda}_j + (1 - \mu) \lambda_j \geqq 0$$

$$\sum_{j=1}^{p+1} \left(\mu \bar{\lambda}_j + (1 - \mu) \lambda_j \right) = \mu \cdot 1 + (1 - \mu) \cdot 1 = 1$$

ist, gehören alle Punkte der Verbindungsstrecke zu (6), so daß also (6) konvex ist.

Um die zweite Behauptung zu beweisen, betrachten wir eine beliebige konvexe Menge $\mathcal{M}$, die $\xi_1, \ldots, \xi_{p+1}$ enthält. Ist ξ ein beliebiger Punkt von (6) mit $\lambda_{p+1} < 1$, so kann (6) mit der Abkürzung $\sum_{j=1}^{p} \lambda_j = \mu$ in der Form

$$\xi = \mu \sum_{j=1}^{p} \frac{\lambda_j}{\mu} \xi_j + (1 - \mu) \xi_{p+1}$$

geschrieben werden, wobei $\mu > 0$ sein muß. Wegen $\sum_{j=1}^{p} \frac{\lambda_j}{\mu} = 1$ gehört der Punkt $\sum_{j=1}^{p} \frac{\lambda_j}{\mu} \xi_j$ aber zur konvexen Hülle von $\xi_1, \ldots, \xi_p$ und muß (nach Induktionsvoraussetzung) also auch zu der betrachteten konvexen Menge $\mathcal{M}$ gehören. Damit ist ein beliebiger Punkt ξ von (6) aber Punkt auf der Verbindungsstrecke der beiden zu $\mathcal{M}$ gehörenden Punkte $\sum_{j=1}^{p} \frac{\lambda_j}{\mu} \xi_j$ und ξ_{p+1}. Wegen der Konvexität von $\mathcal{M}$ muß jedes durch (6) definierte ξ also zu $\mathcal{M}$ gehören, so daß (6) in jeder konvexen Menge enthalten ist, die selbst $\xi_1, \ldots, \xi_{p+1}$ enthält (im Falle $\lambda_{p+1} = 1$ ist $\xi = \xi_{p+1}$, gehört also trivialerweise zu $\mathcal{M}$).

Damit ist die oben formulierte Behauptung über die konvexe Hülle endlich vieler Punkte in einem Banachraum vollständig bewiesen. Im folgenden sei $\mathcal{M}$ wieder eine beliebige Teilmenge eines Banachraumes $\mathcal{B}$.

Eine Teilmenge $\mathcal{M}$ von $\mathcal{B}$ heißt *relativ kompakt*, wenn jede zu $\mathcal{M}$ gehörende Folge wenigstens eine konvergente Teilfolge besitzt. Gehört dieser Limes stets zu $\mathcal{M}$, so heißt $\mathcal{M}$ *kompakt*.

Zwischen den Begriffen kompakt und relativ kompakt besteht dabei folgender Zusammenhang: Eine Menge ist genau dann kompakt, wenn sie relativ kompakt und abgeschlossen ist (abgeschlossen bedeutet, daß alle Häufungspunkte zur Menge gehören).

Um diese Charakterisierung kompakter Mengen zu beweisen, nehmen wir zuerst an, daß $\mathcal{M}$ kompakt sei. Es ist klar, daß $\mathcal{M}$

1. Fixpunktsatz von SCHAUDER

dann auch relativ kompakt ist. Um zu zeigen, daß $\mathcal{M}$ auch abgeschlossen ist, betrachten wir einen beliebigen Häufungspunkt x^* von $\mathcal{M}$. Es gibt dann Punkte x_k aus $\mathcal{M}$ mit immer kleinerem Abstand von x^*. Diese Punkte konvergieren also gegen x^*. Nach Definition der Kompaktheit folgt hieraus aber, daß der willkürlich gewählte Häufungspunkt x^* von $\mathcal{M}$ zu $\mathcal{M}$ gehören muß, so daß $\mathcal{M}$ abgeschlossen ist.

Umgekehrt sei $\mathcal{M}$ als relativ kompakt und abgeschlossen vorausgesetzt. Wäre $\mathcal{M}$ nicht kompakt, so müßte es wenigstens eine Folge von Punkten x_k in $\mathcal{M}$ geben, die zwar konvergiert, deren Limes x^* aber nicht zu $\mathcal{M}$ gehört. Hierin liegt aber bereits ein Widerspruch, denn x^* wäre Häufungspunkt von $\mathcal{M}$, müßte wegen der Abgeschlossenheit also doch zu $\mathcal{M}$ gehören.

Schließlich heißt $\mathcal{M}$ *total beschränkt*, wenn zu jedem positiven ε endlich viele Punkte $\xi_1, \ldots, \xi_p$ in $\mathcal{M}$ so angegeben werden können, daß jeder Punkt x von $\mathcal{M}$ von wenigstens einem ξ_j einen Abstand hat, der kleiner als ε ist (die endlich vielen Punkte $\xi_1, \ldots, \xi_p$ bilden dann, wie man auch sagt, ein *ε-Netz* in $\mathcal{M}$).

Für total beschränkte Mengen sollen nun noch die beiden folgenden Charakterisierungen bewiesen werden: Erstens ist eine Menge genau dann total beschränkt, wenn sie in endlich viele (nicht notwendig paarweise punktfremde) Teilmengen mit beliebig kleinen Durchmessern zerlegt werden kann. Zweitens ist eine Menge total beschränkt dann und nur dann, wenn sie relativ kompakt ist.

Nehmen wir zuerst an, daß eine Menge in endlich viele Teilmengen mit beliebig kleinen Durchmessern zerlegt werden kann. Dann wählen wir in jeder Teilmenge genau einen Punkt aus. Auf diese Weise erhalten wir endlich viele Punkte, und jeder Punkt von $\mathcal{M}$ ist von wenigstens einem von diesen um weniger als ε entfernt, wenn die Durchmesser der Teilmengen kleiner als ε sind.

Umgekehrt sei $\mathcal{M}$ total beschränkt. Ist $\varepsilon > 0$ beliebig gewählt, so wählen wir endlich viele Punkte $\xi_1, \ldots, \xi_p$ so in $\mathcal{M}$, daß jeder Punkt x von $\mathcal{M}$ von wenigstens einem ξ_j weniger als $\dfrac{\varepsilon}{3}$ entfernt ist. Ist dann $\mathcal{A}_j$ die Menge aller Punkte von $\mathcal{M}$, die von ξ_j um höchstens $\dfrac{\varepsilon}{3}$ entfernt sind, so ist $\mathcal{M}$ die Vereinigung aller dieser $\mathcal{A}_j$. Je zwei Punkte x, y aus $\mathcal{A}_j$ haben aber wegen

$$d(x, y) \leq d(x, \xi_j) + d(\xi_j, y) \leq \frac{\varepsilon}{3} + \frac{\varepsilon}{3} = \frac{2}{3}\varepsilon$$

einen Abstand, der höchstens gleich $\frac{2}{3}\varepsilon$ ist, so daß der Durchmesser jedes $\mathcal{A}_j$ kleiner als ε ist.

Insgesamt ist damit gezeigt, daß die erste Charakterisierung für total beschränkte Mengen zutrifft. Um auch die zweite Charakterisierung zu bestätigen, nehmen wir zunächst wieder an, daß $\mathcal{M}$ total beschränkt sei. Wendet man die bereits bewiesene erste Charakterisierung total beschränkter Mengen an, so gibt es zu jedem $\varepsilon = \frac{1}{k}$ eine Zerlegung von $\mathcal{M}$ in endlich viele Mengen $\mathcal{A}_{k1}, \ldots, \mathcal{A}_{ks_k}$, so daß jedes $\mathcal{A}_{kj}$, $j = 1, \ldots, s_k$, einen Durchmesser kleiner als $\frac{1}{k}$ hat.

Nun sei $\{x_\nu\}_{\nu=1,2,\ldots}$ irgendeine Folge in $\mathcal{M}$. Da in wenigstens einem $\mathcal{A}_{1j_1}$, $1 \leq j_1 \leq s_1$, unendlich viele x_ν liegen müssen, besitzt diese Folge wenigstens eine ganz in einem $\mathcal{A}_{1j_1}$ gelegene Teilfolge $\{x_{\nu_{1i}}\}_{i=1,2,\ldots}$. Von dieser soeben konstruierten Teilfolge müssen wieder in wenigstens einem $\mathcal{A}_{2j_2}$, $1 \leq j_2 \leq s_2$, unendlich viele $x_{\nu_{1i}}$ liegen; also gibt es wieder wenigstens eine Teilfolge $\{x_{\nu_{2i}}\}_{i=1,2,\ldots}$ von $\{x_{\nu_{1i}}\}_{i=1,2,\ldots}$, so daß alle Elemente dieser Teilfolge in einem $\mathcal{A}_{2j_2}$ liegen. Auf diese Weise fortfahrend, sei im k-ten Schritt bereits eine Teilfolge $\{x_{\nu_{ki}}\}_{i=1,2,\ldots}$ konstruiert worden. In wenigstens einem der $\mathcal{A}_{k+1, j_{k+1}}$, $1 \leq j_{k+1} \leq s_{k+1}$ müssen unendlich viele der $x_{\nu_{ki}}$ liegen, so daß es wenigstens eine Teilfolge $\{x_{\nu_{k+1,i}}\}_{i=1,2,\ldots}$ von $\{x_{\nu_{ki}}\}_{i=1,2,\ldots}$ geben muß, die ganz in einem $\mathcal{A}_{k+1, j_{k+1}}$ liegt.

Alle auf diese Weise konstruierten Teilfolgen werden als Zeile einer zweifach unendlichen Matrix geschrieben, wobei die jeweils darunter stehende Zeile die in oben beschriebener Weise konstruierte Teilfolge enthält:

$$\left\| \begin{array}{cccc} x_{\nu_{11}} & x_{\nu_{12}} & x_{\nu_{13}} & \cdots \\ x_{\nu_{21}} & x_{\nu_{22}} & x_{\nu_{23}} & \cdots \\ x_{\nu_{31}} & x_{\nu_{32}} & x_{\nu_{33}} & \cdots \\ \vdots & \vdots & \vdots & \ddots \end{array} \right\|.$$

Nun betrachte man die in der Diagonale stehende Folge

$$\{x_{\nu_{ii}}\}_{i=1,2,\ldots}$$

Für $i \geq i_0$ ist diese Folge Teilfolge der in der i_0-ten Zeile stehenden Folge $\{x_{\nu_{i_0 i}}\}_{i=1,2,\ldots}$ und folglich für $i \geq i_0$ ganz in einem $\mathcal{A}_{i_0 j_{i_0}}$

11. Fixpunktsatz von SCHAUDER

enthalten. Da der Durchmesser von jedem $\mathcal{A}_{i_0 j_0}$ nicht größer als $\frac{1}{i_0}$ ist, haben je zwei Elemente von $\mathcal{A}_{i_0 j_0}$ einen Abstand nicht größer als $\frac{1}{i_0}$. Demzufolge gilt auch für alle $i, j \geq i_0$ die Abschätzung

$$d(x_{\nu_{ii}}, x_{\nu_{jj}}) \leq \frac{1}{i_0}.$$

Das bedeutet aber, daß die konstruierte Diagonalfolge eine Fundamentalfolge ist. Da die Diagonalfolge auch Teilfolge der ursprünglich gegebenen Folge $\{x_\nu\}_{\nu=1,2,\ldots}$ ist, ist damit zu einer beliebig gewählten Folge in $\mathcal{M}$ die Existenz einer Teilfolge gezeigt, die Fundamentalfolge ist. Das bedeutet aber, daß die als total beschränkt vorausgesetzte Menge auch relativ kompakt ist.

Um die zweite Charakterisierung total beschränkter Mengen vollständig zu beweisen, muß noch gezeigt werden, daß eine relativ kompakte Menge stets auch total beschränkt ist. Dies soll indirekt gezeigt werden. Dazu nehmen wir an, daß $\mathcal{M}$ eine relativ kompakte Menge wäre, die nicht total beschränkt ist. Dann gäbe es wenigstens ein $\varepsilon_0 > 0$, so daß es bei jeder Wahl von endlich vielen Elementen $\xi_1, \ldots, \xi_s$ in $\mathcal{M}$ stets wenigstens noch ein x in $\mathcal{M}$ mit

$$d(x, \xi_j) \geq \varepsilon_0 \text{ für alle } j = 1, \ldots, s$$

gibt. Das bedeutet, daß es kein ε_0-Netz in $\mathcal{M}$ gibt.

Wenden wir nun diese Aussage an. Zunächst wählen wir völlig beliebig ein Element x_1 in $\mathcal{M}$. Da insbesondere dieses eine Element kein ε_0-Netz bilden kann, gibt es ein weiteres Element x_2 in $\mathcal{M}$ mit

$$d(x_2, x_1) \geq \varepsilon_0.$$

Nun können nach unserer Annahme auch x_1, x_2 kein ε_0-Netz bilden, so daß noch ein weiteres x_3 in $\mathcal{M}$ mit

$$d(x_3, x_1) \geq \varepsilon_0, \quad d(x_3, x_2) \geq \varepsilon_0$$

existieren muß, usw.

Hat man schließlich schon k Elemente $x_1, x_2, \ldots, x_k$ konstruiert, so beachte man, daß auch diese kein ε_0-Netz von $\mathcal{M}$ bilden können. Folglich muß es noch ein weiteres x_{k+1} in $\mathcal{M}$ geben mit

$$d(x_{k+1}, x_1) \geq \varepsilon_0, \ldots, d(x_{k+1}, x_k) \geq \varepsilon_0.$$

Insgesamt erhält man eine Folge $\{x_k\}_{k=1,2,...}$ in $\mathcal{M}$, die für beliebige k und l die Bedingung

$$d(x_k, x_l) \geq \varepsilon_0$$

erfüllt, falls $k \neq l$ ist. Diese Bedingung zeigt aber, daß keine Teilfolge der konstruierten Folge konvergieren kann. Das ist aber ein Widerspruch zu der vorausgesetzten relativen Kompaktheit von $\mathcal{M}$. Damit ist gezeigt, daß jede relativ kompakte Menge auch total beschränkt sein muß. Insgesamt ist damit auch die zweite Charakterisierung total beschränkter Mengen bewiesen.

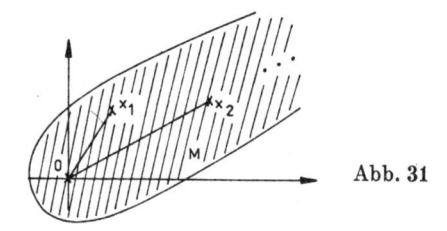

Abb. 31

Zum Abschluß dieser vorbereitenden Betrachtungen über Punktmengen im Banachraum wollen wir die eingeführten Begriffe auf (endlich-dimensionale) euklidische Räume anwenden. Ist $\mathcal{M}$ eine beschränkte Menge im $\mathbb{R}^n$, so besitzt bekanntlich jede Folge in $\mathcal{M}$ wenigstens eine konvergente Teilfolge. Daher sind beschränkte Mengen im $\mathbb{R}^n$ stets auch relativ kompakt. Andererseits kann eine relativ kompakte Menge $\mathcal{M}$ aber auch nicht unbeschränkt sein. Denn wäre $\mathcal{M}$ unbeschränkt, so konstruiere man wie folgt eine Folge in $\mathcal{M}$: Das erste Element x_1 wähle man beliebig. Dann sei x_2 ein Element, das vom Ursprung O der $\mathbb{R}^n$ wenigstens um 1 weiter entfernt als x_1 ist (vgl. Abb. 31). Sind bereits k Elemente $x_1, ..., x_k$ gewählt, so wähle man ein x_{k+1}, das vom Nullpunkt wenigstens um 1 weiter entfernt als x_k ist. Die erhaltene Folge besitzt keine einzige konvergente Teilfolge, da stets

$$d(x_{k+1}, x_k) \geq d(x_{k+1}, 0) - d(x_k, 0) \geq 1$$

ist. Die Existenz einer solchen Folge — sie folgte aus der angenommenen Unbeschränktheit von $\mathcal{M}$ — widerspricht aber der vorausgesetzten relativen Kompaktheit von $\mathcal{M}$. Das bedeutet: Im $\mathbb{R}^n$ bedeuten Beschränktheit und relative Kompaktheit dasselbe.

11. Fixpunktsatz von SCHAUDER

Da nach der oben bewiesenen zweiten Charakterisierung von total beschränkten Mengen aber relativ kompakte Mengen stets auch total beschränkt und umgekehrt sind, ist damit auch noch gezeigt:

Im $\mathbb{R}^n$ bedeuten Beschränktheit und totale Beschränktheit dasselbe.

Beachtet man weiterhin, daß in einem Banachraum eine Menge genau dann kompakt ist, wenn sie relativ kompakt und abgeschlossen ist (auch das wurde oben bewiesen), so ergibt sich für den $\mathbb{R}^n$ auch noch folgende Aussage:

Eine Menge im $\mathbb{R}^n$ ist kompakt genau dann, wenn sie abgeschlossen und beschränkt ist.

Der Schaudersche Fixpunktsatz besagt:[1])

Ist $\mathcal{M}$ eine konvexe und kompakte Teilmenge eines Banachraumes, und ist f eine stetige Abbildung von $\mathcal{M}$ in sich, so besitzt f wenigstens einen Fixpunkt in $\mathcal{M}$.

Der Beweis des Schauderschen Fixpunktsatzes besteht aus drei Teilen: Im ersten Teil wird zu jedem $\varepsilon > 0$ die Abbildung f durch eine Näherungsabbildung f_ε ersetzt, die sich überall von der gegebenen Abbildung um weniger als ε unterscheidet, die aber die gegebene Menge $\mathcal{M}$ auf eine endlich-dimensionale Bildmenge abbildet. Im zweiten Teil des Beweises wird gezeigt, daß die Näherungsabbildungen f_ε Fixpunkte besitzen. Der Abschluß des Beweises besteht schließlich darin, daß aus Fixpunkten der Näherungsabbildungen f_ε bei immer kleiner werdenden ε ein Fixpunkt von f konstruiert wird.

Den ersten Teil des Beweises beginnen wir damit, daß wir bedenken, daß eine kompakte Menge auch relativ kompakt und damit auch total beschränkt ist. Zu jedem $\varepsilon > 0$ gibt es daher ein ε-Netz

$$\{\xi_1, \ldots, \xi_p\}$$

---

[1]) Der Schaudersche Fixpunktsatz gilt speziell auch für endlich-dimensionale Räume. Für diese ist er mit dem Fixpunktsatz von BROUWER identisch. Der Beweis des Schauderschen Fixpunktsatzes baut aber auf dem Brouwerschen auf, so daß mit dem hier gegebenen Beweis des Schauderschen Fixpunktsatzes nicht gleich auch der Brouwersche Fixpunktsatz mitbewiesen ist.

in $\mathcal{M}$. Da für alle $x \in \mathcal{M}$ die Bildpunkte $f(x)$ voraussetzungsgemäß auch zu $\mathcal{M}$ gehören, gibt es zu jedem $x \in \mathcal{M}$ wenigstens ein j, $1 \leq j \leq p$, daß

$$\|f(x) - \xi_j\| < \varepsilon$$

ist. Definiert man

$$a_j(x) = \max_j \, (\varepsilon - \|f(x) - \xi_j\|, 0),$$

so ist daher $a_j(x) > 0$ für wenigstens ein j. Also gilt

$$\sum_{j=1}^{p} a_j(x) > 0$$

für alle x. Sei nun

$$\lambda_j(x) = a_j(x) \Big/ \sum_{j=1}^{p} a_j(x)$$

und

$$f_\varepsilon(x) = \sum_{j=1}^{p} \lambda_j(x) \, \xi_i.$$

Da $f(x)$ und $\|f(x) - \xi_j\|$ stetig von x abhängen, hängen $a_j(x)$, $\lambda_j(x)$ und $f_\varepsilon(x)$ stetig von x ab. Wegen

$$\sum_{j=1}^{p} \lambda_j(x) = 1$$

gehören alle $f_\varepsilon(x)$ zur konvexen Hülle von $\xi_1, \ldots, \xi_p$, also bildet f_ε insbesondere in einen endlich-dimensionalen Teilraum ab. Aus der Definition von $a_j(x)$ folgt unmittelbar, daß $a_j(x) = 0$ und folglich $\lambda_j(x) = 0$ ist, falls $\|f(x) - \xi_j\| \geq \varepsilon$ ist. Daher kann $\lambda_j(x) \neq 0$ nur sein, falls $\|f(x) - \xi_j\| < \varepsilon$ ist. Bezeichnet man nun mit $\sum_{j=1}^{p}{}^{*}$ die Summation über diejenigen j, für die $\lambda_j(x) > 0$ ist, so folgt schließlich

$$\|f(x) - f_\varepsilon(x)\| = \left\| \sum_{j=1}^{p} \lambda_j(x) \left(f(x) - \xi_j\right) \right\|$$

$$\leq \sum_{j=1}^{p} |\lambda_j(x)| \cdot \|f(x) - \xi_j\|$$

$$\leq \sum_{j=1}^{p}{}^{*} \lambda_j(x) \cdot \varepsilon \leq \varepsilon.$$

11. Fixpunktsatz von SCHAUDER

Die Näherungsabbildung f_ε verschiebt die Bildpunkte $f(x)$ also tatsächlich höchstens um ε. Damit ist der erste Teil des Beweises abgeschlossen.

Der zweite Teil des Beweises besteht nun im Nachweis der Tatsache, daß die Näherungsabbildungen f_ε für jedes $\varepsilon > 0$ wenigstens einen Fixpunkt besitzen. Dazu bezeichnen wir die konvexe Hülle der Punkte $\xi_1, \ldots, \xi_p$, die ein ε-Nezt bilden, mit $\widetilde{\mathcal{M}}$ (vgl. Abb. 32). Im ersten Teil des Beweises wurde bereits ge-

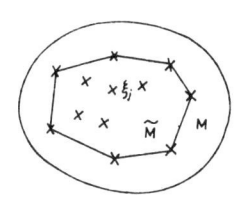

Abb. 32

zeigt, daß für jedes $x \in \mathcal{M}$ die Bildpunkte $f_\varepsilon(x)$ zu der konvexen Hülle $\widetilde{\mathcal{M}}$ von $\xi_1, \ldots, \xi_p$ gehören. Da $\mathcal{M}$ konvex ist, muß $\widetilde{\mathcal{M}}$ insbesondere auch zu $\mathcal{M}$ gehören. Damit ist f_ε eine insbesondere auf $\widetilde{\mathcal{M}}$ definierte Abbildung, die $\widetilde{\mathcal{M}}$ in sich abbildet. Da $\widetilde{\mathcal{M}}$ die konvexe Hülle endlich vieler Punkte ist, kann man $\widetilde{\mathcal{M}}$ als konvexe Punktmenge in einem euklidischen Raum deuten. Wendet man den Brouwerschen Fixpunktsatz an, so ergibt sich die Existenz wenigstens eines Fixpunktes. Deutet man diesen wieder als Punkt x_ε in der Menge $\widetilde{\mathcal{M}}$ des betrachteten Banachraumes, so ist zu jedem $\varepsilon > 0$ damit insgesamt die Existenz wenigstens eines x_ε in $\widetilde{\mathcal{M}}$ (und damit in $\mathcal{M}$) gezeigt, so daß

$$f_\varepsilon(x_\varepsilon) = x_\varepsilon$$

ist.

Der dritte Teil des Beweises besteht nun darin, einen Fixpunkt für die ursprünglich gegebene stetige Abbildung f zu konstruieren. Dazu sei x_k Fixelement von f_ε bei $\varepsilon = \dfrac{1}{k}$, also $f_\varepsilon(x_k) = x_k$. Beachtet man weiter, daß nach dem ersten Teil des Beweises stets

$$\|f(x) - f_\varepsilon(x)\| \leqq \varepsilon$$

gilt, so folgt insbesondere

$$\|f(x_k) - x_k\| = \|f(x_k) - f_\varepsilon(x_k)\| \leqq \frac{1}{k}.$$

Voraussetzungsgemäß ist $\mathscr{M}$ kompakt, so daß man zu der konstruierten Folge $\{x_k\}_{k=1,2,...}$ eine konvergente Teilfolge $\{x_{k_i}\}_{i=1,2,...}$ angeben kann. Sei x^* der Limes dieser Teilfolge. Wegen der Stetigkeit von f ist

$$f(x_{k_i}) \to f(x_*) \quad \text{bei} \quad i \to \infty.$$

Daher ist

$$\|f(x^*) - x^*\| = \lim_{i \to \infty} \|f(x_{k_i}) - x_{k_i}\|.$$

Da aber $\|f(x_{k_i}) - x_{k_i}\| \leq \dfrac{1}{k_i}$ ist, folgt

$$\|f(x^*) - x^*\| = 0,$$

so daß x^* der gesuchte Fixpunkt von f ist.

Die bisher angegebene Form des Satzes von SCHAUDER ist für Anwendungen noch nicht völlig zufriedenstellend, da die zugrunde liegende Menge $\mathscr{M}$, in der eine Lösung der Operatorgleichung $f(x) = x$ gesucht wird, kompakt vorausgesetzt wird. Ist $\mathscr{B}$ ein Banachraum und $\mathscr{M}$ beispielsweise die durch

$$\{x \in \mathscr{B} : \|x - x_0\| \leq R\} \tag{8}$$

definierte Kugel, so ist $\mathscr{M}$ zwar abgeschlossen, beschränkt und konvex, im allgemeinen aber — wenn $\mathscr{B}$ nicht endlich-dimensional ist — nicht kompakt. Der Schaudersche Fixpunktsatz ist daher zunächst auf die durch (8) definierte Menge nicht anwendbar. Um auf die für die Anwendbarkeit der obigen Form des Schauderschen Fixpunktsatzes erforderliche Kompaktheit schließen zu können, hat sich das folgende, von MAZUR stammende Lemma als außerordentlich bedeutsam erwiesen:

Die konvexe Hülle einer relativ kompakten Menge ist stets kompakt.

Wir beweisen zunächst dieses Lemma. Sei $\mathscr{M}_1$ eine gegebene relativ kompakte Menge. Da eine Menge genau dann relativ kompakt ist, wenn sie total beschränkt ist, gibt es zu vorgegebenem $\varepsilon > 0$ in $\mathscr{M}_1$ insbesondere ein $\dfrac{\varepsilon}{3}$-Netz, es gibt also endlich viele Punkte $\eta_1, \ldots, \eta_s$ in $\mathscr{M}_1$, so daß jeder Punkt von $\mathscr{M}_1$ von wenigstens einem η_j um weniger als $\dfrac{\varepsilon}{3}$ entfernt ist. Nun sei $\mathscr{M}_2$ (vgl. Abb. 33) die konvexe Hülle dieser endlich vielen Punkte $\eta_1, \ldots, \eta_s$.

11. Fixpunktsatz von SCHAUDER

Diese Menge $\mathscr{M}_2$ liegt in dem von $\eta_1, \ldots, \eta_s$ aufgespannten Teilraum des zugrunde gelegten Banachraumes. Andererseits ist $\mathscr{M}_2$ beschränkt. Als beschränkte Menge eines endlich-dimensionalen Raumes ist $\mathscr{M}_2$ natürlich auch total beschränkt, es gibt also insbesondere ein $\frac{\varepsilon}{3}$-Netz $\xi_1, \ldots, \xi_r$ in $\mathscr{M}_2$ d. h., jeder Punkt von $\mathscr{M}_2$ ist von wenigstens einem ξ_i um weniger als $\frac{\varepsilon}{3}$ entfernt.

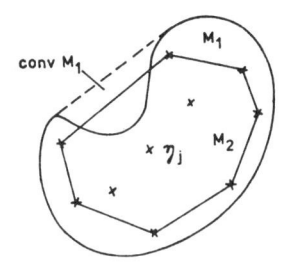

Abb. 33

Nun sei x ein beliebiger Punkt der konvexen Hülle conv $\mathscr{M}_1$ der gegebenen Menge $\mathscr{M}_1$. Erinnern wir uns zunächst an die Definition der konvexen Hülle einer beliebigen Menge: Die konvexe Hülle einer beliebigen Menge $\mathscr{M}_1$ ist der Abschluß der Vereinigung aller konvexen Hüllen von je endlich vielen Punkten von $\mathscr{M}_1$. Zu dem willkürlich gewählten Punkt x von conv $\mathscr{M}_1$ gibt es daher im Abstand von weniger als $\frac{\varepsilon}{3}$ einen Punkt y, der zur konvexen Hülle endlich vieler Punkte $x_1, \ldots, x_p$ von $\mathscr{M}_1$ gehört. Dieser Punkt y hat daher die Form

$$y = \sum_{i=1}^{p} \lambda_i x_i,$$

wobei die λ_i nichtnegative reelle Zahlen sind, deren Summe 1 ergibt. Da $\eta_1, \ldots, \eta_s$ in $\mathscr{M}_1$ ein $\frac{\varepsilon}{3}$-Netz bilden, gibt es zu jedem x_i, $i = 1, \ldots, p$, wenigstens ein η_{k_i}, das von x_i um weniger als $\frac{\varepsilon}{3}$ entfernt ist. Jedem der endlich vielen Punkte x_i wird nun ein solches η_{k_i} fest zugeordnet. Mit Hilfe der soeben betrachteten λ_i wird nun der Punkt

$$y_0 = \sum_{i=1}^{p} \lambda_i \eta_{k_i}$$

definiert. Dieser Punkt gehört aber zur konvexen Hülle $\mathcal{M}_2$ von $\eta_1, \ldots, \eta_s$. Da $\xi_1, \ldots, \xi_r$ ein $\frac{\varepsilon}{3}$-Netz in $\mathcal{M}_2$ bilden, gibt es wenigstens ein $\xi_\varkappa$, so daß y_0 von $\xi_\varkappa$ um weniger als $\frac{\varepsilon}{3}$ entfernt ist. Da

$$y - y_0 = \sum_{i=1}^{p} \lambda_i (x_i - \eta_{k_i}),$$

$$\|y - y_0\| \leq \sum_{i=1}^{p} \lambda_i \|x_i - \eta_{k_i}\| < \frac{\varepsilon}{3} \sum_{i=1}^{p} \lambda_i \leq \frac{\varepsilon}{3}$$

ist, sind insgesamt sowohl

x von y,

y von y_0 und

y_0 von $\xi_\varkappa$

um jeweils weniger als $\frac{\varepsilon}{3}$ entfernt. Der willkürlich gewählte Punkt x ist von einem geeignet gewählten $\xi_\varkappa$ also um weniger als ε entfernt. Folglich bilden $\xi_1, \ldots, \xi_r$ ein ε-Netz in conv $\mathcal{M}_1$, so daß auch die konvexe Hülle relativ kompakt ist. Andererseits ist die konvexe Hülle definitionsgemäß abgeschlossen, so daß sich conv $\mathcal{M}_1$ damit auch als kompakt erweist. Damit ist das Lemma von MAZUR bewiesen.

Um mit Hilfe dieses Lemmas nun den Satz von SCHAUDER zu modifizieren, sei $\mathcal{M}$ eine abgeschlossene und konvexe Teilmenge eines Banachraumes, die durch eine stetige Abbildung f in sich abgebildet werde. Über f setzen wir zusätzlich voraus, daß die Bildmenge $f(\mathcal{M})$ relativ kompakt sei. Die konvexe Hülle dieser Bildmenge ist wegen der vorausgesetzten Abgeschlossenheit und Konvexität von $\mathcal{M}$ selbst eine Teilmenge von $\mathcal{M}$. Bezeichnen wir diese konvexe Hülle mit $\mathcal{M}_0$, so ist f insbesondere auf $\mathcal{M}_0$ definiert. Da das Bild $f(\mathcal{M})$ von ganz $\mathcal{M}$ Teil von $\mathcal{M}_0$ ist, wird auch $\mathcal{M}_0$ durch f stetig in sich abgebildet. Andererseits ist $\mathcal{M}_0$ nach dem Lemma von MAZUR kompakt, so daß auf $\mathcal{M}_0$ der Schaudersche Fixpunktsatz in der oben angegebenen Form anwendbar ist. Folglich existiert wenigstens ein Fixelement von f in $\mathcal{M}_0$ und damit auch in $\mathcal{M}$. Damit ist die folgende Fassung des Schauderschen Fixpunktsatzes bewiesen:

Es sei $\mathcal{M}$ eine abgeschlossene und konvexe Teilmenge eines Banachraumes, die durch eine stetige Abbildung f in sich abgebildet wird.

11. Fixpunktsatz von SCHAUDER

Ist die Bildmenge $f(\mathscr{M})$ relativ kompakt, so besitzt f wenigstens einen Fixpunkt.

Als Anwendung des Schauderschen Fixpunktsatzes wollen wir zeigen, daß das Anfangswertproblem bei gewöhnlichen Differentialgleichungen immer wenigstens eine Lösung besitzt. Gesucht wird eine Lösung $y = y(t)$ der gewöhnlichen Differentialgleichung

$$\frac{dy}{dt} = F(t, y),$$

die an einer vorgegebenen Stelle $t = t_0$ einen vorgeschriebenen Wert y_0 annimmt. Die rechte Seite $F = F(t, y)$ sei dabei für alle Punkte (t, y) des Rechtecks

$$\mathscr{R} = \{(t, y): a \leq t \leq b, c \leq y \leq d\}$$

eine reellwertige und stetige Funktion, die betragsmäßig durch K beschränkt sei:

$$|F| \leq K.$$

Der Punkt (t_0, y_0) sei ein innerer Punkt des Rechtecks $\mathscr{R}$. Wir wählen dann $\delta > 0$ so, daß erstens das Intervall $\{t: t_0 - \delta \leq t \leq t_0 + \delta\}$ noch ganz in dem durch $a \leq t \leq b$ definierten Intervall liegt, und daß zweitens das durch $|y - y_0| \leq K\delta$ definierte Intervall ganz zu dem durch $c \leq y \leq d$ definierten Intervall gehört (vgl. Abb. 34).

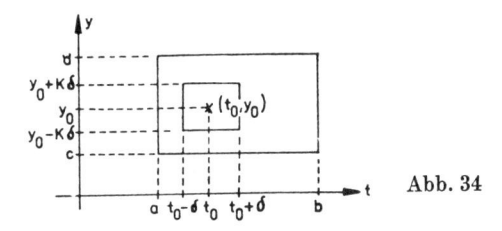

Abb. 34

Nun sei $\mathscr{B}$ der Banachraum der auf $t_0 - \delta \leq t \leq t_0 + \delta$ definierten stetigen und reellwertigen Funktionen $y = y(t)$, wobei die Normierung durch die Maximumnorm

$$\|y\| = \max_{t_0 - \delta \leq t \leq t_0 + \delta} |y(t)|$$

erfolgen soll (vgl. hierzu auch Kapitel 9, S. 85). Weiter sei $\mathscr{M}$ die durch

$$\{y: \|y - y_0\| \leq K\delta\}$$

definierte Kugel in $\mathscr{B}$, die eine abgeschlossene und konvexe Menge in $\mathscr{B}$ bildet. Jedem $y \in \mathscr{M}$ werde nun durch

$$Y(t) = y_0 + \int_{t_0}^{t} F(\tau, y(\tau)) \, d\tau \tag{9}$$

eine ebenfalls für $t_0 - \delta \leq t \leq t_0 + \delta$ definierte Bildfunktion Y zugeordnet. Wegen $|y - y_0| \leq K\delta$ gehört der Punkt $(\tau, y(\tau))$ zur Definitionsmenge $\mathscr{R}$ von $F = F(t, y)$, so daß das Integral auf der rechten Seite von (1) und folglich auch $Y(t)$ existiert. Weiter ist

$$|Y(t) - y_0| \leq \int_{t_0}^{t} |F(\tau, y(\tau))| \, d\tau \leq K\delta,$$

so daß die (stetige) Bildfunktion $Y = Y(t)$ wieder zu der Kugel $\mathscr{M}$ gehört. Daher wird durch (9) eine Abbildung von $\mathscr{M}$ in sich definiert. Um zu zeigen, daß diese Abbildung stetig ist, betrachten wir zwei zu $\mathscr{M}$ gehörende Funktionen $y = y(t)$ und $\tilde{y} = \tilde{y}(t)$. Wird analog zu (9) durch

$$\tilde{Y}(t) = y_0 + \int_{t_0}^{t} F(\tau, \tilde{y}(\tau)) \, d\tau$$

das zu $\tilde{y} = \tilde{y}(t)$ gehörende Bild definiert, so ist

$$|Y(t) - \tilde{Y}(t)| \leq \int_{t_0}^{t} |F(\tau, y(\tau)) - F(\tau, \tilde{y}(\tau))| \, d\tau.$$

Nun ist F als stetige Funktion auch gleichmäßig stetig. Ist $\|y - \tilde{y}\|$ hinreichend klein, so haben für alle τ die Punkte $y(\tau)$ und $\tilde{y}(\tau)$ und folglich auch $(\tau, y(\tau))$ und $(\tau, \tilde{y}(\tau))$ einen beliebig kleinen Abstand. Das bedeutet, daß wegen der gleichmäßigen Stetigkeit

$$|F(\tau, y(\tau)) - F(\tau, \tilde{y}(\tau))|$$

ebenfalls beliebig klein ausfällt. Demzufolge wird auch $|Y(t) - \tilde{Y}(t)|$ und $\|Y - \tilde{Y}\| = \max_{t_0 - \delta \leq t \leq t_0 + \delta} |Y(t) - \tilde{Y}(t)|$ beliebig klein. Damit ist bewiesen, daß durch (9) tatsächlich eine stetige Abbildung definiert wird.

Um den Satz von SCHAUDER (in der zweiten Fassung) anwenden zu können, muß noch gezeigt werden, daß das Bild von $\mathscr{M}$ bei der durch (9) definierten Abbildung relativ kompakt ist. Dazu seien $Y_k = Y_k(t)$, $k = 1, 2, \ldots$, zum Bild von $\mathscr{M}$ gehörende Funktionen,

11. Fixpunktsatz von SCHAUDER

d. h., sie seien durch

$$Y_k(t) = y_0 + \int_{t_0}^{t} f(\tau, y_k(\tau))\, d\tau$$

darstellbar, wobei die y_k zu $\mathcal{M}$ gehören. Wegen

$$|Y_k(t)| \leq |y_0| + \int_{t_0}^{t} |f(\tau, y_k(\tau))|\, d\tau \leq |y_0| + K\delta$$

sind die Y_k gleichmäßig beschränkt. Andererseits ist

$$|Y_k(t_2) - Y_k(t_1)| \leq \int_{t_1}^{t_2} |f(\tau, y_k(\tau))|\, d\tau \leq K \cdot |t_2 - t_1|,$$

so daß die Y_k auch in allen Punkten t, $t_0 - \delta \leq t \leq t_0 + \delta$, gleichgradig stetig sind. Nach dem Satz von ARZELÀ-ASCOLI (vgl. auch Kapitel 5) gibt es eine gleichmäßig konvergente Teilfolge Y_{k_1}, $Y_{k_2}, \ldots$
Gleichmäßige Konvergenz bedeutet aber Konvergenz in einem durch das Maximum normierten Funktionenraum, so daß damit die behauptete relative Kompaktheit gezeigt ist.

Man kann also den Schauderschen Fixpunktsatz anwenden und erhält aus ihm die Existenz wenigstens eines zu $\mathcal{M}$ gehörenden $y = y(t)$, das Fixpunkt ist, das bei der Abbildung durch die rechte Seite von (9) also wieder in sich übergeht:

$$Y(t) = y_0 + \int_{t_0}^{t} F(\tau, y(\tau))\, d\tau = y(t).$$

Aus der letzten Gleichung folgt aber erstens

$$y(t_0) = y_0,$$

zweitens

$$\frac{dy}{dt}(t) = F(t, y(t)),$$

so daß sich das Fixelement $y = y(t)$ als für $t_0 - \delta \leq t \leq t_0 + \delta$ existierende Lösung des gestellten Anfangswertproblems erweist.

Faßt man zusammen, so ergibt sich damit der folgende Satz von PEANO:

Ist die rechte Seite $F(t, y)$ der gewöhnlichen Differentialgleichung

$$\frac{dy}{dt} = F(t, y)$$

stetig und ist (t_0, y_0) innerer Punkt der Definitionsmenge der rechten Seite, so gibt es in einer (zweiseitigen) Umgebung von t_0 (wenigstens) eine Lösung $y = y(t)$ der Differentialgleichung, die an der Stelle t_0 den dort vorgegebenen Wert y_0 annimmt: $y(t_0) = y_0$.

12. Der Satz von Browder-Minty über monotone Operatoren

Ziel ist es, Operatorgleichungen der Form

$$\Phi(u) = F \qquad (*)$$

zu lösen, d. h. u so zu bestimmen, daß obige Gleichung erfüllt ist, wobei der Operator Φ auch nichtlinear sein darf. Bevor wir die Voraussetzungen über Φ und F präzisieren, wollen wir uns an einem einfachen Spezialfall orientieren: u sei eine reelle Variable, $\Phi = \Phi(u)$ eine für alle u definierte reellwertige Funktion. Ist dann F eine reelle Zahl, so bedeutet die Gleichung (*):

Es sind alle Stellen u zu finden, an denen Φ den vorgegebenen Wert F annimmt (vgl. Abb. 35). Um die zulässigen Funktionen Φ einzuschränken, wollen wir zunächst annehmen, daß Φ monoton

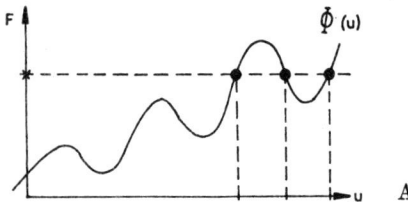

Abb. 35

wachsend im weiteren Sinn ist, d. h., es sei stets

$$\Phi(u) - \Phi(v) \geqq 0, \quad \text{falls} \quad u > v. \tag{1}$$

Diese Bedingung kann aber auch in der Form

$$\big(\Phi(u) - \Phi(v)\big)(u - v) \geqq 0 \tag{2}$$

geschrieben werden, wobei u und v beliebige reelle Zahlen sein sollen. Insbesondere darf also auch $u < v$ sein. In diesem Fall ist nach (1), wenn man die Rollen von u und v vertauscht,

$$\Phi(u) - \Phi(v) \leqq 0,$$

12. Monotone Operatoren

so daß das Produkt (2) auch positiv ist. Die Umformulierung von (1) zu (2) ist deswegen wichtig, weil für (2) keine Größerbeziehung $u > v$ erforderlich ist. Demzufolge besteht Aussicht, (2) auf solche Fälle verallgemeinern zu können, in denen u und v in Räumen ohne Ordnungsrelation variieren. Darüber hinaus können wir das in (2) stehende Produkt als Skalarprodukt von $\Phi(u) - \Phi(v)$ und $u - v$ deuten, so daß der Bedingung (2) die Form

$$\langle \Phi(u) - \Phi(v), u - v \rangle \geqq 0 \quad \text{für alle } u, v \tag{3}$$

gegeben werden kann.

Um sicherzustellen, daß Gleichung (*) — zunächst im reellwertigen Fall — bei jeder Wahl von F lösbar ist, werden die zwei folgenden Bedingungen gestellt:

a) Φ soll stetig sein,
b) für $u \to +\infty$ gilt $\Phi(u) \to +\infty$, analog ist $\Phi(u) \to -\infty$ bei $u \to -\infty$.

Ist eine dieser beiden Bedingungen verletzt, so braucht (*) nicht für alle F lösbar zu sein (vgl. Abb. 36).

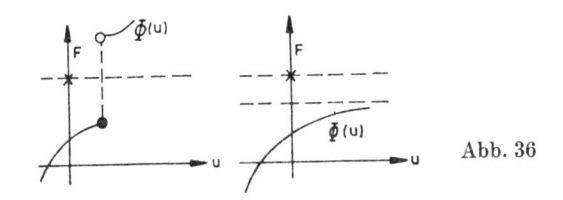

Abb. 36

Beide Bedingungen a) und b) sollen jetzt zu verallgemeinerungsfähiger Gestalt umformuliert werden. Zunächst kann die Stetigkeit von Φ durch die folgende Voraussetzung sichergestellt werden:

Zu jeder Wahl von u und v ist die durch

$$\langle \Phi(u + sv), v \rangle, \quad 0 \leqq s \leqq 1, \tag{4}$$

definierte Funktion (von s) stetig. Setzt man nämlich $v = 1$, so folgt aus der Stetigkeit von (4) insbesondere, daß Φ an der Stelle u (also für $s = 0$) rechtsseitig stetig ist. Für $v = -1$ erhält man die linksseitige Stetigkeit.

Um b) umzuformulieren, beachte man nochmals, daß hier $\langle \Phi(u), u \rangle = \Phi(u) \cdot u$ ist. Für $u > 0$ ist $u = \|u\|$, für $u < 0$ ist

$u = -\|u\|$, wenn $\|u\|$ die durch $|u|$ definierte Norm bezeichnet. Mithin wird

$$\langle \Phi(u), u \rangle = \begin{cases} \Phi(u)\,\|u\| & \text{für } u \geqq 0, \\ -\Phi(u)\,\|u\| & \text{für } u < 0. \end{cases}$$

Wegen b) folgt hieraus, daß

$$\langle \Phi(u), u \rangle \geqq \gamma(\|u\|) \cdot \|u\| \tag{5}$$

ist, wobei $\gamma = \gamma(s)$ eine für nichtnegative reelle s definierte reellwertige Funktion mit

$$\lim_{s \to +\infty} \gamma(s) = +\infty$$

ist.

Es wird sich zeigen, daß diese letzte Bedingung zusammen mit (3) und mit der Stetigkeit der durch (4) definierten Funktion dafür hinreichend ist, daß die Operatorgleichung (*) bei jedem F wenigstens eine Lösung besitzt, auch dann, wenn $\Phi(u)$ nicht reellwertig ist, sondern einem allgemeineren Raum angehört.[1]

Um die Operatorgleichung (*) nicht nur in reellen Variablen zu betrachten, sei $\mathcal{R}$ ein linearer und normierter Funktionenraum und A eine (nicht notwendig lineare) Abbildung von $\mathcal{R}$ in sich, die jedem u von $\mathcal{R}$ ein eindeutig bestimmtes Bildelement Au zuordnet. Es sollen dann hinreichende Bedingungen für A angegeben werden, so daß bei jeder Wahl von f in $\mathcal{R}$ wenigstens ein u so existiert, daß

$$Au = f \tag{6}$$

ist.

Diese Gleichung kann umgedeutet werden, falls in $\mathcal{R}$ zwischen je zwei Elementen u, v ein (reellwertiges) Skalarprodukt $\langle u, v \rangle$ erklärt ist. Variiert v in $\mathcal{R}$ und wird f festgehalten, so definiert

$$\langle f, v \rangle \tag{7}$$

ein sogenanntes *Funktional* auf $\mathcal{R}$, das bekanntlich ein (reellwertiger) linearer und beschränkter Operator ist (die Beschränktheit folgt dabei aus der Schwarzschen Ungleichung: $|\langle f, v \rangle| \leqq \|f\| \cdot \|v\|$).[2]

---

[1] Im eingangs betrachteten reellwertigen Fall genügen übrigens die zwei Bedingungen (4), (5), um die Lösbarkeit von (*) bei beliebigem (reellen) F sicherzustellen.

[2] Der Fall komplexer Skalarprodukte bzw. komplexwertiger Funktionale wird hier außer acht gelassen.

12. Monotone Operatoren

Analog wird für jedes $u \in \mathcal{R}$ mit dem Bildelement Au durch

$$\langle Au, v \rangle \tag{8}$$

ein Funktional für $v \in \mathcal{R}$ definiert. Bezeichnet man das durch (7) definierte Funktional mit F, das durch (8) definierte — es hängt von der Wahl von u ab — mit $\Phi(u)$, so geht die Operatorgleichung (6) in die anfangs angegebene Gleichung (*) über. Diese Gleichung ist also eine Gleichung im Raum aller auf $\mathcal{R}$ definierten reellwertigen Funktionale. Dieser Raum heißt der zu $\mathcal{R}$ *duale Raum* (oder kurz: das *Dual*), er wird mit $\mathcal{R}^*$ bezeichnet. Damit haben wir aber Gleichung (6) in eine Form übergeführt, die auch dann sinnvoll ist, wenn in $\mathcal{R}$ überhaupt kein Skalarprodukt gegeben ist:

Sei $\mathcal{R}$ ein linearer und normierter Raum und $\mathcal{R}^*$ sein dualer. Weiter sei $\Phi = \Phi(u)$ ein Operator, der $\mathcal{R}$ in $\mathcal{R}^*$ abbildet. Dann sollen hinreichende Bedingungen dafür angegeben werden, daß die Gleichung (*) bei jeder Wahl von F in $\mathcal{R}^*$ wenigstens eine Lösung in $\mathcal{R}$ besitzt.

Während die Norm in $\mathcal{R}$ mit $\|\cdot\|$ bezeichnet wird, wollen wir zur besseren Unterscheidung die Norm in $\mathcal{R}^*$ mit $\|\cdot\|_*$ bezeichnen. Im Zusammenhang mit der Frage, welche Anwendungen Sätze über (*) finden, wollen wir bemerken, daß Randwertprobleme für (auch nichtlineare) elliptische Differentialgleichungen auf Gleichungen der Form (*) zurückgeführt werden können. Schließlich bemerken wir, daß umgekehrt (*) auch stets auf die Form (6) zurückgeführt werden kann, wenn jedes Funktional als Skalarprodukt geschrieben werden kann (dies ist nach dem Rieszschen Darstellungssatz in jedem Hilbertraum der Fall): Ist nämlich

$$F[v] = \langle f, v \rangle \quad \text{und} \quad \Phi(u)[v] = \langle Au, v \rangle,$$

so folgt aus (*) sofort auch

$$\langle Au - f, v \rangle = 0$$

für alle v. Setzt man speziell $v = Au - f$, so geht die letzte Gleichung in

$$\|Au - f\|^2 = 0$$

über, so daß $Au = f$ sein muß.

Es ist üblich, die Anwendung eines Funktionals $F \in \mathcal{R}^*$ auf ein Element $u \in \mathcal{R}$ als formales Skalarprodukt zu deuten, auch dann, wenn die Funktionale nicht als echte Skalarprodukte (in $\mathcal{R}$) dargestellt werden können. In diesem Sinne schreibt man

$$\langle F, u \rangle$$

anstelle von $F[u]$. Das damit eingeführte Skalarprodukt ist demnach ein (reellwertiges) Produkt von Elementen aus $\mathcal{R}^*$ und $\mathcal{R}$. Diese Deutung von Funktionalen als Skalarprodukte erlaubt es, die drei Voraussetzungen (3), (4) und (5) auf Operatoren $\Phi = \Phi(u)$ zu übertragen, die einen Raum $\mathcal{R}$ in sein Dual $\mathcal{R}^*$ abbilden:

Der Operator Φ heißt *monoton*, falls er die Bedingung (3) erfüllt. Ist bei jeder Wahl von u und v die durch (4) definierte (reellwertige) Funktion stetig, so heißt Φ *radial-stetig*.[1]) Ist schließlich (5) erfüllt mit einer für nichtnegative s definierten Funktion $\gamma = \gamma(s)$, für die überdies $\gamma(s) \to +\infty$ bei $s \to +\infty$ gelten muß, so heißt Φ *koerzitiv*.

Im folgenden soll ein Satz formuliert und bewiesen werden über die Lösbarkeit der Operatorgleichung (*) für Operatoren, die monoton, radial-stetig und koerzitiv sind. Zum Nachweis der Existenz von Lösungen u bei jeder Wahl von F benötigt man noch einige zusätzliche Voraussetzungen über den zugrunde liegenden Raum $\mathcal{R}$. Dieser muß nicht nur linear und normiert, sondern darüber hinaus auch vollständig sein, was bekanntlich bedeutet, daß jede Fundamentalfolge konvergent ist (und wobei der Limes im betrachteten Raum $\mathcal{R}$ liegt). Mit anderen Worten, der zugrunde liegende Raum soll ein Banachraum $\mathcal{B}$ sein.[2]) Dann ist auch sein dualer Raum $\mathcal{B}^*$ ein Banachraum.

Der duale Raum $(\mathcal{B}^*)^*$ von $\mathcal{B}^*$ ist umfassender als $\mathcal{B}$, weil $\mathcal{B}$ stets zu einem Teilraum von $(\mathcal{B}^*)^*$ isomorph ist. Der Raum $\mathcal{B}$ heißt *reflexiv*, wenn $(\mathcal{B}^*)^* = \mathcal{B}$ im Sinne dieser Isomorphie ist. Das wollen wir im folgenden ebenfalls voraussetzen.

Um die Bedeutung dieser Voraussetzung zu erläutern, wollen wir an den Begriff der *schwachen Konvergenz* erinnern:

Eine Folge $\{u_n\}_{n=1,2,\ldots}$ im Ausgangsraum $\mathcal{B}$ heißt schwach konvergent gegen ein Element u_0 von $\mathcal{B}$, wenn für alle Funktionale $F \in \mathcal{B}^*$ die $F(u_n)$ gegen das jeweilige $F(u_0)$ konvergieren. Da

$$|F(u_n) - F(u_0)| = |F(u_n - u_0)| \leq \|F\|^* \cdot \|u_n - u_0\|$$

---

[1]) Radial-Stetigkeit ist eine schwächere Forderung als Stetigkeit im üblichen Sinne. Radial-Stetigkeit bedeutet, daß das Skalarprodukt (4) auf der Strecke zwischen u und v stetig ist.

[2]) Bezüglich des Begriffes eines Banachraumes vergleiche man beispielsweise auch die Ausführungen in Kapitel 9, S. 85.

12. Monotone Operatoren

ist, sieht man sofort: Konvergieren die u_n im gewöhnlichen Sinne gegen u (d. h., ist $\|u_n - u_0\| \to 0$ bei $n \to +\infty$), so konvergieren die u_n auch schwach gegen u_0.

Wie allgemein üblich, soll schwache Konvergenz der u_n gegen u_0 durch $u_n \rightharpoonup u_0$ symbolisiert werden.

Ist ein Raum $\mathscr{B}$ reflexiv, so kann man alle Funktionale von $\mathscr{B}^*$ in der Form

$$\langle F, h \rangle$$

darstellen, wobei $F \in \mathscr{B}^*$ und $h \in \mathscr{B}$ ist. Und damit ergibt sich, daß schwache Konvergenz $F_n \rightharpoonup F$ in $\mathscr{B}^*$ damit gleichwertig ist, daß

$$\langle F_n, h \rangle \to \langle F, h \rangle$$

gilt für alle Elemente $h \in \mathscr{B}$.

Im folgenden sei $\mathscr{B}$ ein reflexiver Banachraum, in dem man eine Folge linear unabhängiger Funktionen $h_1, h_2, \ldots$ so angeben kann, daß jedes Element von $\mathscr{B}$ durch Linearkombinationen jeweils endlich vieler dieser Funktionen beliebig gut approximiert werden kann (die $h_1, h_2, \ldots$ bilden dann, wie man auch sagt, ein vollständiges System linear unabhängiger Elemente). Für solche Räume gilt der folgende von BROWDER und MINTY stammende Satz:

Es sei $\Phi = \Phi(u)$ ein (nicht notwendig linearer) monotoner, radialstetiger und koerzitiver Operator, der den Banachraum $\mathscr{B}$ in sein Dual $\mathscr{B}^*$ abbildet. Dann gibt es bei jeder Wahl von F in $\mathscr{B}^*$ wenigstens ein u_0 in $\mathscr{B}$, so daß $\Phi(u_0) = F$ ist.

Der Beweis dieses Satzes wird nach folgendem Schema geführt:

Erstens wird die Gleichung (*) näherungsweise in einem endlichdimensionalen Teilraum $\mathscr{B}_n$ von $\mathscr{B}$ gelöst werden. Die Existenz wenigstens einer Näherungslösung u_n in $\mathscr{B}_n$ wird dabei durch Anwendung des Brouwerschen Fixpunktsatzes (vgl. Kapitel 10) nachgewiesen werden.

Von der gewonnenen Folge $\{u_n\}_{n=1,2,\ldots}$ von Näherungslösungen wird dann zu einer schwach konvergenten Teilfolge übergegangen. Der Limes u_0 einer solchen Teilfolge erweist sich als Lösung der Operatorgleichung (*).

Bevor wir diesen Beweis in allen Einzelheiten vorführen, erwähnen wir noch einige allgemeine Aussagen über monotone Operatoren, die wir als zwei Vorbemerkungen dem eigentlichen

Beweis voranstellen wollen:

Vorbemerkung 1. Bei einem monotonen Operator zieht Radial-Stetigkeit auch die folgende Stetigkeitseigenschaft nach sich (und umgekehrt): Er führt eine konvergente Folge in $\mathscr{B}$ in eine schwach konvergente Folge in $\mathscr{B}^*$ über (diese Stetigkeitseigenschaft wird auch als *Demi-Stetigkeit* bezeichnet).[1]

Vorbemerkung 2. Ist Φ monoton und gilt

$$\|u\| \leq M_1 \quad \text{und} \quad \langle \Phi(u), u \rangle \leq M_2$$

in einer Teilmenge von $\mathscr{B}$, so gibt es ein M_3, so daß auch

$$\|\Phi(u)\|_* \leq M_3$$

in dieser Teilmenge gilt.

Der Beweis dieser Aussagen selbst soll hier nicht geführt werden. Er kann in der einschlägigen Literatur (vgl. z. B. H. Gajewski, K. Gröger und K. Zacharias, Nichtlineare Operatorgleichungen und Operatordifferentialgleichungen, Berlin 1974) nachgelesen werden. Beim Beweis spielt die lokale Beschränktheit eines monotonen Operators, die letztlich auf den Satz von Banach-Steinhaus zurückgeführt werden kann, eine wesentliche Rolle.

Der angekündigte Beweis des Satzes von Browder-Minty wird in acht Schritten geführt werden:

I. Definition einer Hilfsabbildung im $\mathbb{R}^n$. Sei $h_1, h_2, \ldots$ ein vollständiges System linear unabhängiger Elemente in $\mathscr{B}$ und $\mathscr{B}_n$ der von den ersten n Elementen $h_1, \ldots, h_n$ aufgespannte Teilraum. Jedem $x = (x_1, \ldots, x_n)$ im $\mathbb{R}^n$ wird eindeutig ein Element

$$u = \sum_{i=1}^{n} x_i h_i$$

in $\mathscr{B}_n$ zugeordnet (wegen der linearen Unabhängigkeit der $h_1, h_2, \ldots, h_n$ ist diese Abbildung des $\mathbb{R}^n$ auf den $\mathscr{B}_n$ sogar eineindeutig). Der gegebene Operator Φ ist in ganz $\mathscr{B}$ definiert. Daher ist insbesondere zu jedem u aus $\mathscr{B}_n$ auch $\Phi(u) - F$ definiert, wobei dieses Bildelement zu $\mathscr{B}^*$ gehört. Nun werde dem Punkt x des $\mathbb{R}^n$ der Bildpunkt

$$f(x) = \bigl(\langle \Phi(u) - F, h_1 \rangle, \ldots, \langle \Phi(u) - F, h_n \rangle \bigr)$$

zugeordnet. Dadurch ist eine Abbildung f des $\mathbb{R}^n$ in sich definiert.

---

[1] Setzt man einen Operator als stetig im gewöhnlichen Sinn voraus, so ist er insbesondere radial-stetig und auch demi-stetig.

12. Monotone Operatoren

II. Stetigkeit der Hilfsabbildung. Nach Vorbemerkung 1 gilt $\Phi(u^{(k)}) \rightharpoonup \Phi(u)$, wenn $u^{(k)} \to u$. Also gilt dann auch

$$\langle \Phi(u^{(k)}) - F, h_j \rangle \to \langle \Phi(u) - F, h_j \rangle. \tag{9}$$

Konvergieren die $x^{(k)}$ gegen x, so konvergieren natürlich die zugehörigen $u^{(k)}$ gegen das zu x gehörende u. Wegen (9) konvergieren dann aber auch die Komponenten von $f(x^{(k)})$ gegen die Komponenten von $f(x)$, so daß die Hilfsabbildung f stetig ist.

III. Eine Abschätzung der Hilfsabbildung. Aus der Definition von $f(x)$ ergibt sich sofort für das Skalarprodukt $\langle f(x), x \rangle$ im $\mathbb{R}^n$ die Darstellung

$$\langle f(x), x \rangle = \sum_{i=1}^{n} \langle \Phi(u) - F, h_i \rangle x_i = \left\langle \Phi(u) - F, \sum_{i=1}^{n} x_i h_i \right\rangle$$
$$= \langle \Phi(u) - F, u \rangle = \langle \Phi(u), u \rangle - \langle F, u \rangle.$$

Beachtet man noch die Abschätzung

$$|\langle F, u \rangle| \leq \|F\|_* \cdot \|u\|,$$

also

$$-\|F\|_* \cdot \|u\| \leq \langle F, u \rangle \leq \|F\|_* \cdot \|u\|,$$

so folgt

$$\langle f(x), x \rangle \geq \langle \Phi(u), u \rangle - \|F\|_* \cdot \|u\|. \tag{10}$$

Weiter ist der Operator Φ voraussetzungsgemäß koerzitiv. Für die zugehörige Funktion $\gamma = \gamma(s)$, mit der

$$\langle \Phi(u), u \rangle \geq \gamma(\|u\|) \|u\|$$

gilt, ist daher $\gamma(s) \to +\infty$ bei $s \to +\infty$. Folglich muß

$$\gamma(\|u\|) \geq \|F\|_*$$

für alle u mit $\|u\| \geq R_1$ gelten, wenn R_1 (in Abhängigkeit von $\|F\|_*$) genügend groß gewählt wird. Daher ergibt sich, daß

$$\langle \Phi(u), u \rangle \geq \|F\|_* \cdot \|u\|$$

für alle u mit $\|u\| \geq R_1$ gilt. Aus der Zuordnung von u aus $\mathscr{B}_n$ zu x ergibt sich sofort, daß ein $R_2 > 0$ so existiert, daß $\|u\| \geq R_1$ für alle x mit $\|x\| \geq R_2$ ist. Bei Beachtung von (10) ist damit die Abschätzung

$$\langle f(x), x \rangle \geq 0 \quad \text{für alle } x \text{ mit } \|x\| \geq R_2 \tag{11}$$

gezeigt.

IV. **Eine Anwendung des Brouwerschen Fixpunktsatzes auf eine abgewandelte Hilfsabbildung.** Wir wollen jetzt zeigen, daß die in I. konstruierte Hilfsabbildung wenigstens eine Nullstelle besitzt. Andernfalls wäre nämlich stets $f(x) \neq (0, \ldots, 0)$ und wir könnten durch

$$\bar{f}(x) = -\frac{R_2}{\|f(x)\|} f(x) \tag{12}$$

eine weitere stetige Abbildung des $\mathbb{R}^n$ in sich definieren. Wegen

$$\|\bar{f}(x)\| = R_2$$

für alle x bildet $\bar{f}$ den ganzen $\mathbb{R}^n$ auf den Rand der Kugel

$$\mathcal{K} = \{x \colon \|x\| \leqq R_2\}$$

ab. Schränkt man $\bar{f}$ auf $\mathcal{K}$ ein, so ist $\bar{f}$ auch eine stetige Abbildung von $\mathcal{K}$ in sich. Nach dem Brouwerschen Fixpunktsatz (vgl. Kapitel 10) muß diese Abbildung $\bar{f}$ wenigstens ein Fixelement x^* in $\mathcal{K}$ besitzen:

$$\bar{f}(x^*) = x^*.$$

Beachtet man (12), so ergibt sich für dieses Fixelement

$$\langle f(x^*), x^* \rangle = \langle f(x^*), \bar{f}(x^*) \rangle$$
$$= -\frac{R_2}{\|f(x^*)\|} \|f(x^*)\|^2 = -R_2 \|f(x^*)\| < 0.$$

Da $\bar{f}$ alle Punkte von $\mathcal{K}$ auf den Rand von $\mathcal{K}$ abbildet, muß auch das Fixelement x^* auf dem Rand von $\mathcal{K}$ liegen. Daher stellt die letzte Ungleichung einen Widerspruch zu (11) dar, so daß damit gezeigt ist, daß unmöglich überall $f(x) \neq (0, \ldots, 0)$ ist.

V. **Näherungsweise Lösung der Operatorgleichung (*).** Wie soeben bewiesen, muß es wenigstens einen Punkt $x_0 = (x_{01}, \ldots, x_{0n})$ des $\mathbb{R}^n$ geben, für den $f(x_0) = (0, \ldots, 0)$ ist. Man bezeichne den zugehörigen Punkt $\sum_{i=1}^{n} x_{0i} h_i$ aus $\mathcal{B}_n$ mit u_n, so daß

$$\langle \Phi(u_n) - F, h_i \rangle = 0 \quad \text{für} \quad i = 1, \ldots, n$$

ist. Da jedes h aus $\mathcal{B}_n$ eine Linearkombination der h_i ist, ergibt sich aus den letzten Gleichungen sofort auch

$$\langle \Phi(u_n) - F, h \rangle = 0 \quad \text{für alle } h \text{ aus } \mathcal{B}_n.$$

Insbesondere ist auch
$$\langle \Phi(u_n) - F, u_n \rangle = 0.$$
Die beiden letzten Gleichungen kann man auch in der Form
$$\langle \Phi(u_n), h \rangle = \langle F, h \rangle \quad \text{für alle } h \text{ aus } \mathscr{B}_n \tag{13}$$
bzw.
$$\langle \Phi(u_n), u_n \rangle = \langle F, u_n \rangle \tag{14}$$
schreiben.

Wäre (13) für alle h aus $\mathscr{B}$ (nicht nur aus $\mathscr{B}_n$) erfüllt, so wäre u_n schon die gesuchte Lösung der Operatorgleichung (*). Gleichung (13) besagt, daß $\Phi(u_n)$ und F auf dem Teilraum $\mathscr{B}_n$ übereinstimmen.

VI. **Einige Abschätzungen der Näherungslösungen.**
Aus Gleichung (14) ergibt sich
$$\langle \Phi(u_n), u_n \rangle \leq \|F\|_* \cdot \|u_n\|. \tag{15}$$
Beachtet man nochmals die Koerzitivität von Φ, so ergibt sich hieraus, daß alle u_n, $n = 1, 2, \ldots$, normmäßig beschränkt sein müssen, d. h.
$$\|u_n\| \leq M_1, \tag{16}$$
weil sonst bei hinreichend großer Norm $\|u_n\|$ der Quotient
$$\frac{\langle \Phi(u_n), u_n \rangle}{\|u_n\|}$$
beliebig groß werden müßte. Wegen (15) folgt dann aber weiter, daß die Skalarprodukte $\langle \Phi(u_n), u_n \rangle$ ebenfalls beschränkt sein müssen, also
$$\langle \Phi(u_n), u_n \rangle \leq M_2, \tag{17}$$
wobei $M_2 = \|F\|_* M_1$ ist. Beachtet man die Vorbemerkung 2, so folgt aus (16) und (17) schließlich, daß auch
$$\|\Phi(u_n)\| \leq M_3 \tag{18}$$
für alle $n = 1, 2, \ldots$ gilt.

VII. **Schwache Konvergenz.** Sei $\tilde{h}$ Element irgendeines $\mathscr{B}_{n_0}$. Wegen $\mathscr{B}_{n_0} \subset \mathscr{B}_n$ für $n \geq n_0$ gilt nach (13) dann auch
$$\langle \Phi(u_n), \tilde{h} \rangle = \langle F, \tilde{h} \rangle$$

für alle $n \geq n_0$. Folglich gilt auch

$$\lim_{n \to \infty} \langle \Phi(u_n), \bar{h} \rangle = \langle F, \bar{h} \rangle. \tag{19}$$

Wir behaupten nun, daß diese letzte Gleichung auch für beliebige h aus $\mathscr{B}$ (anstelle von $\bar{h}$ aus $\mathscr{B}_n$) gilt.

Für jedes h, für das (19) nicht gilt, gibt es wenigstens ein $\varepsilon_0 > 0$, daß

$$|\langle \Phi(u_n), h \rangle - \langle F, h \rangle| \geq \varepsilon_0 > 0 \tag{20}$$

für unendlich viele n gilt. Beachtet man die Abschätzung (18), so folgt die Existenz eines zu einem $\mathscr{B}_{n_0}$ gehörenden $\bar{h}$, so daß für alle n sowohl

$$|\langle \Phi(u_n), h \rangle - \langle \Phi(u_n), \bar{h} \rangle| < \frac{\varepsilon_0}{3}$$

als auch

$$|\langle F, h \rangle - \langle F, \bar{h} \rangle| < \frac{\varepsilon_0}{3}$$

ist. Wegen (19) muß dann für alle hinreichend großen n auch

$$|\langle \Phi(u_n), \bar{h} \rangle - \langle F, \bar{h} \rangle| < \frac{\varepsilon_0}{3}$$

sein. Die drei letzten Abschätzungen widersprechen aber der Ungleichung (20), die für unendlich viele n gelten muß. Damit ist die Gültigkeit von (19) für beliebige h aus $\mathscr{B}$ nachgewiesen. Das bedeutet aber, daß

$$\Phi(u_n) \rightharpoonup F \tag{21}$$

bei $n \to +\infty$ gilt.

Bezüglich schwacher Konvergenz gilt nun ganz allgemein für reflexive Banachräume:[1]

Jede beschränkte Folge besitzt eine schwach konvergente Teilfolge.

Daher gibt es zu der Folge $\{u_n\}_{n=1,2,\ldots}$ eine schwach konvergente

---

[1] Eine detailliertere Untersuchung der schwachen Konvergenz von Funktional- und von Elementfolgen findet man z. B. in L. A. LJUSTERNIK und W. I. SOBOLEW, Elemente der Funktionalanalysis, Berlin 1955 (Übers. a. d. Russ.).

12. Monotone Operatoren

Teilfolge $\{u_{n_k}\}_{k=1,2,\ldots}$, d. h., es gibt ein u_0, so daß

$$u_{n_k} \rightharpoonup u_0 \quad \text{bei} \quad k \to +\infty \tag{22}$$

ist.

VIII. Der schwache Limes u_0 ist Lösung der Operatorgleichung (∗). Für ein beliebiges Element v aus $\mathscr{B}$ betrachte man

$$\langle \Phi(v) - F, v - u_0 \rangle = \langle \Phi(v), v - u_0 \rangle - \langle F, v \rangle + \langle F, u_0 \rangle. \tag{23}$$

Wegen der schwachen Konvergenz (22) hat man

$$\langle \Phi(v), v - u_0 \rangle = \lim_{k \to \infty} \langle \Phi(v), v - u_{n_k} \rangle, \tag{24}$$

und analog folgt aus (21)

$$\langle F, v \rangle = \lim_{k \to \infty} \langle \Phi(u_{n_k}), v \rangle. \tag{25}$$

Aus der schwachen Konvergenz (22) folgt aber auch

$$\langle F, u_0 \rangle = \lim_{k \to \infty} \langle F, u_{n_k} \rangle.$$

Beachtet man zusätzlich (14), so erhält man auch

$$\langle F, u_0 \rangle = \lim_{k \to \infty} \langle \Phi(u_{n_k}), u_{n_k} \rangle. \tag{26}$$

Setzt man alle drei Limesformeln (24), (25), (26) in (23) ein, so ergibt sich nach Zusammenfassung der rechts stehenden Skalarprodukte

$$\langle \Phi(v) - F, v - u_0 \rangle = \lim_{k \to \infty} \langle \Phi(v) - \Phi(u_{n_k}), v - u_{n_k} \rangle.$$

Wegen der Monotonie von Φ sind die Skalarprodukte auf der rechten Seite nichtnegativ. Also muß dasselbe auch für den Limes gelten, und man erhält insgesamt

$$\langle \Phi(v) - F, v - u_0 \rangle \geqq 0 \quad \text{für jedes} \quad v \in \mathscr{B}. \tag{27}$$

Nun wähle man v als

$$v = u_0 + t\bar{v},$$

wo $t > 0$ ein reeller Multiplikator und $\bar{v}$ ein beliebiges Element von $\mathscr{B}$ sei. Setzt man dies in (27) ein, so ergibt sich nach Division durch t schließlich

$$\langle \Phi(u_0 + t\bar{v}) - F, \bar{v} \rangle \geqq 0.$$

Wegen der vorausgesetzten Radial-Stetigkeit von Φ kann man hierin den Grenzübergang $t \to 0$ durchführen und erhält

$$\langle \Phi(u_0) - F, \tilde{v} \rangle \geqq 0 \quad \text{für jedes } \tilde{v} \text{ aus } \mathcal{B}. \tag{28}$$

Wendet man das Funktional $\Phi(u_0) - F$ auf ein beliebiges $\tilde{v}$ an, so muß sich stets der Wert Null ergeben, da sonst das Element $-\tilde{v}$ zum umgekehrten Vorzeichen und damit zu einem Widerspruch zu (28) führen müßte.[1]) Damit ist aber gezeigt, daß $\Phi(u_0) = F$ sein muß, und der Satz von BROWDER-MINTY ist vollständig bewiesen.

Zum Abschluß wollen wir noch erwähnen, daß man auch zeigen kann, daß *die Menge aller Lösungen u von (*) zu jedem fest gewählten F eine konvexe Menge ist.* Diese Aussage entspricht der Tatsache, daß im reellwertigen Fall alle u, für die $\Phi(u) = F$ ist, ein ganzes Intervall ausmachen, wenn es nicht nur eine einzige Lösung gibt (vgl. Abb. 37).

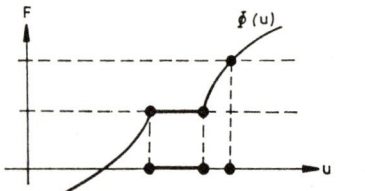

Abb. 37

13. Lösungen von Anfangswertproblemen. Der Satz von Cauchy-Kowalewskaja

Im folgenden soll eine Funktion $u = u(t, x)$ bestimmt werden, die außer von der Variablen t (die als Zeit gedeutet werden soll) noch von einer räumlichen[2]) Variablen x abhängen soll. Diese Funktion soll einer Differentialgleichung der Form

$$\frac{\partial u}{\partial t} = f\left(t, x, u, \frac{\partial u}{\partial x}\right) \tag{1}$$

---

[1]) Es sei darauf hingewiesen, daß bei monotonen Operatoren Radial-Stetigkeit nicht nur zur Demi-Stetigkeit (vgl. Vorbemerkung 1, S. 144) äquivalent ist, sondern auch zu der Tatsache, daß aus (27) auf $\Phi(u_0) = F$ geschlossen werden kann (vgl. z. B. das auf S. 144 zitierte Buch).

[2]) Der Einfachheit halber sei x eine einzige reelle Variable, d. h., x variiert im reellen eindimensionalen Raum $\mathbb{R}^1$.

13. Anfangswertprobleme

genügen, d. h., die zeitliche Änderung $\dfrac{\partial u}{\partial t}$ von u soll sich zu jedem Zeitpunkt t und an jeder Stelle x ausdrücken lassen durch den Wert von u selbst und durch den Wert der räumlichen Änderung $\dfrac{\partial u}{\partial x}$. Dabei wird sich zeigen, daß man zur eindeutigen Festlegung der gesuchten Funktion $u = u(t, x)$ noch deren Anfangswerte

$$u(0, x) = u_0(x) \tag{2}$$

zum Anfangszeitpunkt $t = 0$ vorschreiben kann. Allerdings muß man voraussetzen, um die Existenz und die eindeutige Bestimmtheit der Lösung $u = u(t, x)$ zu beweisen, daß sowohl die Anfangswerte $u_0(x)$ als auch die rechte Seite $f(t, x, u, p)$ der Differentialgleichung ($\dfrac{\partial u}{\partial x}$ wird hierbei mit p bezeichnet) als Potenzreihen in all ihren Variablen dargestellt werden können. Dann zeigt sich, daß das Anfangswertproblem (2) der Differentialgleichung (1) eindeutig lösbar und dabei selbst eine Potenzreihe in den beiden unabhängigen Variablen t und x ist.

Die Aussage, daß es *genau eine Potenzreihenlösung von* (1), (2) gibt, heißt der *Satz von* CAUCHY-KOWALEWSKAJA. Eine einfache Möglichkeit zum Beweis dieses Satzes besteht darin, daß man für die Lösung einen Potenzreihenansatz mit zunächst noch unbekannten Koeffizienten macht und die Koeffizienten dann durch Einsetzen dieses Ansatzes in die Differentialgleichung (1) bzw. die Anfangsbedingung (2) zu bestimmen sucht. Setzt man etwa voraus, daß die räumliche Variable x in einer Umgebung des Punktes $x = 0$ variieren soll, so sucht man die Lösung $u = u(t, x)$ also in einer Umgebung des Punktes $(0, 0)$ der (t, x)-Ebene; daher kann man die gesuchte Lösung $u = u(t, x)$ als Potenzreihe mit dem Entwicklungspunkt $(0, 0)$ ansetzen, d. h., man setzt

$$\begin{aligned} u(t, x) &= \sum_{\nu,\mu} a_{\nu\mu} t^\nu x^\mu \\ &= (a_{00} + a_{10}t + a_{20}t^2 + \cdots) \\ &\quad + (a_{01} + a_{11}t + a_{21}t^2 + \cdots)x + \cdots. \end{aligned} \tag{3}$$

Setzt man $t = 0$, so folgt

$$u(0, x) = \sum_\mu a_{0\mu} x^\mu = a_{00} + a_{01}x + a_{02}x^2 + \cdots. \tag{4}$$

Andererseits soll aber $u(0, x)$ nach (2) gleich den Anfangswerten $u_0(x)$ sein, die voraussetzungsgemäß ebenfalls als Potenzreihe in x dargestellt werden können. Die Koeffizienten der Potenzzahl auf der rechten Seite von (4) müssen daher (entsprechend der *Methode des Koeffizientenvergleichs*) mit denen der vorgegebenen Potenzreihe $u_0(x)$ übereinstimmen. Damit hat man also bereits alle Koeffizienten $a_{0\mu}$, bei denen der erste Index Null ist, bestimmt.

Um die weiteren Koeffizienten zu bestimmen, differenziere man den Ansatz (3) zunächst nach t bzw. x:

$$\frac{\partial u}{\partial t}(t, x) = \sum_{\nu,\mu} \nu a_{\nu\mu} t^{\nu-1} x^\mu,$$

$$\frac{\partial u}{\partial x}(t, x) = \sum_{\nu,\mu} \mu a_{\nu\mu} t^\nu x^{\mu-1}.$$

Setzt man $t = 0$, so folgt

$$\frac{\partial u}{\partial t}(0, x) = \sum_\mu a_{1\mu} x^\mu = a_{10} + a_{11} x + a_{12} x^2 + \ldots, \tag{5}$$

$$\frac{\partial u}{\partial x}(0, x) = \sum_\mu \mu a_{0\mu} x^{\mu-1} = a_{01} + 2 a_{02} x + 3 a_{03} x^2 + \ldots. \tag{6}$$

Setzt man $t = 0$ in der Differentialgleichung (1) und setzt man danach (4), (5) und (6) ein, so folgt

$$a_{10} + a_{11} x + a_{12} x^2 + \ldots$$
$$= f(0, x, a_{00} + a_{01} x + a_{02} x^2 + \ldots,$$
$$a_{01} + 2 a_{02} x + 3 a_{03} x^2 + \ldots). \tag{7}$$

Da beim Einsetzen von Potenzreihen in Potenzreihen wieder Potenzreihen entstehen, steht auf der linken Seite von (7) eine Potenzreihe in x, deren Koeffizienten — außer von den Koeffizienten der Potenzreihenentwicklung der vorgegebenen rechten Seite $f(t, x, u, p)$ — nur von den bereits bestimmten $a_{0\nu}$, $\nu = 0, 1, 2, \ldots$, abhängen. Da auf der linken Seite von (7) alle $a_{1\nu}$, $\nu = 0, 1, 2, \ldots$, stehen, erhält man durch Koeffizientenvergleich jetzt also bereits alle $a_{1\nu}$, $\nu = 0, 1, 2, \ldots$.

Um auf diese Weise auch die weiteren Koeffizienten zu bestimmen, differenziere man die Differentialgleichung (1) auf beiden Seiten nach t. Dadurch erhält man

$$\frac{\partial^2 u}{\partial t^2} = \frac{\partial f}{\partial t} + \frac{\partial f}{\partial u} \cdot \frac{\partial u}{\partial t} + \frac{\partial f}{\partial p} \cdot \frac{\partial^2 u}{\partial x \partial t}. \tag{8}$$

13. Anfangswertprobleme

Andererseits erhält man aus dem Ansatz (3) auch

$$\frac{\partial^2 u}{\partial t^2}(t, x) = \sum_{\nu,\mu} \nu(\nu - 1)\, a_{\nu\mu} t^{\nu-2} x^{\mu},$$

$$\frac{\partial^2 u}{\partial x \partial t}(t, x) = \sum_{\nu,\mu} \nu\mu\, a_{\nu\mu} t^{\nu-1} x^{\mu-1}$$

und folglich

$$\frac{\partial^2 u}{\partial t^2}(0, x) = 2a_{20} + 2a_{21} x + 2a_{22} x^2 + \ldots, \tag{9}$$

$$\frac{\partial^2 u}{\partial x \partial t}(0, x) = a_{11} + 2a_{12} x + 3a_{13} x^2 + \ldots. \tag{10}$$

Setzt man $t = 0$ in (8) und danach links die Reihe (9) und rechts die Reihen (4), (6) und (10) ein (man beachte hierbei, daß $\frac{\partial f}{\partial t}$, $\frac{\partial f}{\partial u}$ und $\frac{\partial f}{\partial p}$ von u und $p = \frac{\partial u}{\partial x}$ abhängen), so ergibt sich links $2a_{20} + 2a_{21} x + 2a_{22} x^2 + \ldots$, während rechts ein Ausdruck in den $a_{0\nu}$ und den $a_{1\nu}$, $\nu = 0, 1, 2, \ldots$, steht. Durch Koeffizientenvergleich ergeben sich damit alle $a_{2\nu}$, $\nu = 0, 1, 2, \ldots$. Rekursiv kann man auf gleiche Weise aber auch alle weiteren Koeffizienten bestimmen. Differenziert man nämlich die Differentialgleichung (1) k-mal nach t und setzt man $t = 0$, so liefert der Ansatz (3) links eine Potenzreihe mit den Koeffizienten $a_{k+1,\nu}$, $\nu = 0, 1, 2, \ldots$, während rechts nur Koeffizienten $a_{0\nu}, \ldots, a_{k\nu}$ stehen.

Insgesamt sieht man, daß das beschriebene Verfahren alle Koeffizienten eindeutig zu bestimmen gestattet. Damit ist man mit dem Beweis des Satzes von CAUCHY-KOWALEWSKAJA aber noch nicht am Ende. Man muß nämlich noch zeigen, daß die mit den rekursiv berechneten Koeffizienten $a_{\nu\mu}$ gebildete Reihe tatsächlich konvergiert. Diesen Konvergenzbeweis kann man zwar mit dem sogenannten Majorantenverfahren einigermaßen elegant erbringen (man geht dabei von (3) zu einer Potenzreihe $\sum_{\nu,\mu} A_{\nu\mu} t^{\nu} x^{\mu}$ mit $|a_{\nu\mu}| \leq A_{\nu\mu}$ über, wobei die Konvergenz der neuen Reihe bekannt ist), insgesamt ist der ganze Beweis aber doch kompliziert. Hinzu kommt, daß ein solcher Beweis viele Hilfsmittel über Potenzreihen (z. B. Aussagen über das Umordnen) benötigt. Daher ist es bemerkenswert, daß ein kurzer und übersichtlicher Beweis des Satzes von CAUCHY-KOWALEWSKAJA allein durch Beachtung weniger elementarer Eigenschaften holomorpher Funktionen gegeben werden kann.

Holomorphe Funktionen sind bekanntlich komplexwertige Funktionen einer komplexen Variablen z, die in jedem Punkt ihres Definitionsgebietes komplex differenzierbar sind (solche Funktionen sind auch unter den Bezeichnungen regulär, analytisch oder regulär-analytisch bekannt). Daß die Theorie holomorpher Funktionen einen einfachen Beweis des Satzes von CAUCHY-KOWALEWSKAJA ermöglichen wird, ist nicht überraschend, weil jede Potenzreihe in x, die für alle reellen x mit $|x| < R$ konvergiert, auch für alle komplexen z mit $|z| < R$ konvergiert. Damit kann man jede Potenzreihe in x zu einer holomorphen Funktion in z fortsetzen. Diese Überlegung trifft auch auf Potenzreihen in mehreren reellen Variablen zu, so daß man die rechte Seite von (1) auch als eine Potenzreihe in komplexen Variablen auffassen kann. Anstelle der Differentialgleichung (1) kann man dann aber die Differentialgleichung

$$\frac{\partial u}{\partial t} = f\left(t, z, u, \frac{\partial u}{\partial z}\right) \tag{11}$$

betrachten, bei der die reelle Variable x zur komplexen Variablen z fortgesetzt wurde (der physikalischen Interpretation von t als Zeit entsprechend soll t nicht ins Komplexe fortgesetzt werden). Die gesuchte Funktion $u = u(t, z)$ ist komplexwertig und bei jedem festen t eine holomorphe Funktion in z (analog sei $u(t, z)$ bei jedem festen z differenzierbar in t). Die Fortsetzung der reellen Variablen x zur komplexen Variablen z erfordert auch, die Anfangsbedingung (2) entsprechend ins Komplexe fortzusetzen: Für $t = 0$ muß für $u = u(t, z)$ eine in z holomorphe Funktion $u_0 = u_0(z)$ vorgegeben werden:

$$u(0, z) = u_0(z). \tag{12}$$

Zur Vereinfachung wollen wir den Satz von CAUCHY-KOWALEWSKAJA — in der komplexen Version — nur für lineare Differentialgleichungen beweisen, d. h., anstelle der Differentialgleichung (11) wollen wir das Anfangswertproblem (12) für die lineare Differentialgleichung

$$\frac{\partial u}{\partial t} = a(t, z)\frac{\partial u}{\partial z} + b(t, z)\, u + c(t, z) \tag{13}$$

13. Anfangswertprobleme

lösen. Wir bemerken aber, daß durch ähnliche Betrachtungen auch der allgemeine nichtlineare Fall gelöst werden kann, auch wenn nicht nur eine komplexwertige Funktion u, sondern mehrere $u_1, \ldots, u_m$ gesucht werden. Auch brauchen die gesuchten Funktionen nicht nur von einer komplexen Variablen z abzuhängen, sie können vielmehr auch von endlich vielen komplexen Variablen $z_1, \ldots, z_n$ abhängen (bzw. in der ursprünglichen reellen Differentialgleichung (1) können anstelle der einen reellen Variablen x auch endlich viele, $x_1, \ldots, x_n$, vorkommen).

Ferner wollen wir noch bemerken, daß für die lineare Differentialgleichung (13) die hier anzuwendende Beweismethode gegenüber der klassischen Methode des Potenzreihenansatzes sogar noch eine Abschwächung der Voraussetzungen ermöglicht: Die Koeffizienten $a(t, z)$, $b(t, z)$, $c(t, z)$ brauchen nämlich von t nur stetig abzuhängen (als Funktion von z müssen sie allerdings nach wie vor holomorph abhängen).[1]

Zur Vorbereitung des angekündigten Beweises erinnern wir zunächst an die Cauchysche *Integralformel*. Letztere besagt: Ist $h = h(z)$ im (beschränkten) Gebiet G holomorph und in $\overline{G}$ stetig, so kann die Funktion h im Inneren von G durch ihre Werte auf dem Rande ∂G ausgedrückt werden:

$$h(z) = \frac{1}{2\pi i} \int_{\partial G} \frac{h(\zeta)}{\zeta - z}\, d\zeta.$$

Hierbei wird vorausgesetzt, daß der Rand ∂G eine (positiv durchlaufene) hinreichend glatte (oder wenigstens rektifizierbare) Kurve sei. Durch Differentiation unter dem Integral ergibt sich auch sofort die Cauchysche Integralformel für die Ableitung h', nämlich

$$h'(z) = \frac{1}{2\pi i} \int_{\partial G} \frac{h(\zeta)}{(\zeta - z)^2}\, d\zeta,$$

---

[1] Eine Abschwächung dieser Voraussetzung ist mit der Theorie der verallgemeinerten analytischen Funktionen möglich (vgl. В. Тучке, Обобщенные аналитические функции, зависящие от времени (обобщения теорем Коши—Ковалевской и Хольмгрена), 262 (1982), 1081—1085; zur Theorie verallgemeinerter analytischer Funktionen vgl. man die Monographie von I. N. Vekua, Verallgemeinerte analytische Funktionen, Berlin 1963).

womit gezeigt ist, daß sich auch die Ableitung einer holomorphen Funktion durch die Randwerte der Funktion selbst ausdrücken läßt.

Aus der Cauchyschen Integralformel folgt beispielsweise der *Weierstraßsche Konvergenzsatz*: *Ist eine Folge holomorpher Funktionen h_n gleichmäßig konvergent, so ist die Grenzfunktion h wieder holomorph. Dabei konvergieren die Ableitungen $h_n{}'$ in jedem kompakten Teil des Definitionsgebietes der h_n ebenfalls gleichmäßig; die Grenzfunktion der Ableitungen $h_n{}'$ ist dabei die Ableitung h' der Grenzfunktion.*

Um eine weitere wichtige Folgerung aus der Cauchyschen Integralformel zu ziehen, sei K eine kompakte Menge, die ganz im Innern des Gebietes G liege. Sei $d > 0$ der positive Mindestabstand der Menge K vom Rand ∂G. Daraus folgt: Ist z_0 ein beliebiger Punkt von K, so liegt die abgeschlossene Kreisscheibe um z_0 mit dem Radius d noch ganz in $\bar{G}$ (vgl. Abb. 38). Nun sei h wieder

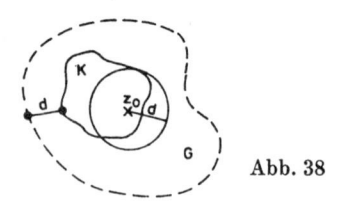

Abb. 38

in G holomorph und in $\bar{G}$ stetig. Wendet man die Cauchysche Integralformel für die Ableitung h' auf die Kreisscheibe mit z_0 als Mittelpunkt und d als Radius an, so folgt insbesondere

$$h'(z_0) = \frac{1}{2\pi i} \int\limits_{|\zeta - z_0| = d} \frac{h(\zeta)}{(\zeta - z_0)^2} \, d\zeta.$$

Ist N eine obere Schranke für den Betrag von h in G, so folgt durch Abschätzung des Kurvenintegrals:

$$|h'(z_0)| \leq \frac{1}{2\pi} N \frac{1}{d^2} 2\pi d = \frac{N}{d}.$$

Da z_0 ein beliebiger Punkt des Kompaktums K ist, ist damit gezeigt:

Ist eine holomorphe Funktion h in G betragsmäßig durch N beschränkt und ist K ein ganz im Innern von G gelegenes Kompaktum,

13. Anfangswertprobleme

dessen Mindestabstand vom Rande von G gleich d ist, so ist die Ableitung h' in K betragsmäßig durch $\dfrac{N}{d}$ beschränkt.

Um diese Aussage auf den Beweis des Satzes von CAUCHY-KOWALEWSKAJA anzuwenden, sei G die durch $|z| < R$ definierte Kreisscheibe. Voraussetzungsgemäß seien dann die Anfangswerte $u_0 = u_0(z)$ der gesuchten Lösung und (für jedes t, $0 \leq t \leq T$) die Koeffizienten $a = a(t, z)$, $b = b(t, z)$, $c = c(t, z)$ in G holomorph und in $\overline{G}$ stetig. Neben G werde noch die durch $|z| < r$ definierte Kreisscheibe G_r ($0 < r < R$) betrachtet. Ist $0 < r_1 < r_2 < R$, so ist $\overline{G}_{r_1}$ ein ganz in G_{r_2} gelegenes Kompaktum, das vom Rand von G_{r_2} den Abstand $r_2 - r_1$ besitzt (vgl. Abb. 39). Wendet man

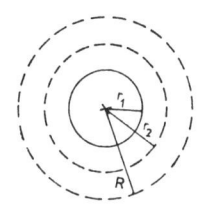

Abb. 39

die oben bewiesene Abschätzung auf $\overline{G}_{r_1}$ und G_{r_2} an, so folgt: Ist eine holomorphe Funktion in G_{r_2} betragsmäßig durch N_{r_2} beschränkt, so ist ihre Ableitung in $\overline{G}_{r_1}$ betragsmäßig durch $\dfrac{N_{r_2}}{r_2 - r_1}$ beschränkt.

Zusammen mit dem vorher zitierten Weierstraßschen Konvergenzsatz genügt diese Abschätzung als Hilfsmittel aus der Theorie holomorpher Funktionen, um den Satz von CAUCHY-KOWALEWSKAJA zu beweisen (es sei dabei nicht verschwiegen, daß daneben noch einige elementare Aussagen benutzt werden, wie beispielsweise der Fakt, daß Summe und Produkt holomorpher Funktionen wieder holomorph sind).

Um nun zu einem Beweis des Satzes von CAUCHY-KOWALEWSKAJA zu kommen, beachten wir zunächst, da $u = u(t, z)$ genau dann Lösung des Anfangswertproblems (12), (13) ist, wenn es Lösung der *Integrodifferentialgleichung*

$$u(t, z) = u_0(z) + \int_0^t \left(a(\tau, z)\, \frac{\partial u}{\partial z}(\tau, z) + b(\tau, z)\, u(\tau, z) + c(\tau, z) \right) d\tau \tag{14}$$

ist. Diese Aussage folgt sofort aus dem Hauptsatz der Differential- und Integralrechnung. Sie entspricht übrigens völlig der Umformung des Anfangswertproblems $y(0) = y_0$ bei einer gewöhnlichen Differentialgleichung

$$\frac{\mathrm{d}y}{\mathrm{d}t} = f(t, y)$$

in die Integralgleichung (vgl. hierzu auch Gleichung (3) in Kapitel 11, S. 119)

$$y(t) = y_0 + \int\limits_0^t f(\tau, y(\tau)) \, \mathrm{d}\tau. \tag{15}$$

Im Gegensatz zu dieser Integralgleichung treten bei (14) im Integranden noch Ableitungen auf. Um diese Ableitungen abschätzen zu können, wird die oben hergeleitete Abschätzung der Ableitung einer holomorphen Funktion gebraucht.

Die Integralgleichung (15) kann man bekanntlich durch sukzessive Approximation wie folgt lösen: Man setzt irgendeine Startfunktion in die rechte Seite von (15) ein und definiert damit eine „nullte" Näherung. Danach setzt man diese in die rechte Seite von (15) ein, wodurch man die sogenannte „erste" Näherung erhält. Durch Wiederholung dieses Verfahrens erhält man eine Folge von Näherungslösungen, die (bei geeigneten Voraussetzungen über die rechte Seite $f(t, y)$ der Differentialgleichung) gegen eine Lösung der Integralgleichung (15) und damit des Anfangswertproblems für die betrachtete gewöhnliche Differentialgleichung konvergiert.

Genau dasselbe Verfahren läßt sich auf die Integrodifferentialgleichung (14) anwenden. Verwendet man als Startfunktion die identisch verschwindende Funktion, so liefert die rechte Seite von (14) als nullte Näherung

$$v_0(t, z) = u_0(z) + \int\limits_0^t c(\tau, z) \, \mathrm{d}\tau.$$

Die $(k + 1)$-te Näherung wird dann rekursiv durch

$$\begin{aligned} v_{k+1}(t, z) \\ = u_0(z) + \int\limits_0^t \left(a(\tau, z) \frac{\partial v_k}{\partial z}(\tau, z) + b(\tau, z) \, v_k(\tau, z) + c(\tau, z) \right) \mathrm{d}\tau \end{aligned} \tag{16}$$

13. Anfangswertprobleme

definiert, $k = 0, 1, 2, \ldots$ Hierbei bedeutet $\dfrac{\partial v_k}{\partial z}$ die gewöhnliche komplexe Ableitung der bezüglich z holomorphen Funktion v_k. Aus der (induktiv angenommenen) Holomorphie von v_k folgt aber auch die Existenz der zweiten Ableitung $\dfrac{\partial^2 v_k}{\partial z^2}$, da eine holomorphe Funktion beliebig oft differenziert werden kann (wie übrigens unmittelbar aus der Cauchyschen Integralformel folgt). Wegen der Existenz von $\dfrac{\partial^2 v_k}{\partial z^2}$ folgt aus (16) sofort, daß auch v_{k+1} eine holomorphe Funktion bezüglich z ist. Das bedeutet, daß die rekursive Definition (16) der v_k die Holomorphie der v_k reproduziert, so daß die v_k tatsächlich für jedes $k = 0, 1, 2, \ldots$ definiert sind.

Um das Konvergenzverhalten der v_k zu untersuchen, werden zunächst einige Bezeichnungen eingeführt. Es seien A, B, C und D für $0 \leq t \leq T$ und $|z| \leq R$ Schranken der Beträge der Koeffizienten bzw. der Anfangswerte:

$$|a(t,z)| \leq A, \quad |b(t,z)| \leq B, \quad |c(t,z)| \leq C, \quad |u_0(z)| \leq D.$$

Aus beweistechnischen Gründen werde ferner $0 < R \leq 1$ vorausgesetzt. Die Definition der Funktion v_0 ergibt dann sofort

$$|v_0(t,z)| \leq D + CT \tag{17}$$

für alle t und z und weiter, daß sie eine holomorphe Funktion von z ist. Die Anwendung der oben hergeleiteten Abschätzung der Ableitung einer holomorphen Funktion liefert wegen (17) für $z \in \overline{G}_r$ die Abschätzung ($0 < r < R$)

$$\left| \frac{\partial v_0}{\partial z}(t,z) \right| \leq \frac{D + CT}{R - r}. \tag{18}$$

Andererseits folgt bei Beachtung von (16) mit $k = 0$ sofort

$$v_1(t,z) - v_0(t,z) = \int_0^t \left(a(\tau,z) \frac{\partial v_0}{\partial z}(\tau,z) + b(\tau,z) v_0(\tau,z) \right) d\tau.$$

Folglich ergibt sich unter Beachtung von (17), (18) für $z \in \overline{G}_r$ die Abschätzung

$$|v_1(t,z) - v_0(t,z)| \leq (D + CT)\left(\frac{A}{R-r} + B\right)t.$$

Beachtet man, daß $R - r < 1$ gilt, so erhält man auch

$$|v_1(t, z) - v_0(t, z)| \leq (D + CT) \frac{(A + B)\,\mathrm{e}t}{R - r} \tag{19}$$

(auf der rechten Seite dieser Abschätzung wurde noch als Faktor $\mathrm{e} = 2{,}718\ldots$, die Basis der natürlichen Logarithmen, hinzugefügt). Wir behaupten nun, daß für alle $z \in \overline{G}_r$ und für alle $k = 1, 2, \ldots$ die folgende Abschätzung gilt:

$$|v_k(t, z) - v_{k-1}(t, z)| \leq (D + CT)\left(\frac{(A + B)\,\mathrm{e}t}{R - r}\right)^k. \tag{20}$$

Wegen (19) gilt diese Abschätzung zunächst für $k = 1$. Um sie (durch Induktion) für beliebiges k zu beweisen, beachten wir (16) und die entsprechende Gleichung für $k - 1$ anstelle von k. Bildet man die Differenz dieser beiden Gleichungen, so folgt

$$v_{k+1}(t,z) - v_k(t,z) = \int_0^t \bigg(a(\tau, z)\left(\frac{\partial v_k}{\partial z}(\tau, z) - \frac{\partial v_{k-1}}{\partial z}(\tau, z)\right)$$
$$+ b(\tau, z)\big(v_k(\tau, z) - v_{k-1}(\tau, z)\big)\bigg) \mathrm{d}\tau. \tag{21}$$

Ist r mit $0 < r < R$ fest gewählt, so sei $r' = r + \dfrac{1}{k + 1}(R - r)$. Auf die im Integranden von (21) stehende Differenz wendet man nun die Induktionsvoraussetzung (20) mit r' anstelle von r an; man hat also

$$|v_k(t, z) - v_{k-1}(t, z)| \leq (D + CT)\left(\frac{(A + B)\,\mathrm{e}t}{R - r'}\right)^k$$

für alle $z \in \overline{G}_{r'}$. Hieraus ergibt sich für $z \in \overline{G}_r$ die folgende Abschätzung der Ableitung bezüglich z von $v_k - v_{k-1}$:

$$\left|\frac{\partial v_k}{\partial z}(t, z) - \frac{\partial v_{k-1}}{\partial z}(t, z)\right| \leq \frac{D + CT}{r' - r}\left(\frac{(A + B)\,\mathrm{e}t}{R - r'}\right)^k.$$

Beachtet man die beiden letzten Abschätzungen, so ergibt sich aus Formel (21) für $z \in \overline{G}_r$ zunächst

$$|v_{k+1}(t, z) - v_k(t, z)|$$
$$\leq (D + CT)\left(\frac{A}{r' - r} + B\right)\left(\frac{(A + B)\,\mathrm{e}}{R - r'}\right)^k \frac{t^{k+1}}{k + 1}.$$

13. Anfangswertprobleme

Wegen $r' - r < 1$ kann man wieder B durch das größere $\dfrac{B}{r' - r}$ ersetzen. Setzt man weiter den oben angegebenen Wert von r' ein und beachtet man

$$\left(\frac{k+1}{k}\right)^k = \left(1 + \frac{1}{k}\right)^k \leq e,$$

so geht die letzte Abschätzung in

$$|v_{k+1}(t,z) - v_k(t,z)| \leq (D + CT)\left(\frac{(A+B)\,et}{R-r}\right)^{k+1}$$

über. Das ist aber die Ungleichung (20) für $k+1$ anstelle von k, womit der Induktionsbeweis für (20) abgeschlossen ist.

Ist $k_1 < k_2$, so folgt wegen

$$v_{k_2} - v_{k_1} = \sum_{k=k_1+1}^{k_2} (v_k - v_{k-1})$$

für $z \in \overline{G}_r$ die Abschätzung

$$|v_{k_2}(t,z) - v_{k_1}(t,z)| \leq (D + CT)\sum_{k=k_1+1}^{k_2}\left(\frac{(A+B)\,et}{R-r}\right)^k,$$

so daß die Folge $\{v_k\}_{k=1,2,\ldots}$ sicher dann gleichmäßig konvergiert, falls $0 \leq t \leq \min\left(T, \dfrac{R-r}{2(A+B)\,e}\right)$ und $|z| \leq r$ ist.

Bezeichnet man die Grenzfunktion mit v, so konvergieren nach dem Weierstraßschen Konvergenzsatz in jedem kompakten Teil von G_r und für alle t auch die Ableitungen $\dfrac{\partial v_k}{\partial z}$ gleichmäßig gegen $\dfrac{\partial v}{\partial z}$.

Nun wird in (16) der Grenzübergang $k \to \infty$ vorgenommen. Wegen der gleichmäßigen Konvergenz können Integration und Grenzübergang vertauscht werden, so daß in jedem kompakten Teil von G_r, d. h. insbesondere in jedem Punkt von G_r, die Relation

$$v(t,z) = u_0(z) + \int_0^t \left(a(\tau,z)\frac{\partial v}{\partial z}(\tau,z) + b(\tau,z)v(\tau,z) + c(\tau,z)\right)\mathrm{d}\tau$$

folgt. Die Grenzfunktion $v = v(t,z)$ erfüllt also (14) und ist folglich Lösung des Anfangswertproblems (13), (12). Insgesamt ist damit gezeigt:

Satz 1. *Ist $0 < r < R$, so gibt es für alle (t, z) mit*

$$0 \leq t \leq \min\left(T, \frac{R-r}{2(A+B)\,\mathrm{e}}\right) \quad \text{und} \quad |z| \leq r$$

eine Lösung $v = v(t, z)$ der Differentialgleichung (13), *die für $t = 0$ die vorgegebenen Werte $u_0(z)$ annimmt.*

Neben der durch die Iterationsfolge (16) konstruierten Funktion v gibt es aber auch keine andere von z holomorph abhängende Lösung der Differentialgleichung (13) mit den gleichen Anfangswerten. Dies folgt sofort aus dem folgenden

Satz 2. *Es sei $\tilde{G}$ das durch $|z| < \tilde{R}$ definierte Gebiet, in dem für alle t mit $0 \leq t \leq \tilde{T}$ zwei (für jedes t holomorph von z abhängende) Lösungen $u_1 = u_1(t, z)$ und $u_2 = u_2(t, z)$ der Differentialgleichung* (13) *gegeben seien, die für $t = 0$ beide dieselben Anfangswerte besitzen sollen. Dann müssen u_1 und u_2 für alle t-Werte übereinstimmen.*

Beweis. Die Differenz $\tilde{u} = u_1 - u_2$ genügt der Differentialgleichung

$$\frac{\partial \tilde{u}}{\partial t} = a(t, z)\frac{\partial \tilde{u}}{\partial z} + b(t, z)\,\tilde{u}$$

und verschwindet für $t = 0$ identisch. Sei nun t_0 irgendein Wert aus dem Intervall $0 \leq t \leq \tilde{T}$, so daß $u(t_0, z)$ identisch in z verschwindet. Dann ist

$$\tilde{u}(t, z) = \int\limits_{t_0}^{t} \left(a(\tau, z)\frac{\partial \tilde{u}}{\partial z}(\tau, z) + b(\tau, z)\,u(\tau, z)\right) \mathrm{d}\tau. \qquad (22)$$

Wieder werde $0 < \tilde{R} \leq 1$ vorausgesetzt. Es soll gezeigt werden, daß für $0 < r_1 < r_2 < \tilde{R}$ und für jedes $k = 1, 2, \ldots$ die Abschätzung

$$\max_{|z| \leq r_1} |\tilde{u}(t, z)| \leq \left(\frac{(A+B)\,\mathrm{e}|t - t_0|}{r_2 - r_1}\right)^k \cdot \max_{|z| \leq r_2, t'} |\tilde{u}(t', z)| \qquad (23)$$

gilt, wobei das Maximum bezüglich t' über das Intervall $t_0 \leq t' \leq t$ bzw. $t \leq t' \leq t_0$ erstreckt wird.

Zunächst soll diese Abschätzung für $k = 1$ bewiesen werden. Ist τ ein beliebiger Punkt des durch $t_0 \leq \tau \leq t$ bzw. $t \leq \tau \leq t_0$ definierten Intervalls, so kann man $|\tilde{u}(\tau, z)|$ für alle z mit $|z| \leq r_2$

13. Anfangswertprobleme

durch
$$\max_{|z| \leq r_2, t'} |\tilde{u}(t', z)|$$

abschätzen, wobei wieder das Maximum bezüglich t' über das ganze Intervall $t_0 \leq t' \leq t$ bzw. $t \leq t' \leq t_0$ erstreckt wird. Beschränkt man z auf die kleinere Kreisscheibe $|z| \leq r_1$, so kann man die Ableitung von $\tilde{u}$ wieder durch

$$\left|\frac{\partial \tilde{u}}{\partial z}(\tau, z)\right| \leq \frac{1}{r_2 - r_1} \max_{|z| \leq r_2, t'} |\tilde{u}(t', z)|$$

abschätzen. Durch Abschätzung des auf der linken Seite von (22) stehenden Integrals ergibt sich für alle z mit $|z| \leq r_1$ die Abschätzung

$$|\tilde{u}(t, z)| \leq \left(\frac{A}{r_2 - r_1} + B\right) \cdot \max_{|z| \leq r_2, t} |\tilde{u}(t', z)| \cdot |t - t_0|.$$

Da B durch das größere $\dfrac{B}{r_2 - r_1}$ ersetzt werden kann, ist Formel (23) damit zunächst für $k = 1$ bewiesen (da $e > 1$ ist).

Wir nehmen nun an, daß die Abschätzung (23) bei beliebigen r_1, r_2 bereits für k bewiesen sei. Setzt man

$$r_3 = r_1 + \frac{1}{k+1}(r_2 - r_1),$$

so gilt also insbesondere auch

$$\max_{|z| \leq r_3} |\tilde{u}(t, z)| \leq \left(\frac{(A+B)|t-t_0|}{r_2 - r_3}\right)^k \max_{|z| \leq r_2, t'} |\tilde{u}(t', z)|.$$

Aus dieser Abschätzung von $\tilde{u}$ folgt dann wieder für die Ableitung $\dfrac{\partial \tilde{u}}{\partial z}$ die Abschätzung

$$\max_{|z| \leq r_1} \left|\frac{\partial \tilde{u}}{\partial z}(t, z)\right| \leq \frac{1}{r_3 - r_1}\left(\frac{(A+B)\,e\,|t-t_0|}{r_2 - r_3}\right)^k \cdot \max_{|z| \leq r_2, t'} |\tilde{u}(t', z)|. \quad (24)$$

Die Ungleichungen (23) und (24) benötigt man nun für alle Werte der Integrationsvariablen in (22). Ersetzt man in (23) und (24) die Variable t durch τ, so ist das Maximum auf der rechten Seite über $t_0 \leq t' \leq \tau$ bzw. über $\tau \leq t' \leq t_0$ zu erstrecken. Dieses Maximum vergrößert man nur, wenn man es stattdessen über das größere Intervall $t_0 \leq t' \leq t$ bzw. $t \leq t' \leq t_0$ erstreckt. Durch diese Vergrößerung des Intervalls wird das Maximum insbesondere von der Integrationsvariablen unabhängig, und man kann es bei der Integration vor das Integral ziehen. Damit folgt für $|z| \leq r_1$ wegen $r_2 - r_1 > r_2 - r_3$ nach (22)

$$|\bar{u}(t, z)| \leq \left(\frac{A}{r_3 - r_1} + B\right) \left(\frac{(A + B)\,\mathrm{e}}{r_2 - r_3}\right)^k \cdot \max_{|z| \leq r_2 t'} |\bar{u}(t, z)| \frac{|t - t_0|^{k+1}}{k + 1}.$$

Bei Beachtung von $B < \dfrac{B}{r_3 - r_1}$, durch Einsetzen des gewählten Wertes von r_3 und bei nochmaliger Berücksichtigung von $\left(1 + \dfrac{1}{k}\right)^k < \mathrm{e}$ folgt hieraus schließlich die Abschätzung (23) mit $k + 1$ anstelle von k, so daß (23) damit für alle k bewiesen ist. Durch Verwendung dieser Abschätzung kann man den Beweis von Satz 2 nun wie folgt zu Ende führen:

Für alle t mit $|t - t_0| < \dfrac{r_2 - r_1}{(A + B)\,\mathrm{e}}$ folgt durch den Grenzübergang $k \to \infty$ aus (23) sofort

$$\max_{|z| \leq r_1} |\bar{u}(t, z)| = 0. \tag{25}$$

Die Variable t_0 ist dabei so gewählt worden, daß $\bar{u}(t_0, z)$ identisch in z verschwindet. Das Resultat (25) zeigt, daß dann u auch für zu t_0 benachbarten t identisch in z verschwindet. Die Menge aller t_0-Werte ist daher eine (relativ) offene Menge in $[0, \tilde{T}]$. Andererseits ist diese Menge aber auch abgeschlossen. Aus beiden Aussagen folgt, daß die betrachteten t_0-Werte das ganze Intervall $[0, \tilde{T}]$ ausmachen müssen. Das bedeutet aber, daß $\bar{u}(t, z)$ tatsächlich für alle t und alle z gleich Null sein muß, womit Satz 2 bewiesen ist.

Als nächstes soll eine Anwendung des Satzes von CAUCHY-KOWALEWSKAJA gezeigt werden: Wir betrachten die Differentialgleichung

$$\frac{\partial^2 u}{\partial t^2} = \frac{\partial^2 u}{\partial x_1^2} + \frac{\partial^2 u}{\partial x_2^2} + \frac{\partial^2 u}{\partial x_3^2}, \tag{26}$$

die Wellenausbreitungen im (x_1, x_2, x_3)-Raum beschreibt (t = Zeit). Das Anfangswertproblem für diese Differentialgleichung besteht darin, zum Anfangszeitpunkt $t = 0$ die Werte von u und von

13. Anfangswertprobleme

$\dfrac{\partial u}{\partial t}$ vorzuschreiben:

$$u(0, x_1, x_2, x_3) = \varphi(x_1, x_2, x_3),$$
$$\dfrac{\partial u}{\partial t}(0, x_1, x_2, x_3) = \psi(x_1, x_2, x_3).$$
(27)

Setzt man $\dfrac{\partial u}{\partial t} = u_0$, $\dfrac{\partial u}{\partial x_i} = u_i$, so geht wegen

$$\dfrac{\partial u_i}{\partial t} = \dfrac{\partial^2 u}{\partial x_i\, \partial t} = \dfrac{\partial u_0}{\partial x_i} \quad \text{und} \quad \dfrac{\partial^2 u}{\partial x_i{}^2} = \dfrac{\partial u_i}{\partial x_i}$$

die Differentialgleichung (26) in das System

$$\begin{aligned}
\dfrac{\partial u}{\partial t} &= u_0, \\
\dfrac{\partial u_0}{\partial t} &= \dfrac{\partial u_1}{\partial x_1} + \dfrac{\partial u_2}{\partial x_2} + \dfrac{\partial u_3}{\partial x_3}, \\
\dfrac{\partial u_i}{\partial t} &= \dfrac{\partial u_0}{\partial x_i}, \qquad i = 1, 2, 3.
\end{aligned}$$
(28)

über. Die darin vorkommenden fünf Funktionen u, u_0, u_1, u_2, u_3 besitzen für $t = 0$ die Anfangswerte

$$\begin{aligned}
u(0, x_1, x_2, x_3) &= \varphi(x_1, x_2, x_3), \\
u_0(0, x_1, x_2, x_3) &= \psi(x_1, x_2, x_3), \\
u_i(0, x_1, x_2, x_3) &= \dfrac{\partial \varphi}{\partial x_i}(x_1, x_2, x_3),
\end{aligned}$$
(29)

wenn u die Anfangswerte (27) besitzt. Man bestätigt leicht durch eine analoge Rechnung in umgekehrter Richtung, daß u der Differentialgleichung (26) und der Anfangsbedingung (27) genügt, wenn u, u_0, u_1, u_2, u_3 dem System (28) und den Anfangsbedingungen (29) genügen. Wendet man nun auf das System (26), das ein System erster Ordnung mit konstanten Koeffizienten ist, den Satz von CAUCHY-KOWALEWSKAJA (für mehrere räumliche Variable) an, so folgt:

Falls die Anfangswerte $\varphi(x_1, x_2, x_3)$ und $\psi(x_1, x_2, x_3)$ Potenzreihendarstellungen besitzen, so gibt es eine Lösung $u = u(t, x_1, x_2, x_3)$

der Wellengleichung, die für jedes feste t eine Potenzreihe in x_1, x_2, x_3 ist.

Ersetzt man die reelle Variable x durch das komplexe z, so geht die Differentiation $\dfrac{\partial}{\partial x}$ in die als gewöhnliche komplexe Differentiation aufzufassende Differentiation $\dfrac{\partial}{\partial z}$ über. Als Lösungen der dabei entstehenden komplexen Differentialgleichungen (beispielsweise geht (1) in (11) über) kommen daher nur Funktionen in Frage, die für jedes t holomorph von z abhängen. Andererseits sind bei der ursprünglichen reellen Differentialgleichung aber auch Lösungen denkbar, die als Funktionen von t und x nur stetig differenzierbar sind, die also keine Potenzreihen in x sind. Hierüber sagt nun der *Satz von* HOLMGREN folgendes aus:

Sind sowohl die Anfangswerte als auch die rechte Seite der Differentialgleichung als Potenzreihen darstellbar, so muß dasselbe auch für jede stetig differenzierbare Lösung der betrachteten Differentialgleichung gelten.

Einzelheiten über genaue Formulierung und Beweis entnehme man der einschlägigen Literatur, zum Beispiel dem Buch von R. COURANT über partielle Differentialgleichungen (Moskau 1962, in Russisch).

Auf das Beispiel der Wellengleichung angewandt, besagt der Satz von HOLMGREN, daß außer der nach dem Satz von CAUCHY-KOWALEWSKAJA existierenden Potenzreihenlösung (bei entsprechenden Anfangswerten $\varphi(x_1, x_2, x_3)$ und $\psi(x_1, x_2, x_3)$) keine weitere Lösung existieren kann (was allerdings auch auf anderem Wege — vgl. das soeben zitierte Buch von R. COURANT — erschlossen werden kann).

14. Regularitätssätze für Lösungen partieller Differentialgleichungen. Das Weylsche Lemma

In diesem Kapitel wollen wir uns nochmals mit partiellen Differentialgleichungen beschäftigen. Es sei G ein beschränktes Gebiet des $\mathbb{R}^3$, wobei die Koordinaten mit x_1, x_2, x_3 bezeichnet werden sollen. Ist

$$\Delta = \frac{\partial^2}{\partial x_1{}^2} + \frac{\partial^2}{\partial x_2{}^2} + \frac{\partial^2}{\partial x_3{}^2},$$

14. Weylsches Lemma

so wollen wir einen Satz beweisen über die sogenannte Laplacesche Differentialgleichung

$$\Delta u = 0,$$

die für die mathematische Physik fundamentale Bedeutung hat. Sind u, v, w genügend oft stetig differenzierbare reellwertige Funktionen in G und bezeichnet dx das Volumenelement $dx_1\, dx_2\, dx_3$ im $\mathbb{R}^3$, so ist

$$\iiint\limits_{G} \frac{\partial}{\partial x_i} (uw)\, dx = \iint\limits_{\partial G} \ldots, \tag{1}$$

wie man sofort sieht, wenn man — nach dem Hauptsatz der Differential- und Integralrechnung — die Differentiation bezüglich x_i mit der Integration in x_i-Richtung aufhebt. Der Integrand des auf der rechten Seite stehenden Integrals über den Rand ∂G von G ist dabei das nicht differenzierte Produkt uw. Setzt man in (1) für w die Ableitung $\dfrac{\partial v}{\partial x_i}$ der ebenfalls gegebenen Funktion v ein und führt die Differentiation des Produktes aus, so folgt

$$\iiint\limits_{G} \left(u\, \frac{\partial^2 v}{\partial x_i^2} + \frac{\partial u}{\partial x_i}\, \frac{\partial v}{\partial x_i} \right) dx = \iint\limits_{\partial G} \ldots, \tag{2}$$

wobei im Integranden des Randintegrals rechts jetzt $u\, \dfrac{\partial v}{\partial x_i}$ steht. Schreibt man (2) für jedes $i = 1, 2, 3$ auf und addiert alle diese Gleichungen, so folgt

$$\iiint\limits_{G} \left(u\, \Delta v + \sum_i \frac{\partial u}{\partial x_i}\, \frac{\partial v}{\partial x_i} \right) dx = \iint\limits_{\partial G} \ldots \tag{3}$$

Vertauscht man in dieser Formel u und v miteinander, so folgt aus (3)

$$\iiint\limits_{G} \left(v\, \Delta u + \sum_i \frac{\partial v}{\partial x_i}\, \frac{\partial u}{\partial x_i} \right) dx = \iint\limits_{\partial G} \ldots \tag{4}$$

Subtrahiert man schließlich von (3) diese Formel (4), so ergibt sich

$$\iiint\limits_{G} (u\, \Delta v - v\, \Delta u)\, dx = \iint\limits_{\partial G} \ldots \tag{5}$$

Der Integrand des auf der rechten Seite von (5) stehenden Randintegrals enthält neben den Funktionen u, v selbst auch deren ersten Ableitungen, wobei jeder Summand des Integranden jede der beiden Funktionen u, v selbst bzw. eine ihrer Ableitungen als Faktor enthält. Formel (5) wird als (symmetrische) *Greensche Integralformel* bezeichnet.

Bevor diese Formel (5) auf die Theorie partieller Differentialgleichungen angewandt werden soll, wird zunächst der Begriff einer *Testfunktion* für G eingeführt. Darunter versteht man eine in ganz G definierte Funktion φ, die außerhalb einer ganz im Innern von G enthaltenen (abgeschlossenen) Menge K (vgl. Abb. 40) identisch verschwindet. Mit anderen Worten: Testfunktionen

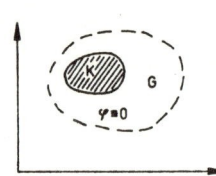

Abb. 40

sind in G definierte Funktionen, die in einer Umgebung des Randes von G identisch verschwinden. Dabei können für zwei Testfunktionen die jeweils zugehörigen Mengen K durchaus verschieden voneinander sein. Testfunktionen setzt man als beliebig oft differenzierbar voraus oder zumindest als so oft differenzierbar, daß alle in einer zu betrachtenden Differentialgleichung vorkommenden Ableitungen für die Testfunktionen existieren.

Nun sei φ eine zweimal stetig differenzierbare Testfunktion. Setzt man in (5) für v diese Testfunktion φ und für u eine gegebene (ebenfalls zweimal stetig differenzierbare) Lösung u der Differentialgleichung

$$\Delta u = 0$$

ein, so folgt

$$\iiint\limits_G u\,\Delta\varphi\,\mathrm{d}x = 0, \tag{6}$$

da das Randintegral auf der rechten Seite deswegen wegfällt, weil φ und damit auch die ersten Ableitungen von φ in der Nähe des Randes von G gleich Null sind. Diese Gleichung (6) gilt bei beliebiger Wahl der Testfunktion φ und kann als eine Eigenschaft aufgefaßt werden, die einer Lösung u der Differential-

14. Weylsches Lemma

gleichung $\Delta u = 0$ zukommt. Bei der Herleitung von (6) wurde wesentlich von der Tatsache Gebrauch gemacht, daß u eine zweimal stetig differenzierbare Lösung von $\Delta u = 0$ ist. Das schließt natürlich nicht die Möglichkeit aus, daß es noch weitere (integrierbare) Funktionen u geben könnte, für die die Relation (6) bei jeder Wahl der Testfunktion erfüllt ist. Daß dies tatsächlich nicht der Fall sein kann, folgt aus der nachstehenden Aussage, die als *Weylsches Lemma* bezeichnet wird:

Ist u eine (etwa stetige) Funktion, für die bei jeder Wahl der Testfunktion φ die Relation (6) erfüllt ist, so ist u notwendig eine zweimal (sogar beliebig oft) stetig differenzierbare Lösung von $\Delta u = 0$.

Die klassischen, zweimal stetig differenzierbaren Lösungen der Differentialgleichung $\Delta u = 0$ lassen sich demzufolge durch die ableitungsfreie Relation (6) charakterisieren, d. h., die Menge aller Lösungen von $\Delta u = 0$ ist mit der Menge aller Funktionen u identisch, für die die Relation (6) bei beliebiger Testfunktion φ erfüllt ist.

Bevor für das Weylsche Lemma ein schöner Beweis gegeben wird, soll noch auf die Bedeutung der Relation (6) hingewiesen werden. Es gibt nämlich Differentialgleichungen, bei denen eine zu (6) analoge ableitungsfreie Relation auch für Funktionen erfüllt werden kann, die möglicherweise nicht alle in der Differentialgleichung vorkommenden Ableitungen besitzen, die also folglich auch keine Lösungen der Differentialgleichung im klassischen Sinne sein können. Solche Funktionen, die keine klassischen Lösungen sind, wohl aber die ableitungsfreie Integralrelation für alle Testfunktionen erfüllen, können als *verallgemeinerte Lösungen* der Differentialgleichung (auch Sobolew-Lösungen genannt) aufgefaßt werden. Die damit vorgenommene Erweiterung des Begriffes „Lösung einer Differentialgleichung" hat prinzipielle Bedeutung insbesondere für die Theorie partieller Differentialgleichungen.

Um nun zu dem angekündigten schönen Beweis des Weylschen Lemmas zu kommen, definieren wir zunächst den Begriff einer harmonischen Funktion. Eine in G definierte und stetige Funktion u heißt *harmonisch*, wenn sie folgende Mittelwerteigenschaft besitzt:

In jedem Punkt P_0 von G ist ihr Funktionswert gleich ihrem Mittelwert über den Rand jeder ganz in G enthaltenen (abgeschlossenen) Kugel.

Dabei ist der Mittelwert von u definiert als das über den Rand genommene Flächenintegral von u dividiert durch die Größe der Fläche.

Ist u nicht nur in G, sondern im Abschluß $\bar{G}$ (des als beschränkt vorausgesetzten Gebietes G) definiert und stetig, so ist aus der Differential- und Integralrechnung bekannt, daß u nach oben und nach unten beschränkt ist und in wenigstens je einem Punkt von $\bar{G}$ sein Maximum bzw. sein Minimum annimmt. Für in $\bar{G}$ stetige und in G harmonische Funktionen gilt darüber hinaus das folgende *Maximum-Minimum-Prinzip*:

Maximum und Minimum werden in wenigstens je einem Randpunkt von G angenommen.

Der Beweis — wir führen ihn für den Fall des Maximums — ergibt sich sofort aus dem Begriff der harmonischen Funktion. Wäre die behauptete Aussage nämlich nicht richtig, so nähme u sein Maximum in einem inneren Punkt P^* von G an und wäre gleichzeitig überall auf dem Rande kleiner als dieses Maximum. Nun wähle man um P^* eine so große (abgeschlossene) Kugel, die zwar noch ganz im Innern von G liegt, deren Rand aber dem Rand von G so nahe kommt, daß es auf ihrem Rande Punkte gibt, in denen der Funktionswert von u kleiner als das Maximum ist. Eine solche Wahl der Kugel ist möglich, da u aus Stetigkeitsgründen nicht nur auf dem Rand von G selbst, sondern auch noch in einer Umgebung dieses Randes echt kleiner als das Maximum ist.

Wenn es aber eine Kugel um P^* so gibt, daß u auf einem Teil deren Randes kleiner als das Maximum ist, so ist auch der Mittelwert kleiner als das Maximum. Da andererseits der Mittelwert aber gleich dem Funktionswert $u(P^*)$ sein muß, erhalten wir einen Widerspruch, da der Funktionswert $u(P^*)$ maximal sein sollte.

Als zweite Vorbereitung für den Beweis des Weylschen Lemmas erinnern wir an die *Poissonsche Integralformel* für Lösungen der Laplaceschen Differentialgleichung:

Es sei $K_R(P_0)$ die (abgeschlossene) Kugel mit dem Mittelpunkt P_0 und dem Radius R (vgl. Abb. 41). Ist dann u in $K_R(P_0)$ stetig und im Innern der Kugel Lösung der Laplaceschen Differentialgleichung, so kann u in inneren Punkten P der Kugel dargestellt werden durch

$$u(P) = \frac{1}{4\pi R} \iint\limits_{\partial K_R(P_0)} g(Q) \, \frac{R^2 - r^2}{s^3} \, \mathrm{d}F.$$

Dabei ist Q der Integrationspunkt auf dem Rande $\partial K_R(P_0)$ der Kugel, dF ist das Oberflächenelement der Kugeloberfläche, r ist der Abstand des variablen Punktes P vom Mittelwert P_0, und s ist der Abstand des Punktes P vom Integrationspunkt Q (vgl. Abb. 42). Schließlich bedeutet $g(Q)$ den Randwert von u im Randpunkt Q (wir erinnern beiläufig daran, daß man g beliebig — etwa stetig — auf dem Rand vorgeben kann und durch die Poissonsche Integralformel dann die eindeutig bestimmte Lösung der Laplaceschen Differentialgleichung mit den Randwerten g erhalten kann).

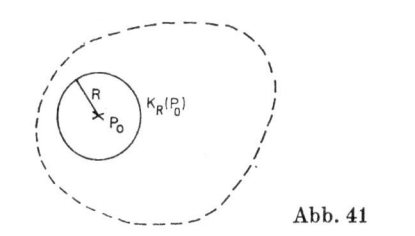

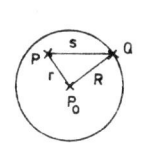

Abb. 41

Abb. 42

Spezialisieren wir in der Poissonschen Integralformel den variablen Punkt P zu P_0, so ist $r = 0$ und $s = R$, so daß

$$u(P_0) = \frac{1}{4\pi R^2} \iint\limits_{\partial K_R(P_0)} g(Q) \, \mathrm{d}F$$

folgt. Das bedeutet aber, daß der Funktionswert von u im Mittelpunkt der Kugel gleich dem Mittelwert der Randwerte ist.

Somit ist gezeigt, *daß jede (klassische) Lösung der Laplaceschen Differentialgleichung notwendig eine harmonische Funktion ist.*

Von dieser Aussage gilt auch die Umkehrung:

Ist die (stetige) Funktion u harmonisch, so ist sie beliebig oft differenzierbar und notwendig auch Lösung der Laplaceschen Differentialgleichung.

Diese wichtige Aussage ergibt sich unmittelbar aus dem Maximum-Minimum-Prinzip für harmonische Funktionen. Ist nämlich P_0 ein beliebiger Punkt des Definitionsgebietes einer als harmonisch vorausgesetzten Funktion, so betrachte man eine ganz im Definitionsgebiet von u enthaltene Kugel $K_R(P_0)$. Weiter sei $\tilde{u}$ diejenige Lösung der Laplaceschen Differentialgleichung in $K_R(P_0)$, die auf dem Rande dieser Kugel dieselben Werte wie die vorgegebene harmonische Funktion u besitzt. Da $\bar{u}$ selbst harmonisch ist, ist auch $u - \bar{u}$ (im Innern von $K_R(Q_0)$) harmonisch.

Andererseits ist nach Definition von $\bar{u}$ aber $u - \bar{u}$ auf dem Rande von $K_P(P_0)$ identisch Null. Nach dem Maximum-Minimum-Prinzip für harmonische Funktionen muß dann aber $u - \bar{u}$ auch im Innern der betrachteten Kugel identisch Null sein, so daß u gleich $\bar{u}$ sein muß. Insgesamt ist damit gezeigt, daß zu jedem Punkt des Definitionsgebietes von u eine Umgebung existiert, in der die vorgegebene harmonische Funktion eine klassische Lösung der Laplaceschen Differentialgleichung ist.

Die damit vollständig bewiesene Behauptung, daß eine harmonische Funktion notwendig Lösung der Laplaceschen Differentialgleichung sein muß, hat aus folgendem Grunde prinzipielle Bedeutung:

Um den Begriff einer harmonischen Funktion fassen zu können, braucht man keinerlei Differenzierbarkeitseigenschaften der Funktion vorauszusetzen (man setzt lediglich Stetigkeit voraus, um die für die Berechnung der Mittelwerte erforderliche Integration ausführen zu können); trotz nicht vorausgesetzter Differenzierbarkeit ergab sich, daß eine harmonische Funktion notwendig beliebig oft differenzierbar ist.

Der angekündigte **Beweis des Weylschen Lemmas** wird dadurch geführt werden, daß gezeigt werden wird, daß jede (stetige) Sobolew-Lösung der Laplaceschen Differentialgleichung eine harmonische Funktion ist. Unter Beachtung obigen Resultates über harmonische Funktionen ist damit jede Sobolew-Lösung der Laplaceschen Differentialgleichung als (beliebig oft differenzierbare) klassische Lösung erkannt. Um die Harmonizität einer Sobolew-Lösung zu beweisen, sei P_0 ein beliebiger Punkt des Definitionsgebietes. Wir betrachten dann alle Radien $R > 0$, für die $K_R(P_0)$ ganz im Innern des Definitionsgebietes liegt. Ist r der Polarabstand eines variablen Punktes P von P_0, so werde die Hilfsfunktion φ durch

$$\varphi(r) = \begin{cases} (R^2 - r^2)^3, & \text{falls } r < R, \\ 0 & \text{sonst} \end{cases}$$

definiert. Da erste und zweite Ableitungen von φ ebenso wie φ selbst auch auf der Kreislinie $r = R$ stetig sind (beim Differenzieren nach der Kettenregel bleibt im Innern von $K_R(P_0)$ bei den ersten Ableitungen der Faktor $(R^2 - r^2)^2$, bei den zweiten wenigstens der Faktor $R^2 - r^2$ stehen), ist φ eine zweimal stetig differenzierbare Testfunktion. Da für nur von r abhängende Funktionen

$$\Delta\varphi = \frac{d^2\varphi}{dr^2} + \frac{2}{r}\frac{d\varphi}{dr}$$

ist, ergibt sich für die oben definierte Testfunktion

$$\Delta\varphi = -6(R^2 - r^2)(3R^2 - 7r^2).$$

Beachtet man, daß φ außerhalb $K_R(P_0)$ identisch verschwindet, so ergibt sich durch Einsetzen dieses Ausdrucks in (6), wenn noch durch -6 dividiert wird, die Aussage

$$\iiint\limits_{K_R(P_0)} u(R^2 - r^2)(3R^2 - 7r^2)\,dx = 0. \tag{7}$$

Dieses muß für jedes $R > 0$ gelten, für das $K_R(P_0)$ noch ganz in G liegt. Daher muß auch diejenige Gleichung gelten, die man aus (7) durch Differentiation nach R erhält. Bei dem in (7) stehenden Integral hängt außer dem Integranden aber auch das Integrationsgebiet von R ab. Wie in der Differential- und Integralrechnung gezeigt wird, ist die Ableitung eines solchen Integrals nach R gleich der Summe aus dem Raumintegral über den nach R differenzierten Integranden und dem Randintegral über den undifferenzierten Integranden, in diesen natürlich $r = R$ eingesetzt. Da der Integrand von (7) für $r = R$ den Wert Null besitzt, bleibt bei der Differentiation von (7) nach R nur das Raumintegral stehen. Da

$$(R^2 - r^2)(3R^2 - 7r^2) = 3R^4 - 10r^2R^2 + 7r^4$$

und

$$\frac{d}{dR}[(R^2 - r)(3R^2 - 7r^2)] = 12R^3 - 20r^2R$$

ist, ergibt sich aus (7) durch Differentiation nach R, wenn man noch durch $4R$ dividiert:

$$\iiint\limits_{K_R(P_0)} u(3R^2 - 5r^2)\,dx = 0.$$

Differenziert man noch diese Gleichung nach R, so bleibt auch das Randintegral stehen. Durch Anwendung oben erwähnter Differentiationsregel ergibt sich

$$6R\iiint\limits_{K_R(P_0)} u\,dx - 2R^2\iint\limits_{\partial K_R(P_0)} u\,dF = 0,$$

wenn dF wieder das Oberflächenelement von $\partial K_R(P_0)$ bezeichnet. Dividiert man durch $8\pi R^4$, so ergibt sich aus der letzten Gleichung sofort

$$\frac{1}{4\pi R^2} \iint\limits_{\partial K_R(P_0)} u\, dF = \frac{3}{4\pi} \frac{1}{R^3} \iiint\limits_{K_R(P_0)} u\, dx. \tag{8}$$

Der links stehende Quotient ist aber nichts anderes als der Mittelwert von u auf dem Rande $\partial K_R(P_0)$ der Kugel. Die Ableitung der rechten Seite von (8) nach R ist

$$\frac{3}{4\pi} \left(-\frac{3}{R^4} \iiint\limits_{K_R(P_0)} u\, dx + \frac{1}{R^3} \iint\limits_{\partial K_R(P_0)} u\, dF \right),$$

wenn man wiederum die oben formulierte Differentiationsregel von parameterabhängigen Integralen anwendet. Beachtet man nochmals (8), so zeigt sich, daß der in der letzten Klammer stehende Ausdruck gleich Null ist. Also ist auch die Ableitung nach R der linken Seite von (8) gleich Null. Demnach ist der Mittelwert von u auf dem Rande von $K_R(P_0)$ vom Radius R unabhängig. Andererseits besitzt der auf der linken Seite von (8) stehende Ausdruck nach dem Mittelwertsatz der Integralrechnung für $R \to 0$ aber den Limes $u(P_0)$. Wegen der Unabhängigkeit des Mittelwertes von R ist damit also gezeigt:

Der Mittelwert von u ist für jedes (zulässige) R gleich $u(P_0)$, so daß u als harmonische Funktion erkannt worden ist. Damit ist aber der Beweis des Weylschen Lemmas vollendet.

Ergänzend weisen wir darauf hin, daß der hier durchgeführte Beweis des Weylschen Lemmas mit geringen Modifikationen auch auf den Fall des $\mathbb{R}^n$ mit beliebigem $n \geq 2$ ausgedehnt werden kann. Ferner gilt das Weylsche Lemma natürlich auch, wenn G ein unbeschränktes Gebiet ist.

Weiterhin wollen wir noch erwähnen, daß das Weylsche Lemma nicht nur für die oben betrachteten Sobolew-Lösungen der Laplaceschen Differentialgleichung gilt, daß vielmehr auch jede sogenannte Distributionenlösung dieser Differentialgleichung notwendig eine klassische Lösung sein muß. Diese Aussage soll hier nicht bewiesen werden, es soll aber der Begriff einer Distribution bzw. einer Distributionenlösung erläutert werden.

Dazu sei G wieder ein Gebiet im $\mathbb{R}^3$, u eine in G definierte reellwertige und stetige (oder auch nur lokal integrierbare) Funktion, und φ sei eine beliebige (reellwertige) Testfunktion in G. Von jetzt an wollen wir nur solche Testfunktionen (also Funktionen mit kompaktem Träger in G) betrachten, die beliebig oft differenzierbar sind. Ihre Gesamtheit werde mit $\mathcal{D}$ bezeichnet. Jedem zu $\mathcal{D}$ gehörenden φ wird nun durch

$$\iiint\limits_G u\varphi \, \mathrm{d}x \tag{9}$$

eine Zahl zugeordnet, die wir mit $T[\varphi]$ bezeichnen wollen. Da φ überall außerhalb seines Trägers gleich Null ist, genügt es, in (9) über den Träger von φ zu integrieren (der *Träger* ist der Abschluß der Menge aller Punkte von G, in denen $\varphi \neq 0$ ist). Daher kann (9) beispielsweise auch dann gebildet werden, wenn u am Rande von G unbeschränkt ist.

Durch das Integral (9) wird also eine Abbildung T von $\mathcal{D}$ in den Raum $\mathbb{R}$ aller reellen Zahlen definiert. Diese Abbildung ist *linear*, da für beliebige Elemente φ_1, φ_2 von $\mathcal{D}$ und für beliebige reelle Zahlen α_1, α_2 die Relation

$$\begin{aligned}
T[\alpha_1\varphi_1 + \alpha_2\varphi_2] &= \iiint\limits_G u(\alpha_1\varphi_1 + \alpha_2\varphi_2) \, \mathrm{d}x \\
&= \alpha_1 \iiint\limits_G u\varphi_1 \, \mathrm{d}x + \alpha_2 \iiint\limits_G u\varphi_2 \, \mathrm{d}x \\
&= \alpha_1 T[\varphi_1] + \alpha_2 T[\varphi_2]
\end{aligned}$$

gilt. Man kann übrigens zeigen, daß T auch *stetig* ist, falls in $\mathcal{D}$ ein geeigneter Umgebungsbegriff eingeführt wird.[1]) Hiervon ausgehend definieren wir:

Eine *Distribution* ist eine lineare und stetige Abbildung von $\mathcal{D}$ in $\mathbb{R}$.

Damit ist insbesondere jede Abbildung von $\mathcal{D}$ in $\mathbb{R}$, die durch ein Integral der Form (9) mit einer festen (stetigen oder lokal integrierbaren) Funktion u definiert wird, eine Distribution. Jede Distribution, die sich in der Form (9) darstellen läßt, heißt *regulär*.

Im folgenden sei T zunächst wieder eine reguläre Distribution, die von der Funktion u erzeugt werde. Über u nehmen wir ergänzend an, daß auch die partielle Ableitung $\dfrac{\partial u}{\partial x_i}$ im gewöhnlichen Sinne existiere und stetig (bzw. lokal integrierbar) sei.

---

[1]) Der an einer weitergehenden Darstellung der Distributionentheorie interessierte Leser sei beispielsweise auf das Buch von L. SCHWARTZ, Théorie des distributions, Paris 1966, verwiesen.

Analog zu (9) wird dann durch diese Ableitung $\dfrac{\partial u}{\partial x_i}$ eine weitere reguläre Distribution $T_i{}'$ erzeugt:

$$T_i{}'[\varphi] = \iiint\limits_G \frac{\partial u}{\partial x_i}\,\varphi\,\mathrm{d}x. \tag{10}$$

Beachtet man, daß φ überall am Rande von G gleich Null ist, so folgt durch partielle Integration in x_i-Richtung

$$\iiint\limits_G \frac{\partial u}{\partial x_i}\,\varphi\,\mathrm{d}x = -\iiint\limits_G u\,\frac{\partial \varphi}{\partial x_i}\,\mathrm{d}x.$$

Mit φ ist aber auch $\dfrac{\partial \varphi}{\partial x_i}$ eine zu $\mathfrak{D}$ gehörende Testfunktion, und man kann bei Berücksichtigung der Definition von $T[\varphi]$ die rechte Seite der letzten Gleichung in der Form $-T\left[\dfrac{\partial \varphi}{\partial x_i}\right]$ schreiben. Durch Vergleich mit (10) folgt daher

$$T_i{}'[\varphi] = -T\left[\frac{\partial \varphi}{\partial x_i}\right], \tag{11}$$

Da $T_i{}'$ durch die partielle Ableitung $\dfrac{\partial u}{\partial x_i}$ erzeugt wird, kann man die Distribution $T_i{}'$ als partielle Ableitung der Distribution T bezüglich x_i deuten. Falls nun T eine beliebige Distribution ist (die nicht notwendig von einer Funktion u erzeugt wird, oder, falls dies doch der Fall sein sollte, für die $\dfrac{\partial u}{\partial x_i}$ nicht existiert oder nicht integrierbar ist), so kann durch die Gleichung (11) stets eine weitere Distribution $T_i{}'$ definiert werden, die die *partielle Ableitung der Distribution* T bezüglich x_i heißt. Diese Distribution $T_i{}'$ wird auch mit $\dfrac{\partial T}{\partial x_i}$ bezeichnet, so daß man definiert:

$$\frac{\partial T}{\partial x_i}[\varphi] = -T\left[\frac{\partial \varphi}{\partial x_i}\right].$$

Man beachte, daß man die Distributionenableitung $\dfrac{\partial T}{\partial x_i}$ für jede Distribution T definieren kann. Auch alle höheren Ableitungen, die man rekursiv definiert, existieren. Beispielsweise ist

$$\frac{\partial^2 T}{\partial x_i\,\partial x_j}[\varphi] = \left(\frac{\partial}{\partial x_j}\left(\frac{\partial T}{\partial x_i}\right)\right)[\varphi] = -\frac{\partial T}{\partial x_i}\left[\frac{\partial \varphi}{\partial x_j}\right] = T\left[\frac{\partial^2 \varphi}{\partial x_j\,\partial x_i}\right].$$

Insbesondere ist

$$(\Delta T)[\varphi] = \sum_i \frac{\partial^2 T}{\partial x_i{}^2}[\varphi] = \sum_i T\left[\frac{\partial^2 \varphi}{\partial x_i{}^2}\right]$$
$$= T\left[\sum_i \frac{\partial^2 \varphi}{\partial x_i{}^2}\right] = T[\Delta \varphi]. \tag{12}$$

Falls für alle Testfunktionen φ die Gleichung

$$(\Delta T)[\varphi] = 0$$

gilt, so heißt T eine *Distributionenlösung* der Laplaceschen Differentialgleichung. Nach (12) gilt in diesem Fall

$$T[\Delta \varphi] = 0$$

für alle φ. Diese Gleichung verallgemeinert die Relation (6), die für Sobolew-Lösungen der Laplaceschen Differentialgleichung gilt. Das bereits oben erwähnte Weylsche Lemma für Distributionenlösungen der Laplaceschen Differentialgleichung besagt: Jede Distributionenlösung der Laplaceschen Differentialgleichung wird im Sinne von (9) durch eine Funktion u erzeugt, die selbst eine (beliebig oft differenzierbare) klassische Lösung der Laplaceschen Differentialgleichung ist.

Außer dem Ableitungsbegriff lassen sich natürlich auch andere für Funktionen übliche Begriffe auf Distributionen[1]) übertragen. Wir wollen das am Beispiel des Konvergenzbegriffes zeigen. Wird die Distribution T von der Funktion u erzeugt und werden die Distributionen T_n, $n = 1, 2, \ldots$, von den Funktionen u_n erzeugt, so hat man

$$T_n[\varphi] - T[\varphi] = \iiint_G (u_n - u)\,\varphi\,\mathrm{d}x.$$

Hieraus folgt $T_n[\varphi] - T[\varphi] \to 0$ bei $n \to +\infty$ und bei jeder Wahl von φ, wenn vorausgesetzt wird, daß die u_n beispielsweise gleichmäßig gegen u konvergieren. Daher kann man den Begriff der Konvergenz von Funktionen wie folgt auf Distributionen übertragen:

Die *Distributionen T_n konvergieren* bei $n \to +\infty$ gegen die

---

[1]) Aus diesem Grunde werden in der russischsprachigen Literatur die Distributionen auch als обобщенные функции bezeichnet.

Distribution T, wenn

$$T_n[\varphi] \to T[\varphi]$$

bei $n \to +\infty$ und bei jeder Wahl von φ gilt.

Um die physikalische Bedeutung des Distributionenbegriffes zu erläutern, stellen wir uns vor, daß in einem festen Punkt P_0 des $\mathbb{R}^3$ eine Masse der Größe 1 lokalisiert sei. Eine solche „Punktmasse" erzeugt bekanntlich ein Gravitationsfeld, das das *Potential* (Newtonsches Potential)

$$u(P) = \frac{1}{r} \tag{13}$$

besitzt, wenn r den Abstand des variablen Punktes P vom fest gewählten Punkt P_0 bedeutet. Nun sei T die durch die Funktion (13) erzeugte Distribution, d. h.

$$T[\varphi] = \iiint\limits_{\mathbb{R}^3} \frac{1}{r}\, \varphi \, \mathrm{d}x. \tag{14}$$

Das Integral existiert trotz der Singularität des Integranden im Punkt P_0, da bei Einführung von Polarkoordinaten mit dem Zentrum P_0

$$\mathrm{d}x = r^2\, \mathrm{d}r\, \mathrm{d}\omega$$

ist ($\mathrm{d}\omega$ ist das Oberflächenelement der Einheitssphäre), so daß der Integrand singularitätenfrei wird. Nach Definition der Distributionenableitung ist

$$(\Delta T)\,[\varphi] = T[\Delta \varphi] = \iiint\limits_{\mathbb{R}^3} \frac{1}{r}\, \Delta\varphi \, \mathrm{d}x.$$

Das letzte Integral läßt sich aber explizit ausrechnen. Dazu beachten wir, daß das Integral auch in der Form

$$\lim_{\delta \to 0} \iiint\limits_{G_\delta} \frac{1}{r}\, \Delta\varphi\, \mathrm{d}x$$

geschrieben werden kann, wenn G_δ das durch $\delta < r < r_0$ definierte Gebiet ist und r_0 so groß gewählt wird, daß der Träger von φ ganz innerhalb der Kugel um P_0 mit dem Radius r_0 liegt. Auf dieses Gebiet G wird nun die symmetrische Greensche Integral-

14. Weylsches Lemma

formel (5) mit

$$u = \frac{1}{r} \quad \text{und} \quad v = \varphi \tag{15}$$

angewandt. Der Integrand auf der rechten Seite von (5) kann bekanntlich in der Form

$$u \frac{\partial v}{\partial n} - v \frac{\partial u}{\partial n}$$

geschrieben werden, wobei n die Außennormale der Randfläche von G ist. Der Rand von G besteht aus zwei Kugelsphären, nämlich $\partial K_{r_0}(P_0)$ und $\partial K_\delta(P_0)$. Das Integral über den äußeren Rand fällt weg, da r_0 genügend groß gewählt worden ist. Auf dem inneren Rand ist

$$dF = \delta^2 \, d\omega,$$

wobei $d\omega$ wieder das Oberflächenelement der Einheitssphäre ist. Bei der Wahl (15) ist $\Delta u = 0$ in G_δ und

$$\frac{\partial u}{\partial n} = -\frac{\partial u}{\partial r} = \frac{1}{\delta^2}$$

auf $\partial K_\delta(P_0)$, so daß (5) dann übergeht in

$$\iiint\limits_{G_\delta} \frac{1}{r} \Delta \varphi \, dx = \iint\limits_{\partial K_\delta(P_0)} \left(\frac{1}{\delta} \frac{\partial \varphi}{\partial n} - \varphi \cdot \frac{1}{\delta^2} \right) \delta^2 \, d\omega.$$

Da φ stetig ist, erhält man durch den Grenzübergang $\delta \to 0$ hieraus

$$\iiint\limits_{G} \frac{1}{r} \Delta \varphi \, dx = -4\pi \varphi(P_0).$$

Damit ergibt sich für die durch (14) definierte Distribution T die Aussage

$$(\Delta T)[\varphi] = -4\pi \varphi(P_0). \tag{16}$$

Nun definieren wir: Diejenige Distribution, die jedem φ aus $\mathcal{D}$ als Bild in $\mathbb{R}$ den Funktionswert $\varphi(P_0)$ in einem fest gewählten Punkt P_0 zuordnet, heißt die Diracsche δ-*Distribution* bezüglich P_0. Diese Distribution wird mit $\delta_{(P_0)}$ bezeichnet.

Demzufolge läßt sich (16) schließlich in der Form
$$\Delta T = -4\pi \delta_{(P_0)}$$
schreiben.

Beiläufig bemerken wir, daß jede (Distributionen-)Lösung u der Differentialgleichung
$$Lu = \delta_{(P_0)}$$
eine *Fundamentallösung* der Differentialgleichung $Lu = 0$ bezüglich P_0 heißt. Damit erweist sich die durch $\dfrac{-1}{4\pi r}$ erzeugte Distribution T (vgl. (13) und (14)) als Fundamentallösung der Laplaceschen Differentialgleichung.

Kehren wir nochmals zu den oben betrachteten Punktmassen zurück! Die Vorstellung, daß eine Masse in genau einem Punkt P_0 lokalisiert ist, ist eine Idealisierung. In Wirklichkeit wird die Masse über ein endliches, den Punkt P_0 enthaltenes Gebiet verteilt sein. Zu der Vorstellung einer in P_0 konzentrierten Masse kommt man jedoch durch den folgenden Grenzprozeß: Man betrachte eine Folge ineinander geschachtelter Gebiete G_n, die alle den Punkt P_0 enthalten und die bei $n \to +\infty$ gegen Null konvergierende Durchmesser besitzen. In jedem G_n sei eine Massenverteilung mit der Dichte ϱ_n gegeben. Die Gesamtmasse sei für jedes n gleich 1, d. h.
$$\iiint\limits_{G_n} \varrho_n \, dx = 1. \tag{17}$$

Eine in P_0 lokalisierte Masse der Größe 1 kann man sich dann als Grenzfall der Folge der Massenverteilungen ϱ_n in G_n vorstellen. Um diesen Grenzübergang mathematisch zu beschreiben, sei S_n die durch die Dichte ϱ_n erzeugte Distribution:
$$S_n[\varphi] = \iiint\limits_{G_n} \varrho_n \varphi \, dx.$$

Setzen wir ϱ_n außerhalb von G_n gleich Null, so können wir die Integration auch über den ganzen $\mathbb{R}^3$ erstrecken:
$$S_n[\varphi] = \iiint\limits_{\mathbb{R}^3} \varrho_n \varphi \, dx.$$

Wegen (17) können wir $S_n[\varphi] - \varphi(P_0)$ in der Form
$$S_n[\varphi] - \varphi(P_0) = \iiint\limits_{\mathbb{R}^3} \varrho_n(P)\bigl(\varphi(P) - \varphi(P_0)\bigr) dx$$

schreiben, wobei wir den Integrationspunkt mit P bezeichnet haben. Das Integral rechts kann man betragsmäßig durch

$$\max_{G_n} |\varphi(P) - \varphi(P_0)| \cdot \iiint_{\mathbb{R}^3} \varrho_n \, dx = \max_{G_n} |\varphi(P) - \varphi(P_0)| \cdot 1$$

abschätzen. Das Maximum über G_n geht bei $n \to +\infty$ gegen Null, da φ stetig ist und da die Gebiete G_n bei wachsendem n immer kleiner werden. Daher folgt

$$S_n[\varphi] \to \varphi(P_0)$$

bei $n \to +\infty$ und bei jeder Wahl der Testfunktion φ. Andererseits ist aber

$$\varphi(P_0) = \delta_{(P_0)}[\varphi]$$

nach Definition der Diracschen δ-Distribution. Wir haben also

$$S_n[\varphi] \to \delta_{(P_0)}[\varphi]$$

bei $n \to +\infty$ und bei jeder Wahl der Testfunktion φ. Im Sinne der weiter oben definierten Konvergenz von Distributionen konvergieren daher bei $n \to +\infty$ die S_n gegen $\delta_{(P_0)}$. Diese Tatsache zeigt, daß die Distributionentheorie insbesondere auch der passende mathematische Kalkül ist, um den Übergang von räumlich verteilten Massen zu Punktmassen zu beschreiben.[1]) Die Distribution $\delta_{(P_0)}$ ist dabei als die „Dichtefunktion" der in P_0 konzentrierten Einheitsmasse zu interpretieren.

15. Wahrheit und Beweisbarkeit in der Mathematik

Als eigenständiger Zweig der heutigen Mathematik entwickelte sich auch die mathematische Logik. Dafür gibt es verschiedene Gründe.

Ein erster, die Form mathematischer Beweisführungen betreffender Grund bestand darin, daß bestimmte Schlußweisen (z. B. die indirekte Beweisführung) in ganz verschiedenen Zweigen der Mathematik auftreten. Die mathematische Logik entstand in diesem Zusammenhang erstens aus dem Bestreben, die für die Mathematik erforderlichen Schlußweisen mit einer für die Mathe-

---

[1]) Hierauf deutet auch die Bezeichnung Distribution hin, die „Verteilung" bedeutet (womit die obigen Massenverteilungen gemeint sind).

matik charakteristischen Formelsprache zu erfassen, zu klassifizieren und zu systematisieren. In diesem Sinne kann die mathematische Logik als die der Mathematik adäquate Form einer allgemeinen Logik aufgefaßt werden.

Wichtiger als derartige formale Fragen sind aber inhaltliche Aspekte bei der Herausbildung der mathematischen Logik. Wir wollen dies an Hand eines sehr alten mathematischen Teilgebietes, der Geometrie, erläutern. Da viele Aufgaben der Praxis (wie beispielsweise Landvermessung oder Sternbeobachtung) auf geometrische Probleme führen, ist es kein Wunder, daß gerade dieses Gebiet schon im Altertum hoch entwickelt werden mußte. Dabei wurden die Beziehungen zwischen den von der Geometrie erfaßten Grundgebilden (wie Punkte, Geraden usw.) durch ein sogenanntes *Axiomensystem* beschrieben, aus dem dann auf rein logischem Wege alle geltenden Sätze und Konstruktionsverfahren hergeleitet und begründet werden können. Ein solches Axiomensystem für die Geometrie wurde bereits von EUKLID angegeben. Es enthält unter anderem das sogenannte Parallelenaxiom, das folgendes besagt:

Ist g eine Gerade und P ein nicht auf g liegender Punkt, so gibt es in der von g und P aufgespannten Ebene genau eine durch P hindurchgehende Gerade g', die zu g parallel ist, d. h., die g nicht schneidet (vgl. Abb. 43).

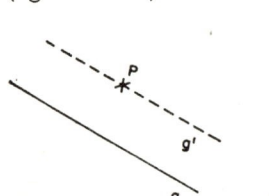

Abb. 43

Die in einem Axiomensystem zusammengefaßten Grundaussagen (= Axiome) haben den Charakter von Annahmen, die nicht zu beweisen sind, die vielmehr dadurch gerechtfertigt werden, daß sie in ihrer Gesamtheit zu einer die Erfordernisse der Praxis richtig erfassenden Theorie führen. Hierzu gehört erstens, daß aus dem Axiomensystem nicht etwa einander widersprechende Folgerungen gezogen werden können; das Axiomensystem muß, wie man auch sagt, *widerspruchsfrei* sein.

Zweitens muß das Axiomensystem aber auch *vollständig* sein, was bedeutet, daß die zu ihm gehörenden Axiome bereits die

15. Wahrheit und Beweisbarkeit

ganze beabsichtigte Theorie herzuleiten gestatten. Läßt man ein oder mehrere Axiome weg, so werden sich aus dem verkleinerten Axiomensystem weniger Folgerungen ziehen lassen, wenn die weggelassenen Axiome wirklich unabhängig von den verbleibenden waren (andernfalls sind sie als Axiome entbehrlich, da sie mit den verbleibenden Axiomen bewiesen werden können).

Die Herleitung einer mathematischen Theorie aus einem Axiomensystem bietet für die Anwendungen dieser Theorie bedeutende Vorteile; denn man braucht, um die Anwendbarkeit dieser Theorie auf ein konkretes Problem der Praxis zu entscheiden, nur nachzuprüfen, ob das der Theorie zugrunde liegende Axiomensystem in dem betrachteten Fall zutrifft oder nicht. In diesem Sinne ist es nicht nur aus theoretischem Interesse, sondern vielmehr auch für die Anwendungen wichtig, aus einem Axiomensystem alle entbehrlichen Axiome zu entfernen.

Oft ist es nicht leicht zu entscheiden, ob ein Axiomensystem reduziert werden kann oder nicht. Im Falle des oben genannten Axiomensystems bemühte man sich seit dem Altertum zu entscheiden, ob das Parallelenaxiom von den übrigen Axiomen unabhängig ist oder aus dem Axiomensystem für die Geometrie weggelassen werden kann. Entschieden wurde die Frage aber erst durch Herausbildung der nichteuklidischen Geometrien, bei denen — mit Ausnahme des Parallelenaxioms — alle übrigen Axiome der Geometrie gelten. Damit war gezeigt worden, daß das Parallelenaxiom tatsächlich von den übrigen Axiomen der Geometrie unabhängig ist. Nimmt man, wie es schon EUKLID getan hatte, das Parallelenaxiom zu den übrigen geometrischen Axiomen hinzu, so kommt man zu der sogenannten euklidischen Geometrie, die beispielsweise der klassischen (Newtonschen) Mechanik zugrunde liegt.[1]

---

[1]) Physikalische Interpretationen nichteuklidischer Geometrie benötigt beispielsweise die Relativitätstheorie. Einfache physikalische Modelle für die euklidische bzw. für nichteuklidische Geometrien lassen sich auch durch die Optik geben: Im (gravitationsfreien) Vakuum sind die Wege der Lichtstrahlen Geraden im Sinne der euklidischen Geometrie. Wird in der durch $y > 0$ definierten oberen Halbebene der (x, y)-Ebene der Brechungsindex eines optisch inhomogenen Mediums durch $n(x, y) = \dfrac{1}{y}$ gegeben, so sind die Bahnen der Lichtstrahlen Halbkreise in der oberen Halbebene, deren Mittelpunkte auf der x-Achse liegen. Diese Bahnen kann man ebenfalls als „Geraden" einer Geo-

Abb. 44

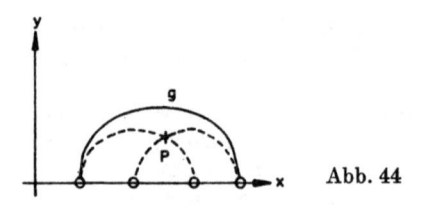

Derartige Fragen der Axiomatisierbarkeit einer mathematischen Theorie sind inhaltliche Gründe für die Herausbildung der mathematischen Logik.

DAVID HILBERT war es, der um die Jahrhundertwende begann, außer der Geometrie auch andere Teilgebiete der Mathematik axiomatisch aufzubauen. Sein Ziel war eine allgemeine Beweistheorie.

Von KURT GÖDEL wurde aber durch seinen berühmten *Unvollständigkeitssatz* gezeigt, daß nicht immer eine Axiomatisierung möglich ist, so daß einer allgemeinen Beweistheorie prinzipielle Grenzen gesetzt sind. Ziel dieses Kapitels sind die Formulierung und der Beweis eines Satzes aus der sogenannten Algorithmentheorie, der im engen Zusammenhang mit dem erwähnten Gödelschen Ergebnis steht. Um diesen algorithmentheoretischen Satz aber präzise formulieren zu können, benötigen wir noch weitere Grundbegriffe der mathematischen Logik, die wir im folgenden zusammenstellen wollen.

Zunächst geht die mathematische Logik davon aus, daß letztlich alle Aussagen mit Hilfe von Buchstaben und Satzzeichen formuliert werden können, zu denen möglicherweise noch logische Zeichen (beispielsweise für die Bildung der Verneinung oder für die „wenn—so"-Beziehung) hinzukommen. Eine endliche Liste solcher Elementarzeichen heißt ein *Alphabet*, jede Aufeinanderfolge von endlich vielen Zeichen eines gegebenen Alphabets heißt ein *Wort*. Enthält das Alphabet als Elementarzeichen auch die Leerstelle und die üblichen Satzzeichen (Komma, Punkt usw.), so kann insbesondere auch jeder sprachliche Satz oder auch ein ganzer Text als Wort im obigen Sinne interpretiert werden. Die Menge aller Wörter eines Alphabets $\mathcal{A}$ wird mit $\mathcal{A}^\infty$ bezeichnet, wobei alle möglichen Wörter zugelassen werden, auch solche, denen kein Sinn zuerkannt werden kann.

---

metrie (der oberen Halbebene) ansehen. In dieser ist das Parallelenaxiom allerdings nicht erfüllt (vgl. Abb. 44: Alle Halbkreise durch P, die auf der x-Achse senkrecht stehen, sind Parallelen zu g).

15. Wahrheit und Beweisbarkeit

Zwei Grundbegriffe der mathematischen Logik, die bereits im allgemeinen mathematischen Sprachgebrauch und sogar in der Umgangssprache auftreten, lauten *wahr* und *beweisbar*. Der Begriff wahr wird in der Mathematik zunächst im umgangssprachlichen Sinne benutzt: Mit *wahr* unterscheidet man die richtigen, zutreffenden Aussagen von den nicht zutreffenden, die (in einer sogenannten zweiwertigen Logik) im Gegensatz zu wahr als *falsch* bezeichnet werden. Man kann übrigens auch den Begriff wahr formalisieren und auf diese Weise präziser fassen. Wir wollen das hier aber nicht tun, da dies für die in diesem Kapitel verfolgten Ziele nicht wesentlich ist. Wichtig für unsere Ziele ist lediglich, daß — formal gesehen — die Menge aller wahren Aussagen, die man mit dem Alphabet $\mathcal{A}$ bilden kann, eine Teilmenge A der Menge $\mathcal{A}^\infty$ aller Wörter ist, die man aus dem Alphabet $\mathcal{A}$ bilden kann. Dies ist unmittelbar klar, denn bei jeder fest gewählten Interpretation der Zeichen eines Alphabets kann man aus dem Zeichen des Alphabets auch unrichtige Aussagen oder auch Wörter bilden, denen überhaupt kein Sinn zukommt.

Der wissenschaftliche Gebrauch des Begriffes beweisbar geht insofern über dessen umgangssprachlichen Gebrauch hinaus, als die Formulierung „beweisbar" in jeder Wissenschaft sich automatisch auf die Verwendung der spezifischen Methoden der jeweiligen Wissenschaft bezieht. In diesem Sinne bedeutet beweisbar in der Mathematik, daß die betreffende Aussage auf logischem Wege hergeleitet werden kann aus anderen, schon bewiesenen Aussagen oder zumindest aus (endlich vielen) Axiomen, also aus den als richtig angesehenen Grundaussagen.

Nach dem über die Begriffe wahr und beweisbar Gesagten ist es nicht verwunderlich, daß die Mathematiker lange Zeit glaubten, sie nicht auseinanderhalten zu müssen.

Der bereits erwähnte Gödelsche Unvollständigkeitssatz stellte in der Entwicklung der Mathematik ein sensationelles Resultat dar. Er zeigte, daß die Begriffe wahr und beweisbar in der Mathematik doch auseinandergehalten werden müssen, weil nicht jede wahre Aussage automatisch auch beweisbar ist. Daß zwischen beiden Begriffen eine solche Diskrepanz überhaupt erst auftreten kann, liegt daran, daß an einen Beweis bestimmte Anforderungen gestellt werden müssen.

Formal gesehen ist auch ein Beweis ein Wort in dem oben angegebenen Sinn. Möglicherweise wird dieses Wort mit einem Alphabet $\mathcal{B}$ gebildet, das von dem Alphabet $\mathcal{A}$ verschieden ist, mit dem die zu beweisende Aussage gebildet wird. Jeder Beweis ist demnach ein Element der Menge $\mathscr{B}^\infty$, die aus allen Wörtern besteht, die im Alphabet $\mathscr{B}$ gebildet werden können.

Einen Beweis zu führen bedeutet, formal gesehen, Zeichenreihen schrittweise umzuformen. Man geht dabei von den Voraussetzungen des zu beweisenden Satzes aus und muß nach endlich vielen (logisch richtigen) Schritten zu einer neuen Zeichenreihe kommen, die die behauptete Aussage ausdrückt. Ein Verfahren, das bestimmte Zeichenreihen in endlich vielen Schritten umzuformen gestattet, heißt *Algorithmus*.

Ein Algorithmus im Alphabet der Beweise kann zum Beispiel darin bestehen, daß man von einer Zeichenreihe endlich oft gewisse Bestandteile „vorn" (am Anfang) wegläßt, dafür aber neue Bestandteile „hinten" (als Ende) hinzufügt. Die Bestandteile der ersten Zeichenreihe repräsentieren dann die Voraussetzungen des Satzes, der in der letzten Zeichenreihe hinzuzufügende Bestandteil stellt die behauptete Aussage dar.

Ein wichtiger Begriff, der auf dem Algorithmenbegriff aufbaut, ist der der Entscheidbarkeit. Ist M_1 eine Teilmenge von M_2, so heißt M_1 *entscheidbar* bezüglich M_2, wenn ein Algorithmus existiert, der zu entscheiden gestattet, ob ein Element von M_2 auch zu M_1 gehört oder nicht. Ein solcher Algorithmus muß auf alle Elemente von M_2 anwendbar sein. Er kann den zu M_1 gehörenden Elementen von M_2 als Resultat etwa das Wort „ja" zuordnen, bzw. er ordnet den nicht zu M_1 gehörenden Elementen von M_2 das Wort „nein" zu.

Mit Hilfe dieses Begriffes sind wir jetzt in der Lage, die bereits oben angekündigten Anforderungen an einen *Beweis* zu präzisieren. Wir fordern nämlich, daß die Menge B aller Beweise eine bezüglich der Menge $\mathscr{B}^\infty$ aller Wörter entscheidbare Teilmenge bildet. Es muß also einen Algorithmus geben, der für jedes Wort b aus $\mathscr{B}^\infty$ festzustellen gestattet, ob es einen Beweis für irgendeine Aussage darstellt oder nicht. Dieser Algorithmus soll dem Wort b, falls es ein Beweis für eine Aussage a darstellt, gleichzeitig auch diese Aussage a zuordnen. Schreiben wir $a = \beta(b)$, so ist β eine auf der Menge B aller Beweise definierte Zuordnungsvorschrift (oder, wie man auch sagen kann, β ist eine auf B definierte Funktion). Da ein Beweis immer so geführt werden kann, daß man endlich viele Aussagen untereinander aufschreibt, bei denen jede aus der unmittelbar darüberstehenden folgt, so kann man einen Beweis formal so gestalten, daß die zu beweisende Aussage in der letzten Zeile steht. Als Algorithmus gedeutet, ordnet die Zuordnungsvorschrift β dem Beweis b demnach die in seiner letzten Zeile stehende

15. Wahrheit und Beweisbarkeit

Aussage a zu. Der Übergang von einer Zeile zur nächsten entspricht dann dem oben beschriebenen Weglassen und Hinzufügen von Zeichenreihen.

Um es noch einmal mit anderen Worten zu sagen: Alle beweisbaren Sätze lassen sich durch einen Algorithmus aufzählen. Bei entsprechender Programmierung würde ein Computer dann alle beweisbaren Sätze nach und nach ausdrucken.[1])

Ein Tripel $(\mathcal{B}, B, \beta)$ nennt man ein *Beweisverfahren*. Sind alle durch das Beweisverfahren bewiesenen Aussagen a Wörter im Alphabet $\mathcal{A}$, so heißt das Tripel $(\mathcal{B}, B, \beta)$ ein Beweisverfahren „über A".

Die mathematische Logik steht dabei vor der folgenden Aufgabe:

Gegeben sind nur das Alphabet $\mathcal{A}$ und die Menge A aller wahren Aussagen, die mit dem Alphabet $\mathcal{A}$ gebildet werden können. Gesucht wird dazu passend ein Beweisverfahren $(\mathcal{B}, B, \beta)$, so daß alle zu A gehörenden Aussagen a und nur diese bewiesen werden können, d. h., es soll

$$A = \beta(B)$$

sein. Letzteres bedeutet: Die Menge A aller wahren Aussagen a ist der Wertevorrat der auf der Menge B aller Beweise b definierten Funktion β.

---

[1]) Es mag auf den ersten Blick vielleicht verwunderlich erscheinen, wie auch formale Theorien durch einen Computer erfaßt werden können. Dies kann durch eine sogenannte Kodierung geschehen. Dabei werden zunächst allen in der Theorie auftretenden Zeichen (auch dem Gleichheitszeichen usw.) eindeutig natürliche Zahlen zugeordnet. Ist $h(z_i)$ diejenige (natürliche) Zahl, die dem i-ten Zeichen z_i zugeordnet wird, so wird der Zeichenreihe

$$z_1 \ldots z_k$$

die sogenannte *Gödelzahl*

$$2^{h(z_1)} \cdot 3^{h(z_2)} \ldots p_k^{h(z_k)}$$

zugeordnet, wobei p_k die k-te der nach wachsender Größe angeordneten Primzahlen

$$2, 3, 5, 7, 11, \ldots, p_{k-1}, p_k, \ldots$$

ist. Da für natürliche Zahlen der Satz von der eindeutigen Primfaktorzerlegung gilt, ist jede Zeichenreihe eindeutig durch ihre Gödelzahl festgelegt.

Hat ein Beweisverfahren $(\mathscr{B}, B, \beta)$ die Eigenschaft, daß es zwar nur zu A gehörende Aussagen zu beweisen gestattet, nicht aber alle, so ist $\beta(B)$ eine echte Teilmenge von A,

$$\beta(B) \subsetneqq A, \tag{1}$$

und das Beweisverfahren heißt *unvollständig*.

Kann man zwar alle zu A gehörenden Aussagen durch das Beweisverfahren $(\mathscr{B}, B, \beta)$ beweisen, darüber hinaus aber noch weitere, nicht zu A gehörende, so ist

$$\beta(B) \supsetneqq A. \tag{2}$$

In diesem Fall liefert das Beweisverfahren auch den Beweis falscher Aussagen, da alle wahren Aussagen vereinbarungsgemäß zu A gehören. Daher nennt man im Fall (2) das Beweisverfahren auch *widersprüchlich*.

Aus (1) und (2) folgt unmittelbar, daß vollständige und widerspruchsfreie Beweisverfahren durch

$$\beta(B) = A$$

charakterisiert werden können.

Die grundlegende Frage hierbei lautet:

Wie kann man zu einer gegebenen Menge A von wahren Aussagen in einem geeignet zu wählenden Alphabet $\mathscr{B}$ ein vollständiges und widerspruchsfreies Beweisverfahren angeben?

In der Formulierung dieser Frage ist das Selbstverständlichkeit unterstellt worden, daß es derartige Beweisverfahren überhaupt gibt. Es ist das Verdienst von GÖDEL, nachgewiesen zu haben, daß vollständige und widerspruchsfreie Beweisverfahren durchaus nicht immer zu existieren brauchen. Für die Existenz vollständiger und widerspruchsfreier Beweisverfahren kann man zunächst folgende notwendige Bedingung angeben, womit man zu einem Satz der Algorithmentheorie kommt:

Für die Menge A aller Aussagen, die im Alphabet $\mathcal{A}$ formuliert werden können, kann es nur dann ein vollständiges und widerspruchsfreies Beweisverfahren geben, wenn die Menge A rekursiv aufzählbar ist.

Hierbei heißt eine Menge *rekursiv aufzählbar*, wenn sie entweder leer ist oder wenn es einen für alle natürlichen Zahlen $n = 0, 1, 2, \ldots$ definierten Algorithmus gibt, der den natürlichen Zahlen genau alle Elemente von A zuordnet. Ausführlich formuliert bedeutet

15. Wahrheit und Beweisbarkeit

letzteres: Als Resultat des Algorithmus erhält man alle Elemente a der Menge A, aber auch nur diese, keine weiteren.

Wir kommen nun zum Beweis des eben formulierten Satzes.[1])

Im ersten Beweisschritt zeigen wir, daß die Menge $\mathcal{E}^\infty$ aller Wörter in jedem Alphabet $\mathcal{E}$ rekursiv aufzählbar ist.[2]) Dazu fassen wir zunächst alle Wörter ein- und derselben Länge in einer Teilmenge von $\mathcal{E}^\infty$ zusammen und schreiben diese Teilmengen hintereinander nach wachsender Länge der Wörter. Innerhalb einer Teilmenge ordnen wir die Wörter lexikographisch an, nachdem wir anfangs alle zum Alphabet gehörenden Elementarzeichen in eine bestimmte Anordnung gebracht haben. Auf diese Weise erhalten wir insgesamt eine Aufzählung aller Wörter in einer Folge (besteht das Alphabet beispielsweise aus drei in der Reihenfolge c_1, c_2, c_3 angeordneten Elementarzeichen, so wird die konstruierte Aufzählung durch $c_1, c_2, c_3, c_1c_1, c_1c_2, c_1c_3, c_2c_1, c_2c_2, c_2c_3, c_3c_1, c_3c_2, c_3c_3, c_1c_1c_1, c_1c_1c_2, \ldots$ gegeben). Andererseits besteht $\mathcal{E}^\infty$ aus den Elementen der konstruierten Folge. Daher ist $\mathcal{E}^\infty$ rekursiv aufzählbar. Der dazu erforderliche Algorithmus ordnet den Zahlen $n = 0, 1, 2, \ldots$ das $(n+1)$-te Element in der konstruierten Aufzählung zu.

Zweiter Beweisschritt: Ist M_2 rekursiv aufzählbar, und ist M_1 eine bezüglich M_2 entscheidbare Teilmenge von M_2, so ist auch M_1 rekursiv aufzählbar. Da M_2 rekursiv aufzählbar ist, gibt es einen für alle $n = 0, 1, 2, \ldots$ definierten Algorithmus $\mu(n)$, der genau die Elemente von M_2 liefert. Ist M_1 nichtleere Teilmenge der (ebenfalls als nichtleer vorausgesetzten) Menge M_2 und ist m ein beliebig gewähltes Element von M_1, so werde entweder

$$\nu(n) = \mu(n) \quad \text{oder} \quad \nu(n) = m$$

---

[1]) Die hier gegebene Beweisführung schließt sich an die Darstellung bei B. A. Успенский, Теорема Гёделя о неполноте an (Heft 57 der Reihe Популярные лекции по математике). Bezüglich weitergehender Zusammenhänge der Gödelschen Überlegungen mit anderen Problemen der mathematischen Logik sei der Leser auf G. Asser, Einführung in die mathematische Logik, Teil III, Leipzig 1981, verwiesen.

[2]) Wörter sind endliche Folgen, die aus den endlich vielen Elementarzeichen eines Alphabets gebildet werden können. Übrigens ist die Menge aller unendlichen Folgen aus den (endlich vielen) Elementarzeichen eines Alphabets überabzählbar.

gesetzt, je nachdem, ob $\mu(n)$ Element von M_1 ist oder nicht. Da M_1 voraussetzungsgemäß bezüglich M_2 entscheidbar ist, ist auch $\nu(n)$ ein Algorithmus. Da dieser Algorithmus für $n = 0, 1, 2, \ldots$ als Resultate aber alle Elemente von M_1 (und nur diese) liefert, ist auch M_1 rekursiv aufzählbar.

Als dritten Beweisschritt nehmen wir nun an, daß es für die Menge A der wahren Aussagen ein vollständiges und widerspruchsfreies Beweisverfahren $(\mathscr{B}, B, \beta)$ geben soll. Nach dem ersten Beweisschritt ist die Menge $\mathscr{B}^\infty$ aller Wörter im Alphabet $\mathscr{B}$ rekursiv aufzählbar. Andererseits ist nach der präzisierten Definition eines Beweisverfahrens aber die Menge B aller Beweise stets bezüglich $\mathscr{B}^\infty$ entscheidbar. Nach dem vorangegangenen zweiten Beweisschritt ist mithin zunächst gezeigt, daß B rekursiv aufzählbar ist.

Zu zeigen bleibt noch, daß nicht nur B, sondern auch A rekursiv aufzählbar sein muß. Dazu führen wir im vierten Beweisschritt folgende Hilfsüberlegung durch:

Sei R eine gegebene Menge, die durch den für alle natürlichen Zahlen n definierten Algorithmus $r(n)$ rekursiv aufzählbar sei. Ist nun γ eine auf R definierte Abbildung, so kann die Bildmenge $\gamma(R)$ durch den ebenfalls für alle n definierten Algorithmus

$$\gamma(r(n))$$

rekursiv aufgezählt werden. Also ist auch $\gamma(R)$ rekursiv aufzählbar.

Im fünften und letzten Beweisschritt beachten wir, daß die Menge A der wahren Aussagen in der Form

$$A = \beta(B)$$

darstellbar ist, wenn wir annehmen, daß es für A ein vollständiges und widerspruchsfreies Beweisverfahren $(\mathscr{B}, B, \beta)$ gibt. Nach dem dritten Beweisschritt ist B rekursiv aufzählbar. Beachtet man die im vierten Beweisschritt gewonnene Einsicht, so ist dann aber auch $\beta(B) = A$ rekursiv aufzählbar.

Damit haben wir unsere Behauptung bewiesen:

Falls es für die Menge A der wahren Aussagen ein vollständiges und widerspruchsfreies Beweisverfahren gibt, so muß A notwendig rekursiv aufzählbar sein.

15. Wahrheit und Beweisbarkeit

Falls A also nicht rekursiv aufzählbar ist, so kann es für A kein Beweisverfahren geben, das gleichzeitig vollständig und widerspruchsfrei ist.

Von diesem Satz gilt übrigens auch die Umkehrung, so daß die rekursive Aufzählbarkeit aller Aussagen einer Theorie für die Existenz eines vollständigen und widerspruchsfreien Beweisverfahrens nicht nur notwendig, sondern auch hinreichend ist.[1])

Es gilt also insgesamt:

Es gibt genau dann ein vollständiges und widerspruchsfreies Beweisverfahren, wenn die Menge aller Aussagen einer mathematischen Theorie rekursiv aufzählbar ist.

Der weiter oben bereits erwähnte Gödelsche Unvollständigkeitssatz besagt in seiner ursprünglichen Form:

Im Bereich der natürlichen Zahlen (beschrieben durch das Peanosche Axiomensystem[2])) *gibt es wahre Aussagen, die nicht beweisbar sind.*

Mit anderen Worten:

Die Menge der im Bereich der natürlichen Zahlen wahren Aussagen ist nicht axiomatisierbar.

Zieht man den oben formulierten und bewiesenen Satz der Algorithmentheorie heran, so ist damit auch gezeigt, daß *die Menge der im Bereich der natürlichen Zahlen wahren Aussagen nicht rekursiv aufzählbar ist.*

Ein algorithmentheoretischer Zugang zum Satz von GÖDEL ist von V. A. USPENSKIJ gefunden worden.[3]) Dieser beginnt mit der Erarbeitung des oben formulierten und bewiesenen Satzes, daß es ein vollständiges und widerspruchsfreies Beweisverfahren einer Theorie nur dann geben kann, wenn die Menge aller wahren Aussagen rekursiv aufzählbar ist. Mit dem Beweis des zuletzt genannten Satzes ist aber nicht nur ein Schritt zum Beweis des Gödelschen Unvollständigkeitssatzes getan, es ist auch gezeigt worden, wie die mathematische Logik zur Bewältigung der vor ihr stehenden Aufgaben methodisch vorgeht. Einen vollständigen Beweis des Gödelschen Unvollständigkeitssatzes werden wir hier

---

[1]) Einen Beweis hierfür findet man z. B. in der in Fußnote 1 auf S. 189 zitierten Arbeit von V. A. USPENSKIJ.

[2]) Vgl. z. B. J. NAAS und H. L. SCHMIDT, Mathematisches Wörterbuch.

[3]) Vgl. Fußnote 1 auf S. 189.

nicht geben; der interessierte Leser sei auf die bereits zitierte Arbeit von V. A. USPENSKIJ, auf die Originalarbeiten von KURT GÖDEL[1]) oder auf weiterführende Lehrbücher über mathematische Logik[2]) verwiesen. Hier wollen wir nur noch einige Bemerkungen über die Bedeutung des Gödelschen Unvollständigkeitssatzes für die Mathematik als Ganzes machen.

Zuvor aber noch eine Bemerkung über die Widerspruchsfreiheit des Peanoschen Axiomensystems. Aus dem Gödelschen Unvollständigkeitssatzes folgt, wie bereits gesagt, daß das Peanosche Axiomensystem unvollständig ist.

Wie steht es nun aber mit der Widerspruchsfreiheit dieses Axiomensystems? Bei Versuchen, die Widerspruchsfreiheit zu beweisen, treten Schwierigkeiten auf, die mit dem Wesen des Unendlichen zu tun haben. In diesem Zusammenhang sei bemerkt, daß es G. GENTZEN gelungen ist, die Widerspruchsfreiheit des Peanoschen Axiomensystems dann zu beweisen, wenn man beim Nachweis der Richtigkeit eines Beweises zuläßt, daß bereits unendlich viele vorangegangene Beweise (ebenso viele, wie es natürliche Zahlen gibt) als richtig erkannt sind (hierbei muß die bekannte vollständige Induktion zu der sogenannten transfiniten Induktion erweitert werden).[3])

Schließlich wollen wir noch der Frage nachgehen, welche Interpretation der Gödelsche Unvollständigkeitssatz im Hinblick auf die Bedeutung der Mathematik für die Anwendungen zuläßt.

Ohnehin ist es natürlich von Anfang an klar, daß schon die Herausarbeitung und Aufstellung bestimmter Axiomensysteme durch Anforderungen der Praxis an die Mathematik motiviert wird.[4]) Wäre nun das Hilbertsche Programm zur Aufstellung einer allgemeinen Beweistheorie durchführbar, so könnte der Ausbau einer mathematischen Theorie dann aus dem Axiomensystem

---

[1]) K. GÖDEL, Über formal unentscheidbare Sätze der Principia Mathematica und verwandter Systeme. Monatshefte Math. Phys. 38 (1931), 173—198.

[2]) Wie z. B. G. ASSER, Einführung in die mathematische Logik, Teil III, Leipzig 1981.

[3]) Man vergleiche hierzu die Arbeiten „Die Widerspruchsfreiheit der reinen Zahlentheorie" (Math. Ann. 112 (1936), 493—565 und „Der Unendlichkeitsbegriff in der Mathematik" (Semesterberichte Münster, 65—80, 1936/37) von G. GENTZEN.

[4]) Hierzu vgl. man die Anmerkung auf S. 183, in der angedeutet wird, wie euklidische und nichteuklidische Geometrie beispielsweise durch die Optik interpretiert werden können.

allein, sozusagen innermathematisch, erfolgen. Da dem aber nicht so ist, bedarf nicht nur die Begründung, sondern auch die weitere Entwicklung einer mathematischen Theorie des ständigen Kontakts zur Praxis, um aus möglicherweise vielen theoretischen Möglichkeiten der Weiterentwicklung der Mathematik die für die Umsetzung der Mathematik wirklich wichtigen herauszufinden.

Man könnte in diesem Zusammenhang vielleicht einwenden, daß die axiomatische Methode dann überhaupt zweifelhaft ist, wenn eine anwendungsfähige Mathematik begründet und weiterentwickelt werden soll. Dem ist allerdings nicht so, denn zu den Merkmalen einer anwendungsbereiten Wissenschaft gehört auch, daß die jeweilige Wissenschaft nicht nur einzelne, isolierte Erkenntnisse sammelt, sondern auch allgemeingültige Aussagen formuliert. Nur so kann eine Wissenschaft übersichtlich und damit praktikabel bleiben. Um es ganz einfach zu sagen: Die Mathematik darf beispielsweise nicht nur ausschließlich dem Physiker oder ausschließlich dem Chemiker dienende Methoden bereitstellen, sie muß auch herausarbeiten, was Physiker, Chemiker und Vertreter anderer Wissensgebiete gleichermaßen von der Mathematik benötigen. Die axiomatische Methode ist und bleibt daher ein Weg, das Allgemeine in der Mathematik zu erfassen.

Ist eine mathematische Theorie nicht axiomatisierbar, so läßt jedes denkbare (also widerspruchsfreie) Axiomensystem wesentlich voneinander verschiedene *Modelle* zu. Das Axiomensystem repräsentiert auch dann das Allgemeine. Durch die Praxis wird von den möglichen Modellen für jede konkrete Situation ein spezielles ausgewählt; dadurch wird festgestellt, durch welche speziellen Eigenschaften in dem jeweiligen konkreten Fall die aus der allgemeinen Theorie folgenden Aussagen ergänzt werden müssen.

Zusammenfassend können wir feststellen:

Der Hilbertsche Versuch, eine allgemeine Beweistheorie aufzustellen, ist nur unter Einschränkungen realisierbar. Dabei zeigte sich, daß mathematische Theorien im allgemeinen nicht rein innermathematisch entwickelt werden können. Deshalb bedürfen sowohl die Begründung als auch der Ausbau einer mathematischen Theorie des Kontakts zur Praxis, zu den Anwendungen, gegebenenfalls auch zum Experiment, wodurch sich erst ihr Inhalt bewähren kann — genauso wie in den Naturwissenschaften.

Bezüglich einer vielseitigen Diskussion der Bedeutung der mathematischen Logik für Aufbau und Entwicklung der Mathematik als Ganzes sei der Leser auf den Vortrag von A. MOSTOWSKI „The present state of investigations on the foundations of mathematics" verwiesen. Dieser Vortrag wurde auf dem VIII. Polnischen Mathematikerkongreß, Warschau 1953, gehalten und in den „Rosprawy matematyczne" veröffentlicht (Heft IX, Warschau 1955).[1])

16. Ein Dialog über Mathematik

Durch zunehmende Spezialisierung droht die Mathematik (wie auch andere Wissenschaften), in relativ selbständige Teilgebiete zu zerfallen. Bisher konnte sie sich solchen Tendenzen entziehen und immer wieder ihre Einheit herstellen. Jedoch bestehen oft konträre Meinungen darüber, was in der Mathematik wesentlich ist und wie sie sich weiterentwickeln sollte. Dieser Tatsache entsprechend, werden die folgenden abschließenden Bemerkungen in Dialogform gegeben.

LEONHARD: Wie ich gehört habe, ist von Fachkollegen eine Reihe ausgewählter mathematischer Beweise zusammengestellt worden. Kennen Sie den Zweck dieses Unternehmens?

FELIX: Die Wissenschaft im allgemeinen und speziell die Mathematik sind für das Wohlergehen der Menschen von höchster Bedeutung. Deshalb ist es notwendig, der Frage nach dem Wesen der Mathematik stets ausreichende Beachtung zu schenken. In den Beweisen, die den mathematischen Ergebnissen zugrunde liegen, offenbart sich ihr Wesen besonders deutlich. Dies rechtfertigt die Mühen, die mit einer Sammlung ausgewählter Beweise verbunden sind.

LEONHARD: Die Mathematiker formulieren ihre Erkenntnisse vorzugsweise in mathematischen Sätzen. Genügt es denn nicht, um Mathematik anwenden zu können, neben grundlegenden Definitionen und allgemeinen Methoden diese zusammenfassenden Sätze zu kennen?

FELIX: Das stimmt, allerdings nur teilweise. Es ist dann richtig, wenn man nur die routinemäßige Anwendung bereits bewährter mathematischer Methoden im Blickfeld hat. Eine dynamische Wissenschaftsentwicklung jedoch, die den Wissenschaften immer neue Bewährungsfelder erschließen will, erfordert mehr. Sie muß

---

[1]) Man vergleiche auch die Arbeit "Thirty Years of Foundational Studies" desselben Autors (in: Selected Works, Vol. I, 1—176, Amsterdam/New York/Oxford 1979).

16. Ein Dialog über Mathematik

durch tiefgehende Analyse der spezifischen Möglichkeiten der jeweiligen Einzelwissenschaften die Grundlage für echten wissenschaftlichen Vorlauf schaffen. Für die Mathematik muß eine solche Analyse auch die Beweise dieser Sätze mit erfassen. Daher eine solche Sammlung von Beweisen einer Reihe zentraler mathematischer Sätze.

LEONHARD: Welches aber ist dabei das vorrangige Ziel?

FELIX: Zunächst soll eine Hilfe dargeboten werden, so unmittelbar wie möglich in das Wesen der Mathematik einzudringen. Dabei wird es sich um die hauptsächlichen Merkmale handeln, durch die Mathematik von anderen Wissenschaften und anderen menschlichen Tätigkeiten unterschieden ist, jedoch auch um Gemeinsames mit anderen Arbeitsfeldern in Wissenschaft, Kunst und Produktion.

LEONHARD: Ist damit nicht die Frage nach der Struktur der Mathematik aufgeworfen?

FELIX: Gewiß. Die spezifische Struktur der Mathematik tritt unmittelbar und offensichtlich in ihren Methoden, Gegenständen und Resultaten hervor. Sie ist im Laufe ihrer Geschichte keineswegs unverändert geblieben. Vielmehr hat es innerhalb und außerhalb der Mathematik ernste Differenzen hinsichtlich ihrer Struktur gegeben. Umstritten war beispielsweise schon die in diesem Zusammenhang zu nehmende Ausgangsposition. Es gab die Auffassung, daß die Struktur der Mathematik zeitlich konstant ist, da alles, was zur Mathematik gehört, aus den natürlichen Zahlen hervorgehe und durch diese somit ihre Struktur festgelegt sei. Demgegenüber gibt es eine mehr als hundertjährige neuere Entwicklung der Mathematik, die durch eine andere Struktur gekennzeichnet ist. Dabei sind Mengen als Grundstruktur aller Mathematik zugrunde gelegt worden. In jüngster Zeit ist nun durch die neuen Rechenmaschinen die Mathematik mit Fragen der Berechenbarkeit in einer Weise konfrontiert, die auch in ihre Struktur eindringen und dieser neue Elemente hinzufügen.

LEONHARD: Ja, so ist es. Andererseits findet man in der heutigen Rechentechnik — beispielsweise in Verbindung mit physikalischen Untersuchungen mit Hilfe sogenannter Renormierungsgruppen —, daß Rechenverfahren benutzt werden, die vom mathematischen Standpunkt aus unverständlich sind, aber angeblich zu brauchbaren, sogenannten richtigen Ergebnissen führen und von Physikern deshalb akzeptiert werden.

FELIX: Nun ja, eine solche Einstellung ist nicht neu. Die Diracsche δ-Distribution hat auch eine solche Entstehungsgeschichte erlebt; erst als der Begriff einer Distribution (auch verallgemeinerte Funktion genannt) erarbeitet worden war (vgl. Kapitel 14, S. 175), konnten sich die Mathematiker zufriedengeben; der sich anschließende Erfolg war groß, weil auf diesem Wege die Analysis eine wesentliche Erweiterung ihrer Theorie und die Mathematik einen höheren Entwicklungsstand erreicht hatte, indem vieles, was vorher als Singularität in Erscheinung trat, nun einer verallgemeinerten Differentialrechnung eingegliedert wurde, die die Leibniz-Newtonsche Differentialrechnung umfaßte. Die Lösungsmenge von Differentialgleichungen wurde erweitert, eine Reihe neuartiger Funktionenräume entstand, um Existenz-, Eindeutigkeits- und andere Eigenschaften von Abbildungen zu beschreiben.

LEONHARD: Dann deutet wohl die heutige Situation darauf hin, daß wir neue wesentliche Entwicklungsstufen der Mathematik erwarten können. Viele Vertreter der modernen Rechentechnik sind dieser Ansicht.

FELIX: Das stimmt schon. Aber noch ist die Auffassung weit verbreitet, daß es genügt, Ergebnisse vorzuzeigen, die einseitig Praxisforderungen befriedigen, auch wenn die benutzten mathematischen Methoden unverständlich sind. Das entspricht genau dem Verhalten von Astrologen, die ja bekanntlich auch rechnen und darauf hinweisen, daß ihre Zukunftsdeutungen, ihre Ergebnisse, zutreffend gewesen seien. Solange dieses Denken nicht überwunden ist, stagniert die Wissenschaft. Man kann jedoch an Hand der Geschichte der Wissenschaft feststellen, daß diese in all ihren Etappen die astrologische Methodik verdrängen konnte.

LEONHARD: Die Anwendung der δ-Distibution durch DIRAC hat als heuristische Methode durchaus ihre Berechtigung; sie wäre jedoch unannehmbar, wenn die mathematische Klarstellung, die Beseitigung der Antagonismen in dem zugrunde liegenden Sachverhalt übergangen worden wäre.

FELIX: Genauso ist es. Andernfalls bedeutet dies Verzicht auf mathematischen Fortschritt, Verzicht auf ein wirkliches Verständnis des Sachverhalts.

LEONHARD: Unser Beispiel der Diracschen δ-Distribution kennzeichnet einen typischen Fall, bei dem die Mathematik ihren Fortschritt unmittelbar aus der Physik entnimmt. Umgekehrt ist aber auch der Fall bekannt, bei dem die Mathematik der Physik vorangegangen ist. Mitunter passiert dabei etwas Merkwürdiges, auf das HERMANN MINKOWSKI im Jahre 1907 in einem Vortrag vor der Göttinger mathematischen Gesellschaft kurz nach Erscheinen der Mitteilung von ALBERT EINSTEIN über die spezielle Relativitäts-

16. Ein Dialog über Mathematik

theorie im Jahre 1905 hinwies. Hier MINKOWSKIS Zitat, das eingangs auf das Erlanger Programm von FELIX KLEIN über die gruppentheoretische Interpretation der Geometrie Bezug nimmt.

„Der Mathematiker ist besonders gut praedisponiert, die neuen Anschauungen aufzunehmen, weil es sich dabei um eine Akklimatisierung an Begriffsbildungen handelt, die ihm längst äußerst geläufig sind, während der Physiker jetzt diese Begriffe zum Teil neu erfinden und sich durch einen Urwald von Unklarheiten mühevoll einen Pfad durchholzen muß, indessen ganz in der Nähe die längst vortrefflich angelegte Straße des Mathematikers bequem vorwärts führt. Überhaupt würden die neuen Ansätze, falls sie tatsächlich die Erscheinungen richtig wiedergeben, fast den größten Triumph bedeuten, den je die Anwendung der Mathematik gezeigt hat. Es handelt sich — so kurz wie möglich ausgedrückt — darum, daß die Welt in Raum und Zeit in gewissem Sinne eine nichteuklidische vierdimensionale Mannigfaltigkeit ist. Es würde zum Ruhme der Mathematiker, zum grenzenlosen Erstaunen der übrigen Menschheit offenbar werden, daß die Mathematiker rein in ihrer Phantasie ein großes Gebiet geschaffen haben, dem, ohne daß dieses je in der Absicht dieser so idealen Gesellen gelegen hätte, eines Tages die vollendete reale Existenz zukommen sollte."

FELIX: Diese Beispiele über das gegenseitige Verhältnis von Mathematik und Physik geben Einblick in das Wesen und die Wurzeln der Mathematik; zum selben Ergebnis führen ihre Beziehungen zu den Naturwissenschaften überhaupt. Auch die Geschichte der Philosophie und die Geschichte der Mathematik selbst sowie ihre Grundlagenforschungen haben in neuerer Zeit zu sicheren Erkenntnissen über die Mathematik, ihre Rolle, ihre Hauptaufgabe geführt, so daß wir heute zu einigen grundlegenden Feststellungen über die Tätigkeit jener „idealen Gesellen" MINKOWSKIS und deren Auswirkungen auf die Erkenntnisfindung über das Verhalten von Natur und menschlicher Gesellschaft in der Lage sind.

LEONHARD: In früheren Gesprächen haben Sie Merkmale erwähnt, die eine jede künftige Mathematik auszeichnen, wenn sie zur Darstellung der Wissenschaften imstande sein soll. Hier sollten diese nun genannt werden.

FELIX: Zunächst gilt, daß Wesen und Wurzeln der Mathematik innerhalb und außerhalb ihrer selbst zu finden sind. In der Philosophie jedoch nur insoweit, als diese selbst als Wissenschaft vorliegt und Mathematik, mathematische Strukturen, Algorithmen, Modelle in sich birgt.

Leonhard: Ist nicht das Wichtigste für die Mathematik — wie für jede andere Wissenschaft —, Modelle, Theorien zu gewinnen, die imstande sind, Bereiche der Realität möglichst treu abzubilden, sie so zu beschreiben, daß die Erscheinungen verständlich werden, ihre Zusammenhänge geklärt werden? Um dies zu erreichen, müßten in der Realität mathematische Strukturen und Modelle entdeckt werden, aus denen sich Theorien ergeben, die sich in praxi bewähren; dies muß letztlich durch Experimente sichergestellt werden.

Felix: Dies ist richtig. Für die Fortschritte der Mathematik existieren zwei Hauptstraßen. Die eine verläuft immanent, d. h. in der Mathematik selbst; dort handelt es sich um die Erforschung in ihr vorliegender mathematischer Strukturen. Die andere ist transient, und auf ihr wird nach mathematischen Strukturen gesucht, die außerhalb der Mathematik in der Realität enthalten sind.

Leonhard: Dies erinnert mich an Ihre früheren Bemerkungen, daß erst durch das Zusammenwirken der immanenten und transienten Tendenzen der Mathematik geklärt wird, warum die Mathematik als Vorläufer für naturwissenschaftlichen Fortschritt auftreten kann, eine Erscheinung, die in der Wissenschaftsentwicklung häufig vorgekommen ist. Desgleichen können wir nun verstehen, warum die Entdeckung mathematischer Strukturen durch Vertreter der Naturwissenschaften und der Technik neue Entwicklungsrichtungen in der Mathematik selbst hervorrufen.

Felix: Infolge der Verwurzelung der mathematischen Begriffe in der realen Welt sind die Fortschritte der Mathematik mit den Fortschritten anderer Wissenschaften eng verbunden, so daß die Wege der Entwicklung frei von individueller Willkür und blindem Zufall sind und statt dessen durch auf Erfahrungstatsachen beruhender Intuition neue Forschungsrichtungen, neue bedeutende Theoreme entdeckt oder Ansätze dazu aufgespürt werden; dann erst wird volle Kraft auf die Konstruktion exakter Beweise unverzichtbar notwendig.

Leonhard: Dies ist ein Hinweis auf die Aufgabe des Mathematikers. Was ist dabei das Wesentlichste?

Felix: Hauptaufgabe der Mathematik war, ist und bleibt, neue Gebiete innerhalb und außerhalb ihrer selbst, mit ihren Mitteln und Methoden zu erschließen, um neue mathematische Theorien, Modelle, Algorithmen hervorzubringen, die das Verständnis von Erscheinungen in Natur und menschlicher Gesellschaft auf eine Stufe heben, auf der der menschlichen Tätigkeit Weitblick und

16. Ein Dialog über Mathematik

Bewährung im einzelnen, wirtschaftlicher und kultureller Aufbau, Fortschritte in Wissenschaft und Technik sowie Abwehr von Gefahren möglich wird.

LEONHARD: Wie verhält sich eigentlich die Mathematik gegenüber den verschiedenen Eigenschaften, die an Quantität und Qualität gebunden sind?

FELIX: Die Mathematik ist an der Erforschung und Erkenntnis der quantitativen, aber auch der qualitativen Eigenschaften der Realität beteiligt. Es ist so, daß die quantitativen Eigenschaften besonders bei den Anwendungen der Mathematik auf Probleme der Realität eine dominierende Rolle einnehmen, wohingegen die qualitativen Besonderheiten bei den immanenten mathematischen Entwicklungsprozessen überwiegen.

LEONHARD: Hat diese Auffassung nicht notwendigerweise weitreichende Konsequenzen?

FELIX: Die Mathematik als Forschungsmethode für das Verständnis und die Beschreibung der realen Welt kann gewiß nicht ohne die objektive Dialektik auskommen; dies gilt sowohl für die quantitativen als auch für die qualitativen Eigenschaften der Realität. Es ist an der Zeit, dieser Methode eine besondere mathematische Gestalt zu geben. Schon DESCARTES war bestrebt, die Mathematik als eine Methode der Vereinheitlichung bei der Gewinnung von Erkenntnissen zu verstehen, verbunden mit einer einheitlichen Darstellung, wobei sich als markantes Beispiel die algebraische Darstellung der damaligen Geometrie ergab, eine einheitliche Mathematik durch Algebraisierung der Geometrie.

LEONHARD: Eine mathematische Darstellung der objektiven Dialektik etwa in Form eines entsprechenden Kalküls sollte auf das Ziel gerichtet werden, eine umfassendere Anpassung der Mathematik an die Prozesse in Natur und Gesellschaft zu ergeben. Die Hypothesen, die diesem Kalkül zugrunde liegen müssen, rechtfertigen es, ihn als Peripetierechnung zu bezeichnen.[1]

FELIX: Eingebettet in eine solche Zielstellung wird die Mathematik bessere Möglichkeiten erhalten, Eigenschaften der Realität zu entdecken, bevor sie durch Erfahrung bestätigt werden. Erkenntnisse à priori in diesem Sinne werden infolge der Verknüpfung der Mathematik mit der Realität möglich und verständlich gemacht. Natürlich wird die endgültige Wahrheitsstütze für jede Erkenntnis à priori nur bereitgestellt durch Experimente oder

---

[1] Dazu vergleiche man die Arbeit „Peripetierechnung" der Autoren, Mathematische Nachrichten **124** (1985), 315—339.

durch mathematische Beweise auf der Grundlage von Voraussetzungen, die durch die Realität bestätigt werden. Eine vorurteilsfreie Philosophie, die neuere Wissenschaftsgeschichte und insbesondere die mathematische Grundlagenforschung und Praxis haben in neuerer Zeit zu Erkenntnissen geführt, wie sie in den vorstehend skizzierten Merkmalen der Mathematik angegeben worden sind: Deshalb können diese als gesicherte Hinweise auf jede künftige mathematische Arbeit gelten.

LEONHARD: Das heutige Gebäude der Mathematik und der in ihr wirkenden Tendenzen erhebt sich vor uns als das lebendige Erbe eines viele Jahrtausende alten Strebens nach Verständnis und Aneignung der Realität: Es hält viele wirksame Kräfte bereit, die uns helfen werden, die Zukunft zu meistern.

FELIX: Auf den Vorstufen der heutigen Mathematik begegnen wir in der Philosophie hervorragenden Errungenschaften wie beispielsweise den allgemeinen geometrischen Beweismethoden des THALES, die durch Untersuchung der logischen Strukturen der Geometrie zustande kamen, ferner die Auffassung der Welt als „Harmonie und Zahl", durch die Pythagoreer, die zu den mathematischen Strukturen und Modellen hinführt, mit denen heute die Gesetzmäßigkeiten in der Realität darstellbar sind. Entsprechend können wir das Streben der Eleaten in Unteritalien nach begrifflichem Denken verstehen. EMPEDOKLES, ANAXAGORAS, LEUKIPPOS, die Materialisten des 5. Jahrhunderts v. u. Z. sowie die Atomisten sehen in der Welt Harmonie, Ordnung, Vernunft — Gedanken in einer Richtung der Wissenschaftsmerkmale heutiger Mathematik. SOKRATES in seinem Streben nach richtigen Erkenntnismethoden oder PLATONS Wertschätzung der Geometrie lassen sich als Etappen auf dem Wege zur heutigen Mathematik verstehen. Die mathematische Grundlagenforschung hat stärkste Impulse durch EUKLID und die Logik des ARISTOTELES erhalten. Die moderne Wahrscheinlichkeitstheorie steht in direkter Beziehung zur alten griechischen Philosophie wie etwa zu PYRRHON aus Elis, einem Vertreter der alten Schule des Skeptizismus. Die orientalische Philosophie sowie die Philosophie von DESCARTES und LEIBNIZ waren Ausgangspunkte für qualitativ neue Entwicklungsstufen der Mathematik. Die Geistesgeschichte von heute ist vielseitig von Beziehungen zur Mathematik durchdrungen.

LEONHARD: In allen mathematischen Theorien spielen fundamentale Sätze eine zentrale Rolle, deren Beweise in vielen Fällen die auffallende Besonderheit besitzen, schön zu sein. Dies hat seinen Grund darin, daß solche Beweise das elementare Bedürfnis der Menschen nach Wahrheit und nach Methoden der Wahrheitsfindung unmittelbar zufriedenstellen und von ihnen auch bei verständigen Lesern eine ebenso erhöhende, begeisterungsfähige Wirkung ausgeht, die imstande ist, die Zeitläufe zu überdauern, und die weitgehend von der Zeit der Entstehung der Beweise unabhängig ist, so wie dies beispielsweise bei homerischen Hymnen, altgriechischen Tempelbauten oder Bildwerken der Renaissance der Fall ist. Ähnlich wie Kunstwerke gehören auch mathematische Wahrheiten wohl deshalb zu den einzigartigen Wundern, die Menschen zu vollbringen vermögen, weil sie auf Grund von bestimmten historischen Bedingungen entstehen, diese jedoch zu unserem größten Erstaunen zu überleben imstande sind.

FELIX: In den Beweisen der fundamentalen Sätze der Mathematik offenbart sich tatsächlich das allgemeingültige Wesen der Mathematik, damit verbunden die vielseitige Anwendungsfähigkeit ihrer Ergebnisse und zugleich auch die Schönheit ihrer Methoden und Wahrheiten. Das rechtfertigt unsere schließliche Feststellung, daß viele mathematische Beweise eine Manifestation für die Identität des Schönen, Allgemeinen und Anwendbaren im Wesen der Mathematik darstellen.

Namen- und Sachverzeichnis

Abstand 40, 54, 84, 121
Additionstheorem für Geschwindigkeiten 45
adjungierte Gleichung 101
ALEKSANDROW, P. S. 57
algebraische Gleichung 119
— Gleichungssysteme 76, 117
Algorithmus 186
Alphabet 184
analytische Funktion 154
ANAXAGORAS von Klazomenai 200
Anfangswertproblem 120, 135, 151, 154, 157, 158, 164
Approximationssatz von WEIERSTRASS 50, 55
— von WEIERSTRASS und STONE 57
ARISTOTELES von Stagira 200
ARZELÀ-ASCOLI, Satz von 48, 88, 137
ASSER, G. 189, 192
assoziierte Gleichung 101
ATIYAH, M. F. 104
Auswahlaxiom 63
Axiomensystem 182
—, Peanosches 191, 192

Banachraum 85, 121, 142
BANACH-STEINHAUS, Satz von 144
BERNSTEIN, S. N. 51
Bernsteinpolynome 52
beschänkte Mengen im $\mathbb{R}^n$ 128
beschränkter Operator 88

beweisbare Aussage 185
Beweisverfahren 187
bikompakter Raum 55
Bildraum 82, 101
BOLZANO-WEIERSTRASS, Satz von 86
Borelsche Menge 26
Brouwerscher Fixpunktsatz 105, 114, 115, 143, 146
BROWDER und MINTY, Satz von 143

Cantorsches Diagonalverfahren 49, 86
CAUCHY-KOWALEWSKAJA, Satz von 151
Cauchysche Integralformel 155
Coker 101
COURANT, R. 166

demi-stetiger Operator 144
DESCARTES, R. 3, 199, 200
Diagonalfolge 33, 49, 87, 126
dicht liegende Menge 61
Dichte 16
Differentialgleichung, gewöhnliche 22, 135
—, partielle 140, 164, 166
Differentialoperator, elliptischer 104
Dimension eines Raumes 86
DIRAC, P. A. M. 196
Diracsche δ-Distribution 179, 195, 196

Distanz 84
Distribution 175
Distributionenableitung 176
Distributionenlösung 177
Distributivgesetz 121
Dreiecksungleichung 54, 84
duale Gleichung 101
dualer Raum 141
δ-Distribution 179

eineindeutige Abbildung 82
EINSTEIN, A. 196
Einsteinsches Additionstheorem 45
Eliminationsverfahren 77
elliptische Differentialoperatoren 104
EMPEDOKLES 200
entscheidbare Menge 186
Ereignis 24
Erlanger Programm 39, 197
Erwartungswert 18
EUKLID von Alexandria 3, 182, 183, 200
euklidische Geometrie 183
Evolutionsprozeß 21
ε-Netz 125

Fixpunkt 105
Fixpunktproblem 120
Fixpunktsatz von BROUWER 105, 114, 115, 143, 146
— von SCHAUDER 129, 134, 137
Fortsetzungssatz von HAHN und BANACH 75
FREDHOLM, I. 81
Fredholmsche Alternative 77
Fundamentalfolge 85, 121
Fundamentallösung 180
Funktional 71, 140

GÄHLER, W. 71
GAJEWSKI, H. 144
GENTZEN, G. 192
Gerade im Banachraum 92
gewöhnliche Differentialgleichung 22, 135

gleichgradig stetige Funktion 48
gleichmäßig beschränkte Funktion 48
Gleichungen erster, zweiter und dritter Art 104
globale Analysis 104
GÖDEL, K. 184, 188, 192
Gödelscher Unvollständigkeitssatz 184, 191, 192
Gödelzahl 187
Greensche Integralformel 168
GRÖGER, K. 106, 144
Gruppeneigenschaft 38

Halbordnung 63, 74
harmonische Funktion 169
Hauptfall der Fredholmschen Alternative 77, 100
HERMES, H. 63
HEUSER, H. 106
HILBERT, D. 184
hölderstetige Funktion 102
HOLMGREN, Satz von 166
holomorphe Funktion 154
homogene Integralgleichung 99
homogene lineare Gleichungssysteme 76
homogene Operatorgleichung 89
HÖRMANDER, L. 104

Identitätseigenschaft einer Relation 63
indefiniter Ausdruck 46
Index eines Operators 101, 104
Inklusion 64
Integralgleichung 77, 98, 100, 119
—, singuläre 102
Integraloperator 88
Integrodifferentialgleichung 157

KAMKE, E. 22
Kern einer Abbildung 101
Kette 65
klassische Lösung 169
KLAUA, D. 71
KLEIN, F. 39, 197
Koeffizientenvergleich 152
koerzitiver Operator 142

KOLMOGOROW, A. N. 16, 24, 25, 31
kompakte Menge 124
— — im $\mathbb{R}^n$ 129
kompakter Operator 88
konvergente Folge 121
Konvergenz von Distributionen 177
Konvergenzsatz von
 WEIERSTRASS 156
konvexe Hülle 122
— Menge 115, 122
KRICKEBERG, K. 20, 31

LAPLACE, P. S. 11
Laplacesche Differentialgleichung 167
LEIBNIZ, G. W. 196, 200
Lemma von MAZUR 132
— von WEYL 169
— von ZORN 65
LEUKIPPOS 200
lineare algebraische
 Gleichungssysteme 76
linearer Operator 88
— Raum 71, 83, 121
linear unabhängige Elemente 86
LJUSTERNIK, L. A. 148
Lorentztransformationen 45

Majorantenverfahren 153
maximales Element 64
Maximum-Minimum-Prinzip 170
Maximumnorm 54, 85, 135
MAZUR, Lemma von 132
Mengenring 25
Methode der kleinsten Quadrate 10
Metrik 84, 121
metrischer Raum 54
Michelson-Versuch 35
MICHLIN, S. G. 105
minimales Element 64
MINKOWSKI, H. 196, 197
Mittel, arithmetisches 10
Mittelwert einer Funktion 170
monotone Funktion 138
monotoner Operator 142
MOSTOWSKI, A. 193
MUSCHELISCHWILI, N. I. 103

NAGY, B. Sz. 98, 99, 101
NATANSON, I. P. 51
neutrales Element 83
NEWTON, I. 196
Newtonsche Mechanik 35, 183
Newtonsches Potential 178
nichteuklidische Geometrien 183
nichtlineare algebraische
 Gleichungssysteme 117
NOLLAU, V. 20
Norm 84, 121
Normalverteilung 20
Nullelement 83
Nullraum 82, 101

obere Grenze 65
— Schranke 64
Operator 83, 88
—, beschränkter 88
—, demi-stetiger 144
—, koerzitiver 142
—, kompakter 88
—, linearer 88
—, monotoner 142
—, radial-stetiger 142
—, stetiger 88
Operatorgleichung 138
Optimierung 23
Ordnung 65

PALAIS, R. S. 104
Parallelenaxiom 182
partielle Differentialgleichung 150, 164, 166
PEANO, Satz von 137
Peanosches Axiomensystem 191, 192
periodische Funktion 61
Peripetierechnung 199
PLATON 200
Poissonsche Integralformel 170
Potential 178
Potenzreihenansatz 151
PRÖSSDORF, S. 105
PYRRHON 200
Pythagoreer 200

radial-stetiger Operator 142
Randverteilung 30
Randwertaufgabe 171
reflexiver Raum 142
Reflexivität einer Relation 63
reguläre bzw. regulär-analytische Funktion 154
— Distribution 175
rekursiv aufzählbare Menge 188
Relativitätstheorie 183
relativ kompakte Menge 124
— — — im $\mathbb{R}^n$ 128
Retract 107
RIESZ, F. 98, 99, 101
Ring 54
RODGERS, C. A. 106

Satz von ARZELÀ-ASCOLI 48, 88, 137
— von BANACH-STEINHAUS 144
— von BOLZANO-WEIERSTRASS 86
— von BROWDER-MINTY 143
— von CAUCHY-KOWALEWSKAJA 151
— von HOLMGREN 166
— von PEANO 137
Schauderscher Fixpunktsatz 129, 134, 137
SCHMIDT, E. 81
schwache Konvergenz 142, 148
SCHWARTZ, L. 175
Schwarzsche Ungleichung 140
separabler Raum 63
sigma-additive Wahrscheinlichkeit 26
Sigma-Mengenring 25
SINGER, I. M. 104
singuläre Integralgleichung 102
Skalarprodukt 139, 140, 142, 145
SOBOLEW, W. I. 148
Sobolew-Lösung 169, 177
stetiger Operator 88
Steuerfunktion 21
stochastischer Prozeß 27
STONE, M. H. 57

sublineares Funktional 71
Supremum 65

Teilraum 71, 90
Testfunktion 168, 175
THALES von Milet 200
topologischer Raum 55
topologisches Bild 114
total beschränkte Mengen 125
— — — im $\mathbb{R}^n$ 129
Träger einer Testfunktion 175
Transitivität einer Relation 63
transponierte Gleichung 101
triviale Lösung 76, 99

unvollständige Beweisverfahren 188
USPENSKIJ, A. V. 189, 191

VEKUA, I. N. 155
verallgemeinerte analytische Funktion 155
— Lösung 169
Vergleichbarkeit 65
Verteilungsfunktion 13
Verträglichkeitsbedingungen 31
vollständige Axiomensysteme 182
vollständiger Raum 85, 121
vollständiges System linear unabhängiger Elemente 143

wahre Aussagen 185
Wahrscheinlichkeit 11, 25
Wahrscheinlichkeitsdichte 16
Wahrscheinlichkeitsmaß 25
Weierstraßscher Approximationssatz 50, 55
— Konvergenzsatz 156
Wellenausbreitung 164
Weylsches Lemma 169
widersprüchliche Beweisverfahren 188
Wort 184, 188

ZACHARIAS, K. 144
Zornsches Lemma 65
zufällige Variable 27
Zylinder in Funktionenräumen 28